外星人就在月球背面

发现隐藏在神话、甲骨文、远古遗址中的外星人踪迹

李卫东 著

图书在版编目（CIP）数据

外星人就在月球背面 / 李卫东著. -- 海口：海南出版社，2016.5
ISBN 978-7-5443-6574-1

Ⅰ.①外⋯ Ⅱ.①李⋯ Ⅲ.①地外生命—普及读物 Ⅳ.①Q693-49

中国版本图书馆CIP数据核字（2016）第104144号

外星人就在月球背面

作　　者	李卫东
责任编辑	王振德　魏淑霞
封面设计	读客图书　021-33608311
印刷装订	北京海石通印刷有限公司
策　　划	读客图书
版　　权	读客图书
出版发行	海南出版社
地　　址	海口市金盘开发区建设三横路2号
邮　　编	570216
编辑电话	0898-66817036
网　　址	http://www.hncbs.cn
开　　本	700毫米 × 990毫米　1/16
印　　张	24
字　　数	360千
版　　次	2016年6月第2版
印　　次	2016年6月第1次印刷
书　　号	ISBN 978-7-5443-6574-1
定　　价	42.90元

如有印刷、装订质量问题，请致电010-85866447（免费更换，邮寄到付）

版权所有，侵权必究

目 录

作者自序 / 1

第1章 事实是无情的 / 5
第一节　不可思议的远古文明 / 7
第二节　人类的困惑 / 12
第三节　第三只眼睛看神话 / 19
第四节　神是什么 / 24

第2章 中国神话的秘密 / 29
第一节　奇怪的宗教心理 / 31
第二节　违背常理的崇拜 / 37
第三节　"天"是什么 / 43
第四节　甲骨文中"天"字的秘密 / 51

第3章 扑朔迷离的月球 / 55
第一节　天——月球假设 / 57
第二节　远古时期有月亮吗 / 60
第三节　月亮的过去与现在 / 65
第四节　万物生长靠月亮 / 69
第五节　"天"在何方 / 74

第4章 科学家眼中的月亮 / 83

第一节　月球从何而来 / 85
第二节　月球环形山之谜 / 94
第三节　月球是中空体吗 / 97
第四节　科学要有科学的态度 / 100
第五节　可能与现实 / 105

第5章 地球以外有生物吗 / 111

第一节　地球是宇宙的独苗 / 113
第二节　茫茫宇宙觅知音 / 118
第三节　6000年以前的星空 / 121
第四节　卓尔金星 / 125

第6章 人类的起源 / 129

第一节　进化论是唯一的吗 / 131
第二节　达尔文的黑匣子 / 134
第三节　现在的猿猴可以变成人吗 / 138
第四节　人可以被制造吗 / 144

第7章 神造人的经过 / 149

第一节　人是神的产品 / 151
第二节　无性生殖和处女生殖 / 160
第三节　混沌神话的真相 / 163
第四节　历史上的巨人之谜 / 171
第五节　人之初——破解《山海经》 / 177
第六节　世界的原点 / 183

第8章 人有两套生命系统 / 193

第一节　人是什么 / 195
第二节　发现你自己 / 204
第三节　我们是个共生体 / 213
第四节　阴阳解密 / 223
第五节　人有两个精神世界 / 231
第六节　《黄帝内经》向我们隐瞒了什么 / 239

第9章 天地分离 / 249

第一节　天地为什么分离 / 251
第二节　"神"的战争 / 254
第三节　可怕的武器 / 264
第四节　天倾西北，地陷东南 / 268
第五节　史前怪兽 / 273

第10章 毁灭人类的大洪水 / 277

第一节　相似的洪水记载 / 279
第二节　大洪水的地质证据 / 286
第三节　是大洪水还是洪灾 / 288
第四节　大洪水的水位高度 / 292
第五节　大洪水成因的历史疑问 / 295
第六节　大洪水的真正原因 / 301
第七节　幸存的人类 / 304
第八节　文化中的洪水证据 / 308

第11章 修复月球 / 317

第一节 遍体星伤的月球 / 319
第二节 使科学家头痛的月海 / 324
第三节 女娲真的能补天吗 / 329
第四节 "十日并出"与修复月球 / 334

第12章 人类的第一代文明 / 339

第一节 文明的曙光 / 341
第二节 文明的蛛丝马迹 / 346
第三节 大洪水与知识 / 351
第四节 天书与《易经》/ 355
第五节 中介文明 / 363

结束语 / 371
参考书目 / 373

作者自序

人类是从哪里来的？这几乎是一个恒久的疑问。

目前，我们探讨人类起源一般都使用逆推的方法，但是，当我们顺着弯弯曲曲的历史羊肠小道来到距今6000多年的一处断崖时，出现在眼前的最后一幅画面是：一个赤身裸体的原始人正蹲在一堆篝火旁，手里举着一块兽骨"嘿嘿"傻笑，上面刻满奇怪的符号。原来这是另一个女原始人写给他的情书，那奇怪的符号就叫甲骨文。他的背后则是一片漆黑，人类的文明史至此中断。

到了此处，人们不禁要问：路在何方？其实前面仍然有两条路：一条是由原始人森森白骨铺就的化石之路，顺着这条路必然会走到猿猴的世界，恭恭敬敬拜会我们的祖先；一条是由五彩神话编织成的神奇之路，顺着这条路我们必将来到神的天国。

问题是，即使我们找到了一只猿猴作为祖先，但人们还在不停地问：人类是从哪里来的？显然，人们并没有打算让这只猴子做自己的祖先。于是乎，社会上常常能听到窃窃私语，表示对达尔文进化理论的怀疑。

按理说，为了解释人们的窃窃私语的原因，我们应该顺着五彩的神话路向前探索。困难的是，这条路早已被现代科学批判过，科学说：人类的起源不可能像神话描述的那样。这几乎已是定论。

然而，来自科学的批判就是唯一正确的吗？我们曾经否定过宇宙大爆炸理论，也曾否定过摩尔根的基因科学，但事实证明，科学打了自己的耳光。我们不敢就这个事实引出过激的结论，它至少说明了一点：科学的生命在发展。因此，当科学走向"唯一"时，它注定会成为迷信。

"上帝"是按人们的努力程度给予礼品的,于是他将财富给予勤奋的人;将健康给予善良的人;将幸福给予热爱生活的人……但唯独将真理交给了有勇气的怀疑论者。因此,在权威与真理的面前,我们更喜欢真理。记住亚里士多德的这句话:"吾爱我师,吾更爱真理。"为此,我们不惜做一个令人讨厌的怀疑论者,从一种全新的角度去体会亲近真理的快乐。

当然,我们也希望世人以宽容的心态来对待本书的观点。现在的人讲科学的多,但讲科学精神的少,甚至有些人根本就不懂得什么叫科学精神。于是我们会经常看到一些貌似维护科学尊严的人,在肆无忌惮蹂躏着科学精神,甚至不给人们探索与假设的权利。

抱着怀疑的态度,我们重新研究了中国及世界的原始神话,我们惊讶地发现,在这个领域当中,在以往的研究中人们不是在描述客观历史,而是在重新创造历史。今天人们所知道的历史,仅仅是我们想知道的历史。

本书以一个批判的角度,用一种全新的思维,在重新审视了中国及世界的原始神话后,发现了一个深藏在神话与传说背后的极大秘密,这使我们可以重新认识以下问题:人类是如何起源的?"天地分离"真有其事吗?毁灭人类的大洪水是怎么发生的?"十日并出"有没有可能?"女娲补天"补在何处?地球曾经有过文明史吗?

关心这一话题的读者不难发现,这本书是1998年出版的《人类曾经被毁灭》一书的修订本。原书出版以后,许多朋友以此为契机,对上古文化进行了深入的讨论,还有朋友专门开了一个QQ群(16715470)讨论本话题,我要感谢关心此书的朋友,尤其要感谢"人在找什么"这位朋友,是他搭建了一个讨论的平台。当然,也有许多朋友在网上对原书提出了批评,指出了原书中许多的错误和不当之处。利用重新出版的机会,在此向那些勇于批判此书的网友表示感谢!

本次重修吸取了大家的意见,删除了原书中一些不可考的引证,并重新改写了一些章节,将这些年对一些问题的思考结果融入其中。

本书在事实充分的基础上提出四大推论:一、上古时候的"天"就是现在的月亮,月亮是一艘宇宙飞船;二、人是月亮生物利用地球动物基因组合的产物,人是被月球生物制造出来的;三、人有两套生命系统,人类是个共生体;四、东方远古文明属于"中介"文明。这四个假设环环相扣，而核心则是中国的远古文明。

  我们欢迎来自各方面的批评与反对，因为这毕竟是一个全新的假说，只有在大家的批评当中，它才有可能成为新的科学假设。在批判的过程当中，我希望关心这一话题的朋友们，能从分析本书引用的资料开始，因为大量的神话资料亟待一个合理的说明。

作者
2008年10月18日

请关注微信公众号：人有两套生命系统。

第1章
事实是无情的

　　一群使用着笨拙石器的原始人正在那里一边喝着可口可乐,一边看着高清晰度的彩色电视。在不可能的年代里发生了不可能发生的事情,这就是目前科学的尴尬。有人说,这些都是神的印迹,但"神"又是什么呢?

第一节 不可思议的远古文明

1965年，在湖北江陵发掘的一号楚墓中发现了越王勾践剑，此剑长55.7厘米，宽4.6厘米，柄长8.4厘米。剑身满饰黑色菱形几何暗花纹，剑格正面和反面还分别用蓝色琉璃和绿松石镶嵌成美丽的纹饰，剑柄以丝线缠缚，剑首向外翻卷作圆箍，剑身一面近格处刻有两行鸟篆铭文"越王勾践，自作用剑"。

此剑埋藏2000多年，依然锋利无比，当时有记载说："拔剑出鞘，寒光闪闪，毫无锈蚀。刃薄锋利，试之以纸，二十余层一划而破。"但随之而来的问题是：在几千年的漫长岁月中，它为什么不锈呢？

1977年12月，上海复旦大学静电加速器实验室的专家们与中国科学院上海原子核研究所活化分析组一道，采用质子X荧光非真空分析法对越王勾践剑进行了无损科学检测，做出了剑身青铜合金分配比的准确数据表。越王勾践剑的主要成分是铜、锡以及少量的铝、铁、镍、硫组成的青铜合金。剑身的黑色菱形花纹是经过硫化处理的，剑刃的精磨技艺水平可同现代在精密磨床上生产出的产品相媲美，比如说宝剑的尾部是圆锥体底座，座内内空，有极其规整的11个同心圆刻纹，间隔只有0.2毫米，圆圈中间还有细绳纹，这是现代的车床技术都无法实现的。

其中最值得注意的是"硫化处理"这个结论，简单地说，"硫化处理"就是将一些物质稀释后包裹在物体表面。学者们认为，越王勾践剑是经过硫化铜的处理，这样就可以防止锈蚀，以保持花纹的艳丽。但后来许多仿制"越王勾践剑"的商家和个人，在经过无数次的对比后发现，最接近"越王勾践剑"原始"包浆"的只有硫化铬，而非硫化铜。

这样一来就产生了一个问题：春秋时期的中国人是否掌握"硫化处理"技术？据说"硫化铬"是德国于1937年、美国于1950年才发明的，并列为专利。

其实像这样不可思议的技术成果，在中国并非孤证。袁仲一《秦始皇陵兵马俑研究》中有这样一句话："一号兵马俑坑T2第十一过洞的一把青铜剑，出土时因被陶俑碎片压住而弯曲，当把陶俑碎片拿掉后，剑立刻反弹恢复平直。"这其中涉及一个名词"记忆金属"，又叫形状记忆合金，此项技术出现于上个世纪70年代的世界材料科学中。

由于原文中没有细节描述，人们自然会得出这样的结论：一把秦代的青铜剑被陶俑的碎片压弯了几千年，当把碎片移开后，剑身立刻反弹恢复平直。因为一号坑在建成的初期发生大火，发掘中多处发现火焚痕迹，可能与楚霸王入关火烧阿房宫有关系。如此算来，此剑可能被压了2200多年。

或者有人说：可能只是发掘时不小心掉落的碎片砸中了宝剑。但这样一个小意外会被郑重其事地写在研究报告中吗？

1929年，在土耳其伊斯坦布尔的塞拉伊图书馆，人们发现了一张用羊皮纸绘制的航海地图，当然这不是原图，而是精美的复制品。地图上有土耳其海军上将皮里·赖斯的签名，日期是公元1513年。据查，赖斯确有其人，他是著名海盗马尔·赖斯的侄子。一生以大海为生的人，拥有一张航海图本来算不了什么，但他这张海图却与众不同。这张地图上准确地画着大西洋两岸的轮廓，北美和南美的地理位置也准确无误，特别是将南美洲的亚马逊河、委内瑞拉湾的合恩角等地也标注得十分精确。更令人惊叹不已的是，这张地图上竟然十分清楚地画出了整个南极洲的轮廓，而且还画出了现在已经被几千米厚的冰层覆盖下的南极大陆两侧的海岸线和南极山脉，其中尤以魁莫朗德地区最为清晰。

南极洲现在公认是1818年发现的，比赖斯的地图晚了300多年，而且南极大陆被冰层覆盖也是1.5万多年以前的事情了。这幅地图的存在说明，在南极大陆还没有被冰雪覆盖以前，曾经有人画出过当时的地理面貌。但是，人类在1.5万年以前还处于原始石器时代，当时既到不了四周环海的南极地区，也不可能达到绘制地图的先进水平。那么这幅地图的原作者又是谁呢？

1531年，奥隆丘斯·弗纳尤斯也有一张古地图，上面标出的南极洲大小和形状与现代人绘制的地图基本一样。这张地图显示,南极大陆的西部已经被冰雪覆盖,而东部依然还有陆地存在。根据地球物理学家的研究,大约在6000年以前,南极洲的东部还比较温暖,这与弗纳尤斯的地图所反映的情况十分吻合。

1559年,另一张土耳其地图也精确地画出了南极大陆和北美的太平洋海岸线,使人惊讶的是,在这张地图上有一条狭窄的地带,像桥梁一样把西伯利亚和阿拉斯加连在了一起,地图上所表示的无疑就是现在的白令海峡地区。但是,白令海峡形成已经有1万多年了,西伯利亚和阿拉斯加中间的这条地带就是在那时消失在碧波万顷之下的。这张地图的作者竟对1万多年以前的地球地貌了如指掌,简直令人不可思议。

还有一桩怪事发生在古希腊一些普托利迈斯年代的地图上。人们从这张地图可以清楚地看到整个瑞典还被埋在厚厚的冰层下,而这个地质变动的年代已经距今很远很远了。

这些地图是否正确呢?长期以来人们一直争论不休。1952年,美国海军利用先进的回声探测技术,发现了南极冰层覆盖下的山脉,与皮里·赖斯的地图对照,两者基本相同。这发现无异于在科学家的头顶上炸响了一枚巨型炸弹,在震惊之余产生了一系列疑问:是谁在1万多年以前绘制了如此精确的地图和后人开了一个天大的玩笑?

《史记·扁鹊仓公列传》记载:俞跗是中国历史上的名医,但他究竟生活在什么年代,目前还不清楚,只知道他是一位很古很古的医师。此人医术极高,"割皮解肌,诀脉结筋,搦髓脑……湔浣肠胃,漱涤五脏,练精易形",简直无所不能,其中"搦髓脑"就是做开颅手术。其实,中国古代做开颅手术的不止这一例,据记载太仓公就曾打开人的颅骨将大脑重新安排,时间大约是公元前150年。

1865年在法国发现一片圆形头盖骨,属于石器时代,后经解剖学家保罗·白洛嘉教授鉴定,得出了一个震惊世界的结论:早在石器时代,人们就在进行脑外科手术。后来世界各地又发现了数百件颅骨证据。

1995年,在山东广饶傅家大汶口文化遗址392号墓中,发现一成年男性,死时年龄在35岁至45岁之间,距今5000年以上。当人们把标本上的泥土清理干净时,人们惊奇地发现,墓主颅骨的右侧顶骨靠后部有一个圆洞……

2001年4月初，山东省文化厅邀请了省内考古学界、医学界部分专家对广饶傅家392号墓墓主开颅手术进行了初步认定。最后的结论是：此人做过开颅手术，而且手术是成功的，手术后病人至少又存活了两年时间。

同样，世界上许多不解之谜至今还静静躺在一些古老的图书馆里，从这些图书馆保留的上古文献中，我们读到了一个似曾相识的文明社会。

大约在公元前306年的时候，马其顿国王亚历山大的继承人托勒密一世开始修建亚历山大里亚图书馆，经过几代人的努力，图书馆的规模越来越大。它搜集天下所有的文字抄本，无论是买来的、偷来的，还是复制过来的，统统都要。而且马其顿国王还给"所有的主权国家"写过信，要求借用它们的书籍。与此同时，天下学者云集于此，使西方的研究中心从雅典转移到了亚历山大里亚。欧几里得、埃拉托斯特尼、赫罗菲拉斯、卡利马楚斯，这些历史上光芒四射的人物，都曾经在这里学习过。

那么这座图书馆里有多少藏书呢？没有人确切知道。不过据后来人研究，估计至少有20万卷的图书，还有人估计可能达到了70万卷，流行的说法通常称50万卷。这些书籍绝大多数是东方文献，包括埃及、两河流域、印度，有没有中国文献就不清楚了。

那么这座图书馆里究竟有什么呢？有一位名叫阿利斯塔克的古希腊天文学家，曾经出任过该图书馆的馆长，在他留下的文件中人们发现，他是第一个提出地球自转并围绕太阳公转的人，比哥白尼的"太阳中心学"早了1800年。其实这并不是他的发现，而是他从馆藏书籍中读到的。

犹太人的经典《卡巴拉》也写道："人类所居住的地球，像球一样旋转着。当其居民有的在下面时，其他的人就在上面。当地球的某一地区是黑夜时，其他地区是白昼。还有，当某一地区人在迎接黎明时，其他地区正笼罩在夜幕之下。"奇怪的是，《卡巴拉》显然不是这一观点的首创者，它也是在转述更古远的文献。

正如大家所知道的，中世纪的哥白尼第一次主张太阳中心说，认为地球是围绕太阳在旋转。布鲁诺为了坚持这一科学的发现，竟被意大利教会以异端邪说的罪名烧死在百花广场。而上面我们提到的几种文献都比哥白尼早了几百年，有的甚至几千年，如此说来，布鲁诺的死简直是命运开的一个恶意的玩笑。

　　18世纪，有一位名叫斯威夫特的著名作家，他非常留心上古的文献。他在研究一些古代文献的时候，知道了火星有两颗卫星，并将这一发现公之于众。150多年以后，天文学家果然在火星的周围发现了两颗卫星，一颗名叫弗波斯，一颗名叫蒂摩斯，时间是1877年。而且天文学家观测到的两颗卫星运转的规律与周期，竟然与斯维伏特从上古文献中得到的结果非常接近。

　　实际上，欧洲中世纪天文学家的许多科学发现，与其说是从观测天空中得来的，还不如说是从古代人的书中得到的。然而，这些记载于古文献中的知识是从哪里来的呢？知识的主人又到哪里去了呢？

第二节 人类的困惑

面对以上这些超越我们已有知识的发现，人们不禁迷茫，问题出在哪里？我们必须正视几万年以前的开颅手术，奇妙但精确的古地图，以及一大堆来历不明的金属冶炼技术和各种知识。换句话说，我们必须对这样一个奇怪的现象做出合理的解释：一群使用着笨拙石器的原始人正在那里一边喝着可口可乐，一边看着高清晰的彩色电视。在不可能的年代里发生了不可能发生的事，这就是问题的症结。

理论与事实

现在，即使是最保守、最严肃的学者，在面对以上一大堆扑朔迷离的资料时，也不得不承认：也许我们以往的科学研究把人类早期文明的程度估计低了。这种实事求是的态度固然比以前的夜郎自大前进了一大步，但依然没有跳出已有理论的圈子。

现在，我们必须重新认识人类的历史，尤其是史前文明史。

历史是过去发生的事情。虽然我们在努力追寻每一个历史事件的真相，但结果却不尽如人意，甚至可以不客气地说，我们所知道的历史，其实是我们想知道的历史，或者说是古人想告诉我们的历史，并非原原本本的历史真相。为什么这么说呢？历史研究必须凭借丰富的资料，但恰恰就是在资料上出了麻烦。所有出土的实物资料，本来是最可信的资料，但它却偏偏不能直接告诉我们任何东西。一副出土的人类骨骼化石并不能直接告诉我们他是谁、多大年纪、怎么死去等具体的问题，这就需要历史学家去猜。实物资料如此，文献资料也好不了多少。大部分文献资料只是前人想告诉你的东西，他们不想告诉你，或者认为没必要告诉你的东西远比想告诉你的东西多得多，而且有许多时候是把错误的东西告诉了你。

历史，说穿了，它需要用我们的经验和智慧去猜测，有的猜对了，但也有的猜错了。比如说，我们自认为对唐朝社会的历史比较了解，但1988年陕西法门寺出土了大批唐代文物，绝妙的是还有一本文物清单，是唐人留下的账本，从中我们才知道，以前我们一直把唐朝许多物品的名称搞错了，有的张冠李戴，有的简直不着边际。

那么，历史是什么呢？不客气地说，我们所知道的历史都是假设，尤其是有文字记载以前的历史，现有的历史学理论大厦实际就是建立在假设的基础之上的。

首先，让我们来看一看历史学家是怎样假设的。

一般科学界将文字的出现作为界定文明的重要标志，把文字出现以后的历史称为人类文明史，而把文字以前的历史算为史前史。从19世纪开始，世界各国对上古文化进行大规模考古挖掘，集一个世纪以来的考古成果，人们发现文字出现的时间并不长，最多不超过6000年。按照文明发展的程度，学术界将中国、印度、埃及、巴比伦四国排在首位，号称"四大文明古国"。

迄今为止，在埃及发现的最早文字大约起源于公元前4000年，距今6000年；20世纪20年代，人们在古印度人生活的地方，发现了许多保存在石器、陶器、象牙等物件上的奇怪符号，经过研究判断，这些符号是一些发音符号，同时还有一些表意符号，可以看做是古印度的文字，它们的年代大约是公元前2500年；20世纪30年代，人们在亚述巴泥拔国王时期的古城市废墟里发现了一个保存比较完整的古代图书馆，大致相当于国家档案馆，里面保存了两万多块泥板，上面刻满了楔形的象形文字，被称为泥板文书，它是古巴比伦文化的代表，年代大约在公元前3500年，距今5500年。

中国最为古老的文字要属甲骨文，它大约产生于商周之际，记载了公元前3000多年时我们先民的活动。但由于甲骨文是比较成熟的文字，所以专家推测，中国文字的实际年代可能要更长一些。前几年，考古学家在辽宁牛河梁一带，发现了一座距今6000年的"女神庙"遗址，规模宏大。同时出土了许多精美绝伦的文物，其中女神头像栩栩如生，堪称工艺品中的上乘，可惜未发现文字。但从其工艺程度推测，这是一个文明程度相当高的遗址，完全有出现文字的可能。

因此，单从文字的出现来看，我们这一代文明只有6000年的时间，这是可以确定的人类文明的上限。今天我们所有的科学成果，是经6000年岁月发展而来，在此之前，根本不可能出现与我们今天相似的文明，这就是历史学的结论。

那么，人类6000年以前是一个什么样子呢？没有任何文字的记载，只有大量出土的实物资料，从这些实物资料出发，加上合理的推测，历史学家给我们描绘了这样一幅史前历史画面：

大约从200万年以前开始，刚刚从类人猿进化而来的人类，进入到旧石器时期，他们像一群野兽一样过着群婚生活，赤身裸体居住在山洞里或大树上，用经过简单加工的自然工具，如石块、木棒等猎取野兽和采集各种能食用的植物。这个时期十分漫长，石斧、石片以及各类骨器上记载了原始人类的每一次微小的进步。

大约在一万年以前，人类开始进入到新石器时代，他们开始懂得制造更加精细的工具，包括石器与骨器，同时他们发明了火，知道了熟食，再慢慢地，他们发明了结绳记事，发明了图画。大约在公元前4000年，他们有了文字，走出了蒙昧的阴影，迎来了文明的曙光。这就是历史学家们辛辛苦苦构建起来的史前历史体系。

但我们不禁要问：历史果然如此吗？

过去的100年里，随着科学技术的发展，考古手段日益科学化，人们在以前历史学家没有注意到的地方，发现了大量史前遗址，虽然我们至今无法解读这些遗物、遗址的正确含义，但有一点是确定无疑的，那就是：这些遗物、遗址的含义与现代传统史学观点还是有较大出入的。其中从公元前10000年至公元前4000年这段历史，是最不可思议的，表现出极为突出的断层特点。比如说，20世纪40年代发现的印度摩亨佐·达摩，它分为几层重叠在一起，而下一层明显比上一层文明更先进。出土的金银珠宝和各种首饰，其制作之精良，让今天的人都叹为观止，考古学家马歇尔曾说："如此精良的制作和高度的磨光，以至于这些东西仿佛出自今天伦敦第一大街的珠宝行。"

历史学体系和新的考古学发现之间巨大的反差就摆在我们面前，它们的冲突是如此的尖锐：人们必须从两者中间选择一个正确的，否定另一个错误的，其间似乎没有中间道路可走。

思想大爆炸

大约在公元前500年左右，人类历史上突然出现了一个非常非常奇怪的现象：在前后不到200年的时间里，世界上爆炸性地产生了一批伟大的思想家，他们的出现，基本框定了人类几千年的社会生活、精神文化的格局。

在中国：老子约生于公元前571年，孔子约生于公元前551年，墨子约生于公元前468年。

在印度：佛陀约生于公元前623年，还有同期出现的《五十奥义书》。

在波斯：琐罗亚斯德约生于公元前660年。

在古希腊：赫拉克利德生于公元前540年，苏格拉底生于公元前468年，柏拉图生于公元前427年。

这并不是一份完整的名单，但已经让我们震惊不已。有没有发现，上述这些人基本都生活在公元前五世纪前后不到200年的时间里。

这份名单中的人，绝大多数都是大家知道的，可能唯一感觉比较陌生的是琐罗亚斯特。此人是古代波斯人，也有将其译为查拉图斯特拉，尼采写过一本著名的哲学著作，书名就叫《查拉图斯特拉如是说》，假借的正是这位古波斯哲人之名。

琐罗亚斯德的生卒年同样不可考。据拜火教徒的口述历史，他生于公元前8000年左右。但这个说法只是传说，没有任何文字资料和出土文物可以证明。比较可信的是，琐罗亚斯特于公元前660年创立了祆教，俗称拜火教，此教曾于魏晋时期传入中国。金庸先生《倚天屠龙记》里的明教，就是从拜火教演变而来。

琐罗亚斯德和当时的许多人一样，既不能读，也不会写。他死后，人们把他的言论辑录成书，名字叫《阿维斯陀》，作为祆教的经典，也有人将它称为《波斯古经》。这部书第一次被辑录成文，是在大流士一世在位时。传说一共抄写了两部，亚历山大大帝攻克波斯时，其中一部毁于战火，另一部被带到了古希腊，最后不知所终。

据说这部书篇幅巨大，被写在1200张牛皮之上，内容十分丰富，涉及许多高深的学问，所以该书一直被称为知识与智慧之书。但是，十分遗憾的是，这部书的绝大部分已经失传了，目前只留下很小一部分。

琐罗亚斯特创立的拜火教以及《波斯古经》影响巨大，对当时两河流域及印度的宗教都有不可忽视的影响。比如说，拜火教的主神是阿胡拉，是智慧之神，而他实际上就是佛经中常见的阿修罗。

好了，拜火教的教义是个历史之谜，细节可能我们永远也无法知道。先别去管它了，还是转回头来再看看这次思想大爆炸的成就。

当历史的时针指向公元前500年左右时，欧洲的古希腊，亚洲的印度、中国、波斯，还有犹太人那里，几乎同时爆发了一场伟大的思想革命。影响人类今后几千年的几乎所有思想，在那一刻突然从这些伟大人物的大脑深处喷涌而出，就像瞬时爆发的火山一样。这些思想的出现，几乎将人类以后几千年活动的原则确立了下来，如宗教的原则，人与人、人与社会、人与自然的原则，人类的本质、意义、地位，等等。以中国为例，产生于那时的儒、道、墨三家，一直到今天依然深刻影响着人们的思想，甚至已经内化成一种思维的方式。

让后人感叹不已的还有这次思想大爆炸的另一个特点，那就是——拯救人类！古人不知道出于怎样的想法，以一种超绝的智慧、悲天悯人的情怀，关照着人类的灵魂和精神，赋予了这场思想大爆炸极其强烈的使命感。为什么这么说呢？

首先，这次爆炸产生了三种非常有影响的宗教思想，并最终形成了三种影响几千年的宗教：老子的道家思想，最终形成了中国的本土道教；释迦牟尼的轮回思想，最终形成了影响深远的佛教；琐罗亚斯特的善恶思想，最终形成了拜火教。宗教的目的是直指人心，将人类的灵魂从罪恶与世俗的束缚中解脱出来，可以说它拯救的是人类的灵魂。

其次，这次爆炸产生了大量"伦理哲学"。中国的孔子学说，就是一种道德哲学；几乎在同期产生的印度《五十奥义书》中也有大量道德伦理。"伦理哲学"的目的是规范人与人、人与社会的关系，说到底是为了拯救社会。

再次，古希腊哲学，虽然以理性的自然科学为主，但它关注的重点依然是人，它希望从肉体上拯救人类，把人类的思想从非理性中解脱出来。

从那以后，人类再也没有如此大规模地关心过自己的精神世界，甚至放弃了对灵魂的尊重，转而关心起自己的肉体与感官。如果说，公元前5世纪的思想大爆炸是精神至上论，是精神文明，那么以后的文明基本上是物质至上论，是物质文明。客观地说，我们的物质文明取得了巨大的进步，已经远远将灵魂抛在了后面。

想想看多么可怕，一群没有灵魂的人在地球上奔走，就像被砍掉了脑袋的中国古代战神"刑天"一样，盲目挥舞着手中的武器，将地球砍杀得面目全非。更可气的是，这群没有脑袋的人竟敢在自己的旗帜上明确地写道：人类不需要灵魂！

人类应该停下自己的脚步，仔细想一想：我们拼命地创造是为了什么？我们究竟需要怎样的一种生活？我们应该以什么态度对待周围的世界？再也不能没头没脑地发展下去了。人类需要反思，文明的模式更需要反思。请记住《摩诃婆罗多》中一句对人类的批评："在创造中走向愚昧！"

我们今天回望这次爆炸产生的光芒，虽然事隔2500多年，依然是那样夺目耀眼。可以说，人类在这200年的时间里，突然达到了思想上的顶峰，至今还没有一个人可以超越它。人们只能在一遍遍畅读圣人经典的同时，以无限羞愧的心情去面对这无法超越的智慧。

有人也许不同意这种观点，他们会举出公元14世纪的"文艺复兴"作为证据。不错，"文艺复兴"确实是近代少有的一次思想革命，当时意大利的佛罗伦萨聚集了一大批文化人，他们在交流与讨论中，终于酝酿出了对当今文明有深远意义的思想运动，产生了像达·芬奇等一批知名人物。

但客观地说，"文艺复兴"并不是创造，它只是对古希腊自然科学的回归，是一种科学精神的回归。古希腊文明在罗马帝国时代彻底衰败了，欧洲进入了长达500多年的黑暗时期，十字军东侵时，欧洲人从阿拉伯人那里幸运地捡回了自己已经丢失的文明。从反思的角度来看，这次文艺运动是失败的，它并没有将那次思想大爆炸的精华继承下来，而是将它的糟粕——古希腊文明继承了下来。

同时，"文艺复兴"运动也没有创造出任何一种新思想，更没有一个人的成就可与思想大爆炸时期一个杰出者的成就相比。不但如此，而后的几千年中，世界也再没有出现过像佛陀、老子这样的人物。比如说，中国的魏晋玄学、程朱理学的各位大家，他们只是思想的继承者，或者说是集大成者，而不是创造者。

然而，关于这次思想大爆炸的原因，至今没有一个满意的解释。但可以肯定的是，这次爆炸的原因与后来没有关系，它只与公元前500多年以前的文明有关。那么，是什么样的机缘使人类突然获得了如此巨大的智慧呢？

让我们站在公元前500年这个起点上，回溯人类的历史，找到令我们不解的一切答案。为此，我们必须对早期人类神话和各种民间传说格外注意，这是地球上最接近我们将要探索的那个时代的资料。

让我们重新认识古老的神话吧！

第三节 第三只眼睛看神话

曾有人说，神话是人类幼年时期的童话。的确，古老的神话没有框框，不受任何限制，古朴自然。盘古一只手就可以举起苍天；共工一头可以碰倒一座大山；夸父两口就能喝干黄河；刑天被砍去了头颅竟然还能用乳为目，以脐为口，挥动着干戚战斗下去。我们现代人可以这样去思维吗？绝对不能。别人不笑话你，你自己都会觉得不好意思。为什么呢？因为头脑中条条多，框框也多，画地为牢的人哪有自由可言。

神话究竟有多大年纪？这可说不清楚，你说它有6000岁，不为过，你说它有2万岁，也不为过，甚至你说它只有两岁也行，这就是神话的生命力。人类在一代一代地延续，我们的祖辈在黄昏的时候，向我们讲述着这些神话，而当我们成为祖辈的时候，也会在黄昏时分向我们的后代讲述着同样的神话。只要地球上有新的生命产生，神话就永远与这些新生命同龄。

那么，什么是神话呢？能回答这个问题的人并不多，即使有一些回答，你也要千万小心，因为现代流传着许多对神话的误解，尤其是来自所谓专家层的误解更是危害不轻，稍不留神，就会上当受骗。现在让我们不带任何偏见地走进神话当中，你自然知道什么是神话。

历史学家顾颉刚对神话有一套完整的理论，他认为，神话是"层累叠加的历史说"，什么意思呢？就比如我们从一个地方将砖头搬到另一个地方，等我们搬完了才发现，最早搬的砖总是在最下面，而最后搬的砖肯定会在最上面。顾颉刚在研究中国神话时发现，中国的神话似乎有以上的特点，越是古代的神，实际上出现的年代越晚，比如说，黄帝可谓中国最古、最大的一个神，开天辟地、创造万物、创造人类的都是他。但是，关于黄帝的神话形成的时间却相当晚，大约在春秋时候才开始流传。因此神话反映的历史，是层累叠加的历史。如此说来，神话就是原始人编造出来的，一代又一代的人不懈地编下去。随着社会的进步，人们编造神话的本领越来越高，以至于新神话代替了老神话，而我们所看到的神话，可以说都是新神话。

顾颉刚的这套理论，曾长时间影响人们对神话的研究，大家不约而同形成了这样一个看法：神话嘛！无非是原始人凭着想象编造出来的，听起来挺好玩的，实际上没什么意思。一句话，在专家的眼里，神话就是神话，根本不能当历史来看待。

在表面上，神话是宗教的附属品，那些十分落后的原始人，每当举行重大宗教祭祀活动时，都要由这个部落最年长、最有知识的祭师们向人们讲述从开天辟地以来本部族的神话。现在世界上不少原始部族的神话，都包含在祭祀时的祝词或颂词当中，比如说，中国瑶族的神话大部分包含在《密洛陀》中，这些神话每当举行祖先崇拜的"还愿"活动时，就由本民族的师公（巫师）唱叙流传下来。由于神话的这一特点，使它在人们的眼里更加变得像宗教一般虚幻。

马克斯·缪勒说："神话是语言的疾病。"弗雷泽说："神话是对无论是人类生活还是外界自然现象所作的错误解释"。弗洛伊德则认为："神话对于世界的看法，大部分不过是投射在外在世界的心理。"神话是无意识过程的沉淀，"神话是集体心理，而不是个人心理"。甚至还有人说：神话是"全部变形的早期物理学"。总之，在专家学者的眼里，神话就是原始人的精神幻想，或某种特殊心理活动下产生的东西。

事实上，神话远非人们想象的那样简单。

从本质上讲，神话是信息积累和信息传递的手段，在这个意思上，将神话理解成为历史记述的一种形式似乎更加准确。因为我们相信，神话的出现并非出自某些人的有意编造，它应该是人类认识和经历的真实再现。恩格斯认为，原始宗教是自发的，而自发的宗教"在它产生的时候，并没有欺骗的成分"，恩格斯对原始宗教的论述也一样适用于神话。神话是口述历史的一种形式。

当然，在神话的形成与传播过程中，由于认识水平的局限，由于人为编撰的过失，也由于神话自身在发展中也需要融合、消化、兼并其他同类型神话的内容，导致神话一方面失去了原来的模样，另一方面严重扭曲变形。但无论如何演变,它口述历史的本质不会变。

当西方学者来到古老的非洲大陆的时候,他们很快便意识到,怎样强调口述历史的重要性都不为过。他们发现,落后的部族对口述历史的重视程度远远超出现代人的想象,他们把口头传说不单单看成是知识的传播,而是把它当成一项神圣伟大的事业来做。部落中掌握口头传说内容与技巧的人一旦年老,部落就会举行隆重的挑选接班人的仪式,被选中的人要接受长达二十几年的训练,既要背诵自己部落流传下来的所有神话和传说,还要有能力将本部落新近发生的事情编进去。西方学者的这一发现,为我们进一步证实了神话和传说的可信度。

我们相信,原始人在神话中想要告诉后人的,绝不仅仅是奇妙的幻想,更不是漫无边际的梦境,它是要告诉我们某些真实的东西以及他们那个年代曾经发生过的一些历史事件。那么,究竟是什么呢?

20世纪,德国考古学家哈因利希·舒里曼认为:神话并非都是虚幻的世界,其中包含了某些历史的真实。他以《荷马史诗》中所隐含的模糊暗示为唯一线索,在各国寻找传说中的特洛伊城,终于发现了它的废墟。而在这以前,学术界一直认为,《荷马史诗》中的特洛伊城是凭空虚构出来的。

居住在南美的印第安人至今流传着这样一则古老的神话:"有一个火柱从天空中降了下来",然而,地质学家却根据这则神话提供的地点,在当地找到了一个陨石坑,从而证实了神话的某种真实性。

根据苏美尔的泥板文献,在大洪水以前曾经存在过埃利德乌、巴布奇比拉、拉拉克、希帕尔、休尔帕克五个城市。如果认为关于大洪水的记载和传说都是虚构的,那么也一定会认为泥板文书中的记载也是荒诞不经的。但考古学家恰恰在泥板文书提供的地点上,找到了"大洪水以前"五个城市中的三个。

中国最早的奴隶社会是夏、商、周三代,这个排列顺序见于甲骨文,也见于先秦诸子的论著中。在中国的上古神话传说中,不仅有大禹治水传位夏启、建立夏王朝的记载,而且还有简狄吞食玄鸟卵生出商族祖先契的传说。但是长期以来,历史学界对以上记载都抱有怀疑的态度,认为夏、商两代很可能不是真实的朝代,而是古人传说中的理想社会。从20世纪30年代起,大规模的考古挖掘证实了上古记载与神话传说是真实可靠的,从大量的出土文物中，人们不但确认了商朝的存在，同时也找到了夏文化层，再一次证明了神话记载是不容忽视的。

说神话大家可能有些陌生感，但民间传说却是我们每一个人耳熟能详的，它离我们很近，实际上民间传说的原则在许多地方与神话都极为相似。如果我们到各地去旅游，经常可以听到当地人说起本地区的一些传说，而在这些传说当中，有许多本身就是对古人不理解现象的解释，比如说，关于人参娃的传说在东北地区十分流行，这个传说不外是想告诉人们：本地有许多人参！还有一些传说涉及本地区的物产或矿产，比如说，有些地区相传有金马奔行，那么这些地区肯定有黄金。因此，任何一种传说的背后都有它产生的客观基础，每一种传说都是人们对某种不可理解现象的解释。

客观地说，人类对自己历史的了解十分有限，据考古证明，人类出现在地球上已经有几百万年的历史（这是历史教科书的观点，并不是我们的观点），但我们能够很好了解的历史也不过几千年。以中国为例，5000多年以前的商代，虽然有甲骨文，但我们对它的了解还是十分有限，因为甲骨文本身十分难懂，现在我们可以认识一些甲骨上的文字，但究竟对还是不对，我们并不知道，每个人都有自己的解法，其中有很大的主观性。当初郭沫若解甲骨号称一代宗师，但现在看起来他的说法也是值得商榷的。对商代如此，对夏朝我们更是两眼一抹黑，甚至我们都不能确定哪些是商代的文化层，哪些是夏代的文化层。那么夏朝以前呢？

夏朝以前的历史，我们只能依靠考古发掘的资料来研究，但从这些资料里我们仅仅能得出一些基本的判断，因为这些资料并不能告诉人们当时发生的事件。因此，研究夏朝以前的中国原始社会，我们绝不能仅仅凭借实物考古，而是要充分利用原始的神话和传说。在这些口述的文献当中，有大量已经消失的历史真相。

比如，研究神话的人几乎都困惑于一种现象：相似的文明！在远古的时期，地区间的文化交流尚未形成，各地区的文明形式有很大的独立性，像非洲大陆和澳洲大陆之间，由于隔着太平洋，在公元以前的年代里，澳洲土著是不可能划着独木舟来到非洲大陆或其他大陆的。然而人们却发现，在各自封闭的早期神话传说体系中，世界各地区、各民族的神话竟然存在惊人的相似之处，像大洪水的记载、十日并出的记载、上帝造人的记载、太阳消失的记载、混沌世界的记载……如此惊人的一致，使人们不得不怀疑它们出自相同的背景，是对同一事件的不同描述，这也反过来证明，神话和传说并非出于简单的幻想。

因此，在研究史前文明的时候，地球上再没有一种资料比神话和传说更为直接。人类在文字、绘画产生之前，先有的仅仅是语言，在有语言而没有文字的年代里，原始人传播知识、追溯历史只能靠世代相传的口述形式，这就是神话和传说的来源。单从时间上看，神话的源头早在文字产生之前就深深埋在初民的大脑之中，如果说6000年前是人类文明史的开端，那么神话在社会上形成以及流传比文明史早了不知多少年，也许是几千年，也许是几万年，也就是说，对地球人而言，神话是唯一接近我们未知的那个年代的最古老的记载形式。

而在世界各民族的神话中，中国神话有重大的历史价值。许多人对古希腊神话津津乐道，进而指责中国神话没有体系，其实这毫无道理。现存的古希腊神话已经脱离了它的原始状态，因为西方人发现神话中包含了太多的不合理、非道德的成分，所以来了一场"神话的正义化"运动，也就是用后来人的道德观、世界观重新改编了神话。这种神话尽管看起来很有体系，但它的历史价值已经很小了，它不再是口述历史，而是篡改以后的历史。

而中国的神话一直处于"原生态"，自古以来，人们总是在记录神话，而没有对它进行过多的后期加工。所以中国神话口述历史的作用表现得更加明显。从时间上看，中国的神话没有断裂，它从传说里的古神一直到文字出现，是世界上时间跨度最长的一种历史记载；从形式上看，中国神话基本保留了它的原始面目，与古希腊神话相比，很少有后人文学化的痕迹，所以它最大限度地保留了史前人类十分可贵的资料。

随着科学技术的进一步发展，人类在天文学、考古学、生物学、人类学等方面取得了一个又一个突破性的进展，在这种情况下，我们能否以一种更新的眼光去看待这些神话呢？

第四节 神是什么

世界上是否存在广义的神？这个问题暂且不论，就宗教而言，它是人本性在被压抑环境下的产物。在骨子里人类从来就不相信什么神，从来就不崇拜什么神，而只相信自己，只崇拜自己，而使人类能够发生崇拜的关键点是能力。如果摩西当年没有劈开红海，率领以色列人走出埃及；如果太上老君炼丹炉中出来的不是长生不老的金丹，而是普通的烤土豆的话；如果……人间是否会有宗教还是一个问题。

当人类对于自然的能力相对弱小时，我们就将把握自然的能力当成神，或者将能够把握自然的任何智慧生物当成神。当人类征服自然的能力，随着生产力的发展而强大起来的时候，我们就从神那里取回一部分权力，也就是说，人类越强大，神的权力就越小。假如我们真的有朝一日能够用物理定律来规范整个宇宙，到那时肯定不会有神存在。说穿了，宗教崇拜的对象是人而不是神，人们崇拜的是未来的人。

这个观点也适合"神"真正存在时的情况，因为给人类留下印象的，不是神的形态，而是神的能力，这在史前神话中有大量的证据。在世界各民族的原始神话中，基本没有保留神的形态，留下的只是威力无比的能力，我们把它们称为"神力"。阿拉伯神灯的传说，中国孙悟空七十二般变化的神通，等等，如果没有这些神力，这些神就同我们没有什么两样了，我们也不会对他们产生崇拜。神是能力的本身，也是能力的载体。

当然，现代的正统观点是不承认宗教和原始神话当中神存在的说法，因为神是原始人凭空想象出来的，既然没有神，神话当然也是无稽之谈。

那么，人类史前文明中的神灵，究竟是凭空想象出来的呢，还是有一定的事实依据呢？

"神是什么？"这是近年来人们研究早期人类的神灵崇拜、神话及神像的过程中提出的一个既严肃又荒唐的问题。这个问题是这样产生的：人们一般认为，原始的初民在将自然力量人格化以后，产生了最初的神，将人类早期与大自然搏战的历史和观点附着在这些神身上，产生了美丽动人的神话。但思维科学同样告诉我们，人类的想象能力并非一匹脱缰野马，它也在受某种制约。不论多么奇怪的神，总是以某种现实的真实性作为背景创造出来的；不论多么离奇的神话，最终都能在现实与愿望中找到构成它的原始素材。比如说，人类把飞翔的梦想，用人长上鸟的翅膀来体现，把"神行"的愿望用一个"快鞋"的故事来表现。

为了使大家能更好理解"神"这个宗教的神秘的概念，先让我们来看一个真实的、发生在我们这个时代的造神过程吧！

第二次世界大战期间，美国海军为了太平洋战场的利益，于1943年占领了南太平洋上的一个小岛。这个岛上有一些土著的原始部落，在美国海军陆战队上岛之前，他们没有机会接触外来的文明，只困守一岛，每天伴随着蓝天、海鸥和无尽的波涛。岛上的居民一直生活得比较艰苦。

美国海军陆战队上岛以后，一下子带来了那么发达的科学技术，土著看见：轰轰飞行的飞机降落在新修的简易机场上，运来了大量的物资。尤使土著感兴趣的是，飞机运来了各种食物，使那些穿着稀奇古怪服装的人，每天几乎不用劳动就能吃上那样好的食品。他们觉得，所有的奥妙都来自那些飞机，飞机可以自动生产出各种食物，就像神话中的"聚宝盆"，好东西一个劲地往外搬，就是搬不完。

但是没过多久，由于战略上的原因，美军放弃了这个小岛。土著怀着复杂的心情看着那些"神人"坐着飞机，消失在茫茫的蓝天碧海之间。这个小岛很快被现代文明遗忘了，再没有人去注意它的存在。然而，这个小岛及岛上的原始土著居民却永远也忘不了现代文明给他们带来的深刻印象。

过了几十年，当一支考察队登上这个小岛时，出现在他们眼前的情景使他们大为惊讶：这些岛上的居民竟然凭着记忆力，用草木扎成了一个飞机模型，并在这个飞机模型前修了一条像飞机跑道样的道路。不仅如此，这些居民每年还在飞机模型旁举行隆重的宗教祭祀活动，眼巴巴盼着那些驾着飞机的"神"能再一次光临小岛。无疑，美国海军陆战队员及飞机都成了小岛居民心目中的"神"和"神器"。那些年老的人，每当祭祀时，就会向年轻的一辈讲述这样一个"神话"：某年有一些神人，骑着飞龙，来到了这个岛上……

从这个真实的造神过程中，我们该怎样去认识古老的神话和古老的神呢？

德国语言学家史密特神父早就注意到，在印、欧民族的宗教中，"至上神"（天主）一词的语根都是照耀的意思。实际上，世界许多民族的神都来自天空，或与光明、闪电等意思有关。比如，《圣经》中"上帝"一词在古希伯来语中就是"来自天空的人们"。

中国上古时没有对"神"字作具体解释，但以另外一个假借字"申"来表示，故许慎在《说文解字》中说："申，神也。"在甲骨文中"申"字被写作"𢑚"，像一个闪电的形状，这表明，古人在造字的时候把神与天上闪电、火光之类的东西相联系，与印欧语系中"神"这个词的语根完全一致。我们取出原始神话中"神"的几个特点：天空—闪电—神，把它们联系起来就是：神驾着一道闪电，从天而降。最具有代表性的表述是《圣经·马可福音》里的记载，耶稣说："人子从云中来，带着巨大的力量和光耀。"这很容易使我们联想起正在降落的宇宙飞船。

神来自天空的思想还表现在世界各民族的宗教仪式上。中国最古老的宗教形式要算天帝崇拜，其最高仪式就是泰山祭天，为什么非要去泰山祭天呢？泰（太）山祭天是取其形高近天之义，这个思想从古时就有。《礼记·祭法》曰："燔柴于泰坛，祭天也。"泰在此处不是指泰山，而是指高坛之意。后世皇帝祭天的天坛一般都是平地起高，以符合远古"泰坛"之义。

不但中国如此，几乎世界所有民族的祭坛都是平地起高，必在高处举火以祭，像产生于公元前600多年的古波斯祆教。此外，世界不少民族在祭神时，不但要在高台上，而且要使用火，像美洲的一些印第安部落，每祭都必须有火。

《众神之车》的作者丹尼肯在罗列了许多证据后，直截了当提出了上帝是个宇航员的观点。他认为，在远古时代有一批高智能的外星人驾着宇宙飞船来到过地球，原始的地球人被宇宙飞船推进系统的巨大闪光和轰鸣所震撼，把他们称为"神"，编入神话中，保留在雕刻和壁画之内，这就是神的起源。

我们通过对神话的系统分析后认为，当"神"来到这个地球上的时候，地球根本就没有现代意义上的人，只有许许多多地球上的各种动物，是神创造了人。当"神"与创造出来的人相处了一段时间后，"神"离开了人，神话是对这种记忆的记载。这个推论也许符合全人类神话的一贯性。

第2章
中国神话的秘密

中国民间最有影响的古代宗教是"天崇拜",但这个"天"又是什么呢?我们的祖先为什么要去崇拜虚无缥缈的天空呢?原来,中国神话中的"天"、甲骨文中的"天"与现在的天根本不是一回事。那是一个有形有体的天——它就是现在天空中看到的月亮。

第一节 奇怪的宗教心理

不知道是什么原因，世界上不同民族的人，几乎都有一种与生俱来的宗教心理，或者说是宗教需要吧！也就是说，虽然我们在表面上被现代科学紧紧包围着，像塑料制品、化学制品、电冰箱、空调、洗衣机、电脑、汽车、飞机、火车等，几乎侵入了我们每一寸生活空间，但奇怪的是，这些科学的成果仅仅使我们的外表科学化了，而在骨子里，我们依然是宗教的。

说到宗教心理，全世界的各民族都不相同，其中，中国人的心理更是奇怪，它与全世界各民族不但不同，简直就是背道而驰。

永不虔诚的信徒

中国没有国教，这是一个事实！

在中国，除了本土宗教以外，世界上许多宗教都传入了中国：佛教在汉明帝永平十年，即公元67年前后传入中国；伊斯兰教在唐高宗永徽二年，即公元651年传入中国；基督教在唐太宗贞观年间传入中国；拜火教公元3世纪传入中国；道教是中国的本土宗教，创建于汉安元年，即公元142年……但发展来发展去，就是没有一种宗教能够形成一统江山的气候，大家几乎都在平行发展，游移在中国人宗教意识的边缘。

为什么会这样呢？难道中国人没有宗教需求吗？其实不然，中国人的宗教需求是很强烈的。无论什么宗教，只要传进来，都有人信，有信道的、有信佛的、有信基督的、有信真主的。除此而外，中国人更多是民间信仰，山神、土地、精怪、鬼魂、天上的星星、地上的草木、活着的好人、死去的坏人……只要灵验，中国人什么都信。常常是刚刚拜完菩萨，马上又拜老君，在回家的路上可能还要去一趟土地庙，回到家以后，先在财神、关公像前敬一炷香,然后转身又跪倒在祖宗的灵位前。

在盲目中信仰,也在盲目中迷失自己,这就是中国人!

南朝齐梁时期,有个人叫张融,临死时遗命:"左手执《孝经》《老子》,右手执《小品》《法华经》。"大家知道,《孝经》是儒家的东西,《老子》是道家的东西,《小品》《法华经》是佛教的东西。他想告诉人们:我什么都信。

中国人什么都信,什么都不信,这也是事实!

宋代新昌县有一年发生大旱灾,县衙中有一个主簿(相当于现在的县委书记),名叫杨元光。这一年他带着一帮人到白鹤祠祭祀,祈求天降大雨,解除黎民的旱灾。他跪在地上,诚心诚意祈祷了一遍,可天上还是晴空万里,连一丝风也没有。杨元光耐着性子,又十分虔诚地祈祷了一遍,天上依然烈日炎炎,连一丝云彩都没有。当杨元光祈祷了第三遍仍无动静的时候,一股怒火直冲脑门,他破口大骂:你这个神算个什么东西,白白吃掉了百姓的供奉,竟然连这么点事都不办,要你还有什么用呢?骂完,他下令砸烂了神像,拆毁了神祠。这就是中国人对民间宗教的典型态度,灵则信,不灵则毁,一点面子都不给。所以,民间的神都是短命鬼。

山西太原东面有一座山,唐朝时叫崖山,每当这个地区发生大旱时,当地人就放火烧山,熊熊的烈火,滚滚的浓烟腾空而起。这就很奇怪了,天旱时不应放火,因为水火是不相容的。但当地人有当地人的说法:相传,崖山的山神娶了黄河之神河伯的女儿为妻,这样一来,放火烧山就太有道理了,大火一起,黄河之神总不能看着自己的女儿被活活烧死吧,父女情深,必然会带着黄河之水来救女儿,这样,大旱不就能解除了吗?我们在佩服当地人聪明的同时,也真有点哭笑不得,这算什么事?这就好像黑社会的"绑票",打个电话告诉他的家长,你再不来我可就"撕票"啦。

千万不要认为这仅仅是个特殊的事例,中国古代历来就有这个传统,《山海经》中就有"女丑曝尸"的记载,女丑是个巫师,天上十日并出时,大地一片焦枯,大约是女丑没有祈来雨水,就被族人推进太阳地活活晒死了。人们是这样想的:巫师不是可以通神吗?晒我们天神可以不管,晒一下天神的代理人看你管不管,没想到一下子就给晒死了。可见,这种心理是中国人固有的。

有人说，因为中国人在农业经济中变得很功利，有用就去信。但全世界农业经济的民族，绝非仅有中国，那么，他们对宗教是否也很功利呢？也有人说，中国没有统一的宗教是因为中国有深厚的文化，老子、孔子等先圣们的理论可以提供终极关怀的需要，所以无须信仰别的什么。但古希腊也有很发达的人文理论，为什么它的后人信仰了东正教呢？

从以上的事实中，我们可以得出一个结论：中国人有强烈的宗教情怀，但历史上至今没有一种宗教可以让我们充分表达这种情怀，直到今天，我们一直还在寻找着。中国人很特殊，是见识过崇高与伟大之后的特殊。

当中国的宗教意识找不着合适的表现形式的时候，反过来就会崇拜实实在在的自己。在中国人的心里，总是回荡着这样一个声音：心外无神，我即神圣！中国人崇拜的是人。因此在道家的神谱中，几百位神仙都是死去的人，其实都是鬼魂。中国无神，大鬼即是神。

还有一个证明：世界上的许多宗教都在研究人死以后怎么办的问题，唯独中国的道教，在努力研究人怎样才能不死！为了不死，中国人几乎把办法想尽了：炼金丹、求仙药、房中术、辟谷食气……甚至，连中国本土医学——中医，也是一种养生医学。当然，在现实生活中人不可能不死，祖辈死了，父辈死了，人就是在死亡当中延续下来的。但是，一代又一代人死亡的事实，并没有削弱中国人求长生的愿望。在肉体不能长生的情况下，中国人转而追求精神上的长生，儒家追求的立功、立德、立言，本身就是一种精神长生的愿望。

祖先崇拜对任何一个中国人都不陌生，每逢清明、春节，我们的父辈都要带着我们举行各种各样的祭祀活动，在祖先的灵位、墓地摆上一些供品，烧几张纸钱，焚几炷线香，哀思随着袅袅的轻烟，伴着声声的抽泣，在空中远去，一直到达灵魂的世界。现在许多人已经不理解祭祖的真正含义，总认为祭祖就是表达对亲人的思念。实际上，祭祖的真正含义是达到长久追求的愿望。

当我们的父辈领着我们祭祖时，不仅仅在于提醒下一代要牢记自己的祖宗，更重要的是，父辈在为我们做榜样，意思是说：小子你看好了！今天我领你来祭祀我的父亲，那么我百年之后，你要带着你的儿子来祭祀我。这样，中国人虽然在肉体上死亡了，却在祖先崇拜之中获得了永生，逢年过节要尽孝，家中发生大事要告祖，有了困难要祈祷祖先，祖先与儿孙的生活紧紧联系在一起，这就是某种方式的永生。

中国人崇拜生命的本身！每一个生命都是独一无二的神圣。

《左传·文公元年》记："冬十月，以宫甲围成王，王请食熊蹯而死，弗听。丁未，王缢，谥之曰：'灵'，不瞑；曰：'成'，乃瞑。"谥号是死人续存的一种表示，人死入土，唯谥号长留人间，故成公死后还对其十分介意，而对上不上天堂，则表现出一种冷淡的态度。唐代以前的志怪小说中多有宁可偷生人世，也不愿死后为仙、为神的故事。《神仙传》载："白石先生者，中黄丈人弟子也，至彭祖时，已二千岁余矣，不肯修升天之道，但取不死而已，不失人间之乐……彭祖问之曰：'何不服升天之药？'答曰：'天上复能乐比人间乎？但莫使老死耳。'"同书又载：马鸣生遇难不死，随神人学药医，后入山合成仙药，但"不乐升天，但服半剂，为地仙，恒居人间"。

中国人在骨子里总是希望自己活得长长的，但这种愿望绝不是因为怕死，而是为了寻找，找到那种能够让自己心灵寄托的形式。但中国人究竟想寻找什么呢？

中国上述的信仰特点，也深深影响着人们的社会心理和行为。虽然许多人批评中国人很奴性，但在骨子里，中国人其实是极端个人主义的，极其的独立，他们的思想很难统一。自从汉代独尊儒术以来，统治者很想将人们的思想统一到儒家上来，可是2000多年过去，至今我们还在提倡，为什么呢？正因为始终达不到目的。凡是反复提倡的，心总是极度缺乏的。因为中国人从来都不愿意按某一种统一的标准来塑造自己（比如仁、义、礼、智、信，等等），那样真的很痛苦，在潜意识里每个人都希望自己活得自我。

在这一点上老子就比孔子更了解中国人，他反对孔子的统一标准，主张人要"见素抱朴"地活着，什么这标准那标准，都是扯淡。当年孔子前去拜访老子，老子一见面就说："孔丘啊，你谈话中提到的这些古代圣贤，都已经死去很久了，恐怕连地下的骨头都腐烂了吧，只剩下这些话还流传于世。聪明的人应该具有适应社会的能力，如果生逢其时，那就驾车出仕；如果生不逢时，就像蓬蒿那样随风飘荡，自由自在。"

由于上述的宗教心理，中国人在心理上有些很不相同的定式：

第一，天生的机会主义者。找不到信仰的大神，造成中国人没有稳固的思想框架，我们一直强调的是"顺其自然"，而不是墨守成规，十足的机会主义。这种天性从好的方面讲，就是惊人的创造力。中国社会绵绵五千年不断，恰恰证明中国人在人与社会、人与人方面有惊人的创造力，因为投机的最高境界就是和谐。

再比如说《亮剑》中的李云龙，一个典型的中国军人，脑子里没有多少条条框框，一切"顺其自然"，因势而变，因时而变，仗打得如行云流水，这大约就是中国"无招胜有招"的境界。只要中国军人愿意去打仗，那将是所向披靡的。

但这种天性也极易引发一些恶习，比如说缺少诚信、忠诚、关爱，等等。

第二，强烈的"等贵贱"论者。中国人没有稳固的信仰，当然也不会真心承认某种权势的存在，《西游记》里"皇帝轮流做，明年到我家"反映的正是这种心理，每个人几乎都在做"王侯将相，宁有种乎"的大梦。这种天性虽然可以给人以动力，反抗外来强权，但也极易引发内部的纷争，这大约就是窝里斗的根源。

在这种天性之下，中国没有世袭的贵族阶层，每过一段时间，人们总会借着社会大动荡之机，将贵族阶层连根拔掉。黄巢起义攻入长安时，起义军专门强奸世家大族的女性，而且以此为荣；解放初期，许多领导干部娶他们曾经反对过的那些阶级的女人为妻……这不仅仅是被压迫者的仇恨，还有更深层次的社会心理。也正是由于这种心理，中国人有"富不过三代"的血泪总结，有这么多仇人在虎视眈眈，富贵能有多长？早晚会被人灭掉。

敬小神不信大神

中国人的信仰还有一个特点，那就是敬小神，不信大神。

在中国，最灵验、最有名气的神，统统都是小神，比如，玉皇大帝的地位够高吧！但有多少人对他祭祀礼拜呢？很少。相反，在民间，玉皇大帝的香火远远不如城隍庙。可城隍庙敬的是什么神呢？它只是一个小地方的土地神，真是"县官不如现管"。

山西五台山是佛家文殊菩萨的道场，是一处著名的佛教圣地。然而，五台山上什么地方香火最旺呢？绝对不是菩萨顶、塔院寺、显通寺等几处大寺院，而是财神庙和五爷庙。当地导游总是告诉游客：在五台山香火最旺、最灵验的就是这两处。在佛教圣地中，佛寺的香火竟然比不上两个小神庙，法相庄严的文殊菩萨、三世佛祖竟然没有小神灵验。这就是中国的信仰，信小神而不敬大神。

在对待神灵的态度上，民间对大神一般是"尊而不亲"，虽然在观念上承认大神的地位，但平日里并不亲近，敬而远之，但如有需要，还是会捍卫大神的地位。而对那些小神，则采取"亲而不尊"的态度，经常性的礼拜，烧香叩头，但在心里就是瞧不起你，对我有用就给你上香，对我无用就毁了你。所以中国历史的许多小神，都是短命的。

此种心理也造成中国人小团体利益至上的习惯，从大的集体看，好像是一盘散沙，但小团体却十分抱团，地域观念极强。这一习性，极易形成地方割据，一旦有机会，"我即神圣"的心理就暴露无遗，再加上小团体利益至上，一呼百应。所以民主对于中国人而言，恐怕短时期是个梦想，否则极易造成动乱。

中国封建时代选择了中央集权，而且是层层集权，真是太聪明了，很符合中国人的心理。因为真正统一中国人的不是大集体，而是小团体。但只要团结住小团体，就能维护住大集体。这就是中国政治的奥秘所在。

好了，还是回到宗教的问题上吧！

宗教的昌盛，说明人们可以从宗教中找到一些对自己有用的东西，那为什么中国人从过去的所有宗教形式中找不到这种东西呢？反过来说，中国人到底在找什么？换句话说，中国人潜宗教意识的对象究竟是什么呢？它为什么如此重要，以至于使中国人要生生不息地一直追寻呢？

这是历史之谜，也是文化之谜，更是我们心中之谜。解开这个谜团的钥匙，就在中国的远古宗教里。

请跟随这条线索，我们一起去发现隐藏在中国上古宗教、神话中一个惊天动地的大秘密。

第二节 违背常理的崇拜

北京的名胜古迹众多，故宫、颐和园、圆明园、长城……但说起具有中国宗教特色的当属四坛——天坛、地坛、日坛、月坛，而在四坛中，最有名、保护最完好的是天坛。

天坛，是古代帝王祭天的地方，几乎任何一座古都城都有天坛。大约从西周开始，古代的君王就在一个土台上，点燃柴火，祭祀老天，后来的朝代沿袭了西周的这一做法，只是越祭越高，后来发展成到泰山顶上去祭天。明清两代的帝王，建都北京，也许是北京附近没有像样的高山，也许是这些帝王偷懒，反正在前门的南面堆起了一个土堆，算是有了"燔柴于泰坛，祭天也"的古意。由于时代较近，这处古迹被完好地保存下来。

北京的天坛十分雄伟，高高的祭坛被各种白色大理石雕刻的花纹装点得庄严肃穆。坛面上正中有一块圆石，以这块圆石为圆心向外铺了九层石条，每层都是九的倍数，如第1层9块，第2层18块……最后一层81块。站在坛的中央，确实有一种近天的感觉。

天坛正北方，有一大殿，号祈年殿，顾名思义，这是皇帝祭天时祈祷农业丰收、风调雨顺、国家安泰的地方。祈年殿实际上是个神殿，里面供着各种天神，有管风的，有管雨的，也有管平安的。天神法相肃穆，或威武，或庄严，或高深莫测，给人一种震撼的感觉（后来改供八位清代皇帝）。

许多初来祈年殿的人，都被精美的建筑所震惊，那28根大柱，即象征四季、十二月、十二时辰，又象征着黄道二十八宿，中国古人真是太有学问了。但许多参观的人可能未注意到，祈年殿里还有一尊地位最高的神，那就是天帝。可天帝在哪里呢？也难怪大家看不见，祈年殿正中的一个神台上，放着一个数尺高的神牌，这就是天帝，在高大威严的神像群中，这个小神牌几乎不被人们注意。

有人不相信说：胡说八道，既然天帝是诸神的首领，为什么没有神像呢？难道中国人对天帝不尊吗？

许多人面对这个问题时，都只能无可奈何地笑一笑，很少有人能搞清楚这个问题。大家知道，世界上的宗教大都是偶像崇拜，即所崇拜的神都有神像法身，基督教里的耶稣、佛教里的释迦牟尼、道教里的太上老君，人人都有一个塑像，供大家跪拜。可是，中国的最高神却无神像，这是为什么呢？

上面我们曾经说到，中国的宗教崇拜很特殊，有时根本不能以常理度之，天帝无像就是一个奇怪的现象。

实际上，一旦说穿了并不奇怪。无论是中华民族，还是世界上的其他民族，没有一个人能给"天帝"造出一个神像，这可不是小看大家的本事。因为，中国所崇拜的"天帝"不是具体的神，它所代表的是浩渺无垠的天空，它有无限之大，但又空洞无物，既看不着，也摸不着。那么，请问哪一位有本事为这个虚无的天空造出一个神像来呢？

正因为如此，几千年来，"天帝"只能委委屈屈地安身于一个小小的牌位，而不能像其他神一样，有一个法相庄严的金身。

人们虽然能够理解"天帝"没有神像的苦衷，但心里总觉得怪怪的，不是滋味，难道我们不能换一个跟大家一样的崇拜吗？那万万使不得，你不知道"天帝"在中国宗教信仰中有多么高的身份，轻易动不得。

中国对天的信仰起源极古老，反正在殷墟挖出的甲骨文里就有"天"字。郭沫若曾在《先秦天道观之进展》一文中罗列了八条证据，认为殷商时虽然就有"天"字，却不是神称，即"天"在当时不作为崇拜对象。郭沫若的观点未免武断了一些，因为我们对甲骨文还知道得很少，许多字都是猜出来的，猜得准不准还是个疑问。比如说，甲骨文有许多"上帝"的记载，"上"字和"天"字在结构上极为相似，有的就是一个写法。在古人的心目中，上面就是天，天就是上面。因此，"上帝"就是"天帝"，两者合二为一。怎么能武断地说甲骨文的"天"不是神称呢？再者，西周的天崇拜就极为普遍了，难道这个"天"是一下子冒出来的吗？因此，天崇拜应该发端于殷商而不是西周，西周只是继承而已。

从殷周两代看,"天帝"的崇拜是社会最主要的崇拜,几乎具有一神崇拜的许多特点。

"天帝其降馑?"(《通纂》373)

"上天之载,无声无臭。"(《诗经·大雅·文王之什》)

"……天乃大命文王。殪戎殷……"(《尚书·周书·康诰》)

这个"天""天帝"就是古代人心目中最大的一个神灵,它对人世社会的一切事情都有权干涉。这一崇拜后来与祖先崇拜相结合,成为中国"二元宗教"的主体,并一直影响几千年的社会文化、心理。

由此可见,正确理解中国的天崇拜,是我们认识中国古代历史、人文心理的重要基础,否则,一切的研究统统是盲人摸大象,越研究,越背离历史的真相,听起来像听天书一样不知所云。

关于中国奇怪的"天崇拜",人们自然要问到两个问题:第一,天崇拜究竟是什么内容?第二,天崇拜是怎么来的?

天崇拜的内容,殷商甲骨文、西周金文及各种古文献都没有记载,现在的学者理所当然应该不知道。由于第一个问题不清楚,那么关于天崇拜的来历就更不清楚了。现在通行的观点认为,中国的天崇拜不是由自然神转化来的,而是后来许多社会神集合在一起的产物。严格地说,这个解释根本不能算作一个解释。殷商或殷商以前,我们所发现的神灵崇拜当中,有许多都源于原始的自然崇拜,虽然有些神在后来的发展中发生了很大的变异,但如果仔细追溯的话,都可以从原始宗教当中找到痕迹,那么,为什么对天的崇拜就不可能是原始自然崇拜呢?再者,"神性集合在一起的产物"这个提法本身就很朦胧,它是一个相当滑头的解释,事实上又没有说出任何实在的东西。

如此说来,中国历史上最重要的宗教形式——天崇拜,竟然是来历不明的崇拜。不但来历不明,说也说不清楚。比如说,从天崇拜当中演化出了对"天道"的敬畏,但什么又是天道呢?这可难死中国人了,连老子这么伟大的哲学家也说不清楚。在《道德经》中,老子总是用一些模棱两可的语言形容天道,不信的话就让我们读两段,保证搞得你恍兮惚兮:

"道可道,非常道。名可名,非常名。无名天地之始;有名万物之母。故常无,欲以观其妙;常有,欲以观其徼。此两者同出而异名,同谓之玄。玄之又玄，众妙之门。"

"道之为物，惟恍惟惚。惚兮恍兮，其中有象。恍兮惚兮，其中有物。窈兮冥兮，其中有精。其精甚真，其中有信。"

"有物混成，先天地生。寂兮寥兮，独立而不改，周行而不殆，可以为天地母。吾不知其名，强字之曰道，强为之名曰大。"

你搞清楚了没有？保证没有人敢说自己懂得了老子的意思。但这就是天道，这就是中国人心目中的天。

从殷周两代记载的实际用法看，天崇拜绝不是各种神性的集合体，它的崇拜对象就是自然的天空，《诗经·雨无正》曰："浩浩昊天，不骏其德。"诗文中"浩浩昊天"指的绝不是一个具体的东西，而指虚无缥缈的天空，甚至可以说是指浩瀚无垠的宇宙。《周易》曰："天行健，君子以自强不息。"这句话不知被多少中国学者引用，有些人还把它作为中华民族的一个主要特征，在这里"天"就是自然之天，也有人将此处的"天"解释为大自然，这是不对的，因为在中国上古文字表意上，天就只有一个意思，那就是虚无的天空。

中国古人崇拜虚无的天空，多么不可思议的崇拜啊！

有一则寓意深刻的笑话，说的是有一天，在某个城市的美术展览馆，举办了一次盛况空前的美术展览，前来参观的人络绎不绝。展厅里各种作品琳琅满目，不由得使人驻足观赏、品头论足。当参观的人流来到一幅题为《牛吃草》的作品前面时，不觉都愣住了，因为这幅画仅仅有一个标题，整个画面空空如也。好奇的观众请教作者说："您画的草呢？"作者回答："被牛吃完了。"观众又问："那么牛呢？"作者说："牛吃完草自然是走了。"我们敢肯定，看着这块什么也没画的空白画布，绝不会有人说：瞧，画得真美呀！因为无从谈起。

那么，虚无的天空有使早期人类崇拜它的理由吗？答案是彻底否定的，它与我们以上说到的这则笑话是同样的道理。大家不妨想一想，如果把天空中存在的风、雨、雷、电和日月星辰去掉的话，天空不就成了一块什么都没有的画布了吗？什么都没有的天空，就是无形无质的虚空，也就是空无，不但是古代人，即使是现代人也根本不会去注意这个虚无的空间。因此，虚空完全不具备使人类发生崇拜的自然属性，正如世界上没有一个民族去崇拜时间之神一样。

宗教崇拜的发生，主要是因为外部事物的影响，比如，给予人们实惠的东西，即对人们生活有利的东西，像太阳驱走了黑暗的恐惧，使万物生长，因此后人崇拜它；当然对人们生活不利的因素，由于太强大，无法战胜，也可以使人对其崇拜。像瘟疫，它夺去人们的生命，使人痛苦，但又消灭不了，所以，人们崇拜瘟神。总之，所有的崇拜对象都直接或间接影响人们的生活。

那么，虚无的天空对人又有什么影响呢？无形无体、看不见摸不着的东西是不会使古人产生联想的，比如，空气看不见摸不着，却对人类有重大影响，可是古人认识不到，所以世界上没有崇拜空气的。

从思维科学的角度来看，人类智力的发展是个渐进的过程，在智力低下的早期，形象思维占了主导地位，而抽象思维却不发达，这一点在原始的岩画中得到了证实。岩画的内容基本上描述的都是原始人的生活，如何射杀一头鹿、如何崇拜一种东西等，在岩画中绝对找不着像毕加索印象派那样的绘画。

形象思维来自于直接的视觉刺激，而动态性的东西往往比静态的东西更能引人注目，例如，天空中闪烁的星辰、盈亏有序的月亮、东升西落的太阳、飘逸流动的星云、金蛇般的闪电、时大时小的雷鸣等都具有强烈的动感，所以自古以来就强烈刺激着原始人的视觉，于是统统发展成为原始崇拜的对象。相反，虚无的天空是绝对静止的，甚至连想象都想象不出来，根本不具备引人注目的动态特点。

从中国人的心态来分析，历史形成了中国人现实、功利的心理，鲁迅曾总结说："华土之民，先居黄河流域，颇乏天惠，其生也勤，故重实际而黜玄想。"实际的中国人发明了最不实际的"天空崇拜"，这本身就是一桩怪事。

或许有人会用上古埃及的原始宗教来反驳我们，但从埃及人把天空想象成奴特手脚跨地弯曲的半圆身体、身上又装饰着许多星星看，人们并非将奴特当成天空本身来崇拜，只是把她作为星辰之母而已，在本质上还是星崇拜，不是天空崇拜。

在完全没有可能的前提下，中国古代出现了本不该出现的宗教崇拜，这就是我们提出的问题。如何合理、科学地解释它呢？

除非有新的考古资料出现，否则，用现有的资料是不可能解答这一问题的。甲骨文我们研究了近100年，上古文献我们研究了几千年，但至今问题没能解决。难道我们非要等到新的考古资料出现以后再去解决这个问题吗？事实上，中国尚有大量的资料没有被利用，那就是上古神话。当我们不能在文字记载中找到"天空崇拜"出现的恰当解释时，为什么不去考虑从神话中探源呢？

事实上，中国古人格外注意天空并非源起于殷商或西周，早在神话出现的时候，原始人不知出于什么样的理由，对虚无的天空总是津津乐道，给后人留下了大量关于天的神话。有趣的是，中国上古神话是以"天"为中心展开的，许多著名的神迹都和"天"有密切的关系，例如，"开天辟地"的神话涉及盘古、伏羲、女娲、混沌、黄帝等神；"天梯"的神话涉及伏羲兄妹、黄帝、颛顼、柏高、十巫等神；"女娲补天"的神话涉及女娲、祝融、共工等神；"天倾西北"的神话涉及祝融、共工、大禹等神；"十日并出"的神话涉及太皞、羲和、后羿、嫦娥、西王母等神。可以说，天神话是一条红线，它能穿起中国许多神话和古神。在神话研究者感叹中国神话不像古希腊神话那样有体系的时候，为什么不去注意中国的有关"天神话"呢？因为中国的"天神话"自成一个体系。

按照一般的常识，神话的历史要比文字的历史久远。中国的天崇拜产生于殷、周时期，比神话不知要晚多少年。因此，我们认为，"天空崇拜"与"天神话"之间有必然的联系。

但究竟是一种什么样的关系呢？"天崇拜"的天与"天神话"的天，两者含义是否相同？如果不相同，它们各自的对象又是什么呢？

正如我们以上分析的那样，如果神话中的"天"也是一个无形无体的虚空，那么不但不会形成"天空崇拜"，甚至连"天神话"的本身都不存在。因此，面对大量关于"天"的神话，我们不得不问：神话和宗教信仰中的"天"，与现代意义上的"天"是否同义呢？

第三节 "天"是什么

这个问题本来不应该提出,因为这是常识。

现代意义上的天,主要是一个空间概念,指地球表面以上的空间。当然,随着科学的发展,我们知道了天的许多内容,比如,天这个空间并不是没有物质,它是由许多气体构成的,有氧气、氢气、氮气、二氧化碳等。再比如,我们也知道,这个空间还分了许多层次,有对流层、平流层、电离层、臭氧层,我们把它们统称为大气层。

这些本来是知道的,但读完中国古代神话以后,还是禁不住要问:天是什么?因为,我们感觉到,古代神话中的天似乎与老师讲的不一样。如果你不信,可以一起再读读这些美丽的神话。

战国时期,楚国伟大的诗人屈原在《天问》里曾这样问道:

> 遂古之初,谁传道之?
> 上下未形,何由考之?
> 冥昭瞢暗,谁能极之?
> 冯翼惟像,何以识之?
> 明明暗暗,惟时何为?
> 阴阳三合,何本何化?
> 圜则九重,孰营度之?
> 惟兹何功,孰初作之?

郭沫若以文学的笔调翻译此诗大意说:

> 请问,关于远古的开头,谁个能传授?

> 那时天地未分，能根据什么来考究？
> 那时混混沌沌，谁个能够弄清？
> 有什么东西在回旋浮动，如何可以分明？
> 无底的黑暗生出光明，这样为的何故？
> 阴阳两气掺和而生，它们的来历又从何处？
> 穹隆的天盖共有九重，是谁动手经营？
> 这样一个工程何等伟大，谁个是最初的工人？

屈原的诗追寻的是世界的起源问题，当然，他的问题并不是仅凭个人的想象，它包含了古代人对世界本源的看法，但同时，也是以大量的神话传说作为背景的，其中就包含了"开天辟地"的神话。

在这些神话里，最粗犷、最美丽的神话，当是中国"盘古开天"的神话。

在很久很久以前，没有天也没有地，宇宙像一个混混沌沌、模模糊糊的大鸡蛋，在漫无边际地滚啊滚啊！不知从什么时候开始，在窈冥混沌中产生了一个生命，那就是人类的始祖——盘古大神。也许是受了这混冥景象的影响，盘古每天只知呼呼睡大觉，连动也不动一下。谁都想不到的是，盘古这一觉睡得好长好长，一下子睡了1.8万年。在这期间盘古孕育着、成长着。

突然有一天，盘古醒了。他揉了揉眼睛，四周是混沌一片，什么也看不见呀！他定了定神，还是什么也看不见，四周漆黑一片，黏糊糊的，闷得他心里发慌。他想：总这样下去怎么行呢？心里一生气，不知从哪里抓过来一把大斧头，朝着眼前黑暗的混沌，使劲一抡。只听得哗啦啦一声巨响，这个大鸡蛋似的混冥被盘古一斧头给劈开了。鸡蛋中一些轻的东西，冉冉升起，变成了天，而一些重的东西沉沉下降，最后变成了大地。从此以后，人类有了自己的祖先，有了天，也有了地，一个美好的世界展现在眼前。

可是，不知怎么搞的，刚刚形成的天总不想在上面好好待着，它总想与大地再结合在一起。于是，它又慢慢降了下来。盘古把天推上去，天又降下来，反复几次。可盘古不愿意再回到混沌中去，没办法！只好站在它们中间，头顶着天，脚踏着地，随天地的变化而变化。

可就是这样顶着，天与地也还是有一部分相连在一起，气得盘古左手拿个凿子，右手拿着他的大斧头，又劈又凿，好不容易才把相连的部分给弄断了。

这样一来，天与地再也合不拢了，天每天升高一丈，地每天加厚一丈，盘古的身子也每天增长一丈。这样又过了1.8万年，天升得极高极高，地变得极厚极厚，盘古的身子自然也变得极长极长。据说，盘古有9万里那么高。

盘古双手托着天，双脚蹬着地，默默无闻独自一人开天辟地，真是功德无量。然而，盘古再伟大也总是要死的，当他知道天再也掉不下来的时候，他倒下去死了。他临死的时候，周身突然发生了巨大的变化：他从嘴里呼出的气，变成了风和云，他的声音变成了轰隆隆的雷鸣，他的左眼变成了太阳，他的右眼变成了月亮，他的手足和身体变成了大地的四极和四方名山，他的血液变成了江河，他的头发变成了天上的星星，他的肌肉变成了田地，他的牙齿、骨头、骨髓等，也变成了闪光的金属、坚硬的石头、圆润的珍珠、温润的玉石等，他的皮肤和汗毛变成了花草树木，就连他身上出的汗也变成了雨露和甘霖。

以上就是盘古开天辟地的神话，它既见于上古的记载，也见于民间的传闻。

因为盘古大神厥功其伟，因而得到后世民众的广泛祭祀，盘古的寺庙从北方一直延续到南方，甚至海南都有盘古神祠。例如，桐柏山上的盘古庙就比较有规模，庙中，盘古神像手执太极轮，左右有金童玉女相伴。盘古山上的盘古庙，王屋山上的盘古庙，每年都有大批的人前来祭祀。由于中国古神的衰落，客观地说，盘古神在后来的祭祀中地位并不高，民间常常把他当成一个小神来祭奠，例如，《录异记》"盘古祠"条记："广都县有盘古三郎庙，颇有灵应，民之过门，稍不致敬，多为殴击，或道途颠蹶。"这个盘古神的所作所为，与他创立的丰功伟绩相差太远了，简直像个无赖。可见人心不古，数典忘宗者自古有之。

我们不要把话扯远了，还是再回头分析一下盘古开天的神话吧。

以上盘古开天的神话，实际上混杂进来了许多的东西。神话可以分为两部分，一部分是盘古从混冥中一斧头劈出天与地，一部分是盘古用斧和凿，劈断了天地的连接部分。严格地说，神话的第一部分，根本不属于开天辟地的神话。它应该是原始民族对宇宙最初状态的设想，以及突然感知宇宙的一种记忆描述，这个问题以后还要详细讲。

神话的第二部分，即盘古在天慢慢下降的过程中，用斧头和凿劈开天地相连接部分。

通观中国整个神话，开天辟地应有几个神话组成，比如，"天倾西北""天维缺"，以至于后来的"女娲补天"，它们的内容只和盘古开天神话的第二部分有关。因此，盘古神话的第二部分，才是真正意义上的开天辟地，这又与共工的神话相互联结在一起。

盘古的神话是美丽的，因为他是个伟大的善良之神，默默为人类做了许多好事，由于他的"临死化身"，我们才拥有了这样一个美好的世界。接下来共工的神话，可就未必美丽了，因为他是个恶神，曾给人类带来了苦难。

盘古虽然费了极大的努力开天辟地，可开天辟地的任务并没有真正完成。也许是在盘古死后，那个本来升上去的天，又慢慢降临大地，就悬浮在人们的头顶上，仿佛一伸手就能摸得着。天和地之间有一根大柱子——不周山，它上顶着天，下接着地。从某种角度看，这不周山就是盘古的化身。

有一年，天上出了一个坏神，他就是水神共工。他长着人一样的脸，蛇的身子，红红的头发，简直就是只愚顽的禽兽，性情极为残暴。在与火神祝融争夺权力时，两个神大打出手，战斗的结果，根据人间善恶法则，代表光明的火神自然是胜利了，而代表黑暗的水神共工当然战败了。可没想到的是，小肚鸡肠的共工打了败仗，一口气闷在肚子里，又羞又恼，竟一头向支撑天地的巨柱不周山撞去。只听"轰隆"一声惊天动地的巨响，不周山倒了。这下子可了不得了，天上立刻塌了一个大窟窿，地的一角也陷下去了——"天残地缺"。天，带着这样一个丑陋的大洞，无奈地向上升去，越升越高。从此以后，天就再也没有回到大地的上空。这就是著名的"共工怒触不周山"的神话。

共工"触山"一事，在上古神话里保留了两个版本，一说共工因与祝融战不胜而触山，一说共工因与颛顼帝战不胜而触山。实际上没有必要深究共工究竟和谁打仗的问题,反正神话"触山"的主干是相同的。同时,共工"触山"的几种说法并存,恰好可以反过来证明"触山"一事在神话中的存在甚是广泛。

盘古凿山与共工"触山",这两个神话有必然的联系。从对象上而言,两个神话针对的都是高山;从目的来看,两个神话都涉及把天柱弄断;从涉及的内容看,两个神话同时讲述天地分离的原因及过程。因此,这两个神话应该是同一神话的变种。

有人认为,共工"触山"的神话属于推原神话,所谓的推原,就是追寻事物的本源。共工"触山"是为了解答"天倾西北"的原因。我们认为,这是根本不对的。共工触山与盘占开天,同属于一个古老的神话,它们讲述的主题是同一个,即天地分离的事实和原因。因此,"天地分离"与"天倾西北"是两个不同的事件,以下将有专门论述。

以上两则神话,都涉及一个核心问题——天,从中我们发现,两则神话中的天有三个共同点:

一、我们所谓的"天",在一个不能确定的时代里,曾经距离我们很近。盘古神话里,天和地挨得很近,几乎就要重合了,害得盘古只好站在中间顶着。共工"触山"的神话里,天与地距离也不远,中间仅仅隔着一座不周山。在其他"天梯"的神话里,天地也是很近的,连凡人都能顺着"天梯"爬到天上,《国语·楚语》说,楚昭王曾问观射父,如果天与地相通,庶民能够顺着天梯登天吗?可见,在神话讲述的那个时代,天离地很近,就悬浮在我们的头顶上。

二、"天"和地是在某一个事件当中分离的,在盘古的神话里,天离开地是因为盘古凿断了天地相连的部分,同时也因为盘古在天地中间倒下去的缘故。共工的神话就更明确了,就是因为他撞断了支撑天地的巨柱不周山,才导致天地分离。在阿卡德的神话中,也有一把神剑,当时就用它割开了天和地。可见天地原来也是连在一起的。

同时,天地分离有十分强烈的动感。在盘古的神话里,"天日高一丈",而且刚刚分离的天空几次想降下来与大地重合,摇摇欲坠。在共工的神话里,不周山倒了,而天连接不周山的那部分竟然"轰"地崩塌了一块,然后才冉冉升起。因为神话的核心是天而不是地,因此,在描述中

"天"有了很强的动态感觉。

假如我们承认神话中的描写有一定真实背景的话，那么按照一般的常识，凡是可以发生空间位移的东西，必定是个有形（至少肉眼可以看见，因为古人没有显微镜）的物体。

三、世界上所有关于天地分离的神话，无一例外地认为：天和地是由同样一种东西——混沌中产生的，也就是说，天和地的结构是相同的，都是由某种有形的物质性东西构成的。比如，中国"天梯"的神话就隐含了这一思想，有形的物体所连接的，必然也是有形的东西。在共工的神话里，天崩塌的那一块正好是与不周山上连接的那一块。不周山是高山无疑，是山就为五土之一，那么，天崩的那一块也应与不周山相同了。再后来，女娲补天的神话也一样。

很明显，神话是把看不见、摸不着的天拟成物来描写，这点是可以肯定的。这就产生了两种可能：一种可能是，古人出于宗教的需要（因为任何神话都与宗教情怀有关），确实把虚无的天空拟成有形的物质，因为无形的虚天是很难想象的。如此一来，问题出现了，既然虚无的天空无法想象，为什么还要去想象呢？什么才是产生想象的理由呢？在前两节里，我们曾分析过，无形的虚天没有引人注目，从而产生宗教倾向的特质。因此，由于宗教需要而把天拟成物的可能性不大。

另一种可能是，神话本身表达的就是真实，它是对天的直描，是在表达一个真实的历史事件。在那一事件中，天就如神话中表现出来的一模一样。

面对两个不同的关于天的概念，我们今天应该怎样取舍呢？

在整个考虑了中国"天"系列的神话后，包括盘古开天、女娲补天、共工触山、天梯、天缺地残等，我们认为，中国"天"系列神话的出现绝非偶然，这些神话的主干恰好可以排列成一个惊天动地的事件过程。因此，我们必须有勇气面对这样一个大胆的推论：神话中向后人描绘的"天"，它并不是一个无形的虚天，而是一个有形有体的实在"天"，即天是指一种实有的物体。所有的天神话都在讲述"天"这一物体在史前发生变动的真实记载。也就是说，神话中的"天"与我们现在的天指的不是一回事。

"天"，曾经是一个实体，是由有形有体的物质构成，这是一个多么离奇的推论啊！然而，它却是毋庸置疑的事实。

读到这里，一些被传统思想束缚的人，肯定会勃然大怒，他们会说："你不能随意拼接一两则神话的某些内容，而得出一个异想天开的结论。即使是假设，也要有比较充足的证据吧？"但我们要问：世界上有多少科学发现是系统研究后的结果？瓦特发明引发欧洲工业革命的蒸汽机，不也是源于蒸汽推动壶盖的一个偶然启示吗？世界上哪一种主要的科学理论是从实验室出来的呢？当爱因斯坦发明相对论时他掌握了多少证据呢？实证主义的研究方法固然很重要，但如果过分强调了实证的作用，甚至被实证的方法彻底束缚了头脑，那么我们人类和许多科学就不会有今天。

因此，我们不能因为缺少实证的根据就失去进行严肃假设的勇气，同样，我们也不能用有无充足实证的标准去刁难任何一种假设。再说，我们所说的"天"是有形实体的假设，并非仅仅来自以上两则神话，上古神话的地理位移、异地同说两种现象，给我们的假设提供了另外一种证据。

说到盘古，还有一段很令人气愤的故事。在20世纪初，一些别有用心的日本学者研究了中国神话以后，提出"盘古是条狗，大禹是条虫"的观点，这实际上是骂我们的。可是，国内一些学者居然接受了这一观点，真是可气。

关于盘古是条狗，起源于《后汉书·南蛮传》，讲的是高辛王当国时，一只名叫盘瓠的忠勇狗，因杀敌立功，娶了公主为妻，因而传下后代，成为南方"蛮"族始祖的故事。这本来是西南少数民族，如苗、瑶、畲、黎等族的神话，与汉民族没有一点关系。

可就是有那么一些国内学者，硬说"盘瓠"就是"盘古"，为什么呢？因为音相近。这不是自己找碴骂自己吗？

不错，汉族的盘古神话与西南少数民族的盘瓠神话有类似之处，它们都是造物主，是人类的始祖。但盘古开天的神话，唯汉族记载最为全面。是西南少数民族接受了汉族的盘古神话，还是汉族接受了西南少数民族的盘瓠神话呢？我认为都不是。这两个神话的源头是同一个，描述的是同一个我们将要提到的事件。后来，聚集在一起的人，开始迁徙，文化发生了移位，神话也发生了变异。于是，苗族地区有了盘瓠的神话，而汉民族则保留了盘古的神话。

有人说，盘瓠神话载于东汉的《风俗通义》，而盘古神话载于三国的《五运历年记》，因此，盘瓠神话比盘古神话古老，所以，盘古肯定是从盘瓠那里演变过来的。这个说法也不对。大家知道，中国没有系统记录神话的文献，现在的神话零零散散，见于各类书中，根本无法区分年代，怎么能用先被记录或后被记录来判定哪一个神话更早呢？这是一个常识问题。

盘古神话地理移位、异地同说的现象，恰好可以证明我们的推论，盘古开天、天地分离作为一个动态的事件，被不同民族目击，因而以神话的形式保留下来。如果不是对同一动态事件的描述，根本不可能形成同一内容的神话传说。

事实上，关于"天地分离"神话地理移位、异地同说现象不但在中国，在印度、菲律宾、日本等国的神话故事里，我们同样地发现了极为相似的上古传说。如果说，对"天"的描绘仅仅出于中国古代先民的宗教需要的话，那么又如何去解释这种大范围的惊人一致呢？

在没有其他更为合理的解释出现之前，我们为什么不能先假设神话中的"天"是一个有形的实体呢？我们为什么不能这样去想：世界范围"天地分离"的一致性都来源于一个共同的事实呢？

如果我们结合中国古代的唯一国教——天崇拜及中国人几千年奇怪的宗教心理，"天"是个有形实体的推论，几乎是唯一正确的推论。只有这个推论才能为天崇拜找到立足的根基，才能圆满解释天崇拜与天神话之间的关系。

第四节 甲骨文中"天"字的秘密

上古神话传说中的"天"及天崇拜的"天",是一个有形实体的推论,还可以从甲骨文中找到强有力的证据。

我们为什么要重视甲骨文中的汉字呢?原因很简单,古人在创造甲骨文时大量使用了象形思维,是对被记录对象形象的图画形式。例如,表示太阳的日字,写成"☉",中间的一点代表太阳黑子;再比如,山字,写成"⋀⋀",完全是高山的形状。因此,甲骨文的许多字保留了大量真实背景,而这些背景,在以后文字的发展规范中都消亡了。所以,一个文字的真实本义,只能在殷商的甲骨文或稍后的金文中去寻找。

在甲骨文里,"天"字有许多写法,其中一种把天写成"𠀇",恰似一个地地道道人的形象,是一个站立的人形。有人解释说,这是一个正面站着的人,整个字的解释是这样的:正面站着的人为天。

这个解释让人不痛快,《说文》曰:"天,颠也,从一从大。"颠,就是高的意思,所以后来皇帝祭天都选择高处,所谓的"泰坛"是也。一个站着的人怎么能表示高的意思呢?如果说"正面站着的人为天",那么就等于在天与人之间画了一个等号。可大家不要忘记,在甲骨文那个时代,天是人们崇拜祭祀的对象,它是神啊!人怎么可以和神画等号呢?

再说,甲骨文关于"人"字的写法也不止一种,都是用一个人形来表示的,与"𠂉(𠂇)"(天)的结构大体差不多。为什么要用一个极为相似的字去表达一个毫不相干的意思呢?如果说甲骨文的天是以正为阳为天、反为阴为地的思想去创造的,那也同样解释不通。甲骨文里有阳字,但没有阴字,在表示阴天、晴天时,它总是用"易日""不易日"来表示。也就是说,在甲骨文时期,阴阳没有形成文字概念(但已有图形表示或数字表示法),更不可能用正为阳来表示天这个概念。

所以，"正面站着的人为天"这个解释是根本错误的。那么，甲骨文中的"天"究竟是什么意思呢？

再仔细研究一下"天"字的结构，我们发现，代表人脑袋的圆圈似乎大了一些，与其他部分失调。所以，我们认为，甲骨文中的"天"字所表达的重点，并不在下面的人形，而在头顶上的那个圆圈。这个字的解意应该是：人头顶上的"👤"即为天。

那么，这个头顶上的圆圈又代表什么意思呢？在古代的文字和岩画中，古人常常用一个个圆圈代表太阳或天空中的星星，所不同的是，代表太阳的圆圈中常有一点，表达星星的却没有这个标志。那么，甲骨文的"天"字已经很清楚地告诉我们：人头顶上像星星一样的一个圆形物体就是天。也就是说，古代的天概念与我们现在的天概念不一样，它不是一个无形的虚天，而是一个有形有体的物质"天"，它的形状是圆形的。这个意思正好和上述神话中的天概念吻合，真是太巧了。

此外，古埃及文化与中国文化同样古老，在埃及的万神庙壁画里，埃及诸神的头顶上都有一个球形物或者手持圆球。我们认为，埃及诸神的造型，本义与中国甲骨文相同，诸神来自天，故头顶上的圆形物亦是天之意。

古代人的"天"，就是指人们头顶上像星星或太阳一样的圆形物体，它离我们很近很近，近得仿佛一伸手就能摸得着，这就是从神话和古文字里得出的必然推论。

"天"有形，骇人听闻！

那么，这个天究竟有多大呢？甲骨文中另外一个"天"字的写法透露给我们一些信息。甲骨文还有一个天字，写作"👤"，一横的下半部分也是一个人形，这个字与前几个字一样，表达的重点是上面的一横，而不是下面的人形。那么，"一"代表什么呢？在甲骨文里，"一"常常代表地平线，例如，"⛰"字，底下的一横就代表大地，再比如"👤"字，一个人站在大地上，此为立也，下面的一横同样代表大地。所以，我们认为，这个甲骨文的准确释义应该是：人们头顶上的大地，即为天。

人们头顶上怎么会出现大地呢？如果我们把以上甲骨文、金文和中国有关"天"神话联系起来理解，意思就一目了然了：一颗巨大的星球，因为它离我们很近，那么你就感觉不到它是个球体，只感到一片大地就在你的头顶上。

近年来，考古工作者在内蒙古自治区阴山的狼山段发现了大批的岩画，这些岩画历史古远，从古朴的技法看，应该是原始社会时期的。这些岩画其中一幅刻着一个人，双脚呈环形（跪坐貌），两臂上举，双手合十，头顶上有一个圆形的图像，像正在礼拜。研究者认为，这个环形物"很可能是太阳的形象"，所以大家一致将这幅岩画命名为"拜日图"，看起来也很形象。

这样理解也不为过。由于太阳与人类的亲密关系，对日的崇拜几乎发生在所有原始民族身上。《礼记·郊特牲》疏云："天之诸神，莫大于日，祭诸神之时，日居群神之手，故云日'为尊'也。"甲骨卜辞里有"宾日""出日""吝日""出入日"等都是太阳祭祀的记载，人们对太阳顶礼膜拜，朝迎夕送，毕恭毕敬，仪式很是复杂。

但问题是，这个人形所拜真的是太阳吗？就现在我们发现的岩画来看，表示太阳的形式有三种：一种是圆圈中有一点，一种是圆圈中有只太阳鸟，还要一种是圆圈四周有放射状的条纹，用来表示太阳的光芒，这三种表示以后两者居多。这幅岩画没有表示太阳的特殊标志，圆环物绝不可能是太阳，因此，拜日的解释是不正确的。

这个跪着的人形，他礼拜的对象是什么呢？我们认为，它就是上面提到的"天"，是一颗悬浮在我们头顶上的巨大星球。因此，这幅岩画是地地道道的"天崇拜"的图形表示。

到此，我们对以前不理解的问题就有一种豁然开朗的感觉，由神话和古文字及岩画推测，事情大约是这样的：

在很久很久以前，有一颗巨大的星球——天体，它来到地球很近很近的上空，古人将它称之为"天"，并按照当时的具体情形发明了"天"这个古文字。由于这个"天"与当时的人有某种神秘的关系（这以后要讲到），所以，大家把它当成神来崇拜，从而出现了中国古代来历不明、违背常理的宗教信仰——天崇拜。

后来，在某一事件之下，这个被称为"天"的星球，又远离我们而去，取代它的是茫茫虚无的空间。但原始宗教顽强的继承性，并没有因为空间的巨大改变而中断。只是随着岁月的流逝，后人渐渐习惯于接受无形无体的虚天，怎么也无法将原来的"天"与现在的天统一起来。

越是以后，人们对天崇拜越是不可理解，大家心里都在嘀咕：崇拜个虚天干什么？于是，天崇拜开始衰败。在强烈继承传统的惯性下，天崇拜成了皇帝的专利，但许多皇帝都是礼拜而不知其所以然。等历史发展到我们今天，现代的人更是不能理解。

然而，远古时代这个"天"，对我们的祖先影响竟然如此之大，先民将对"天"的宗教记忆保存在文化、潜意识的底层，形成了一股很强大的潜宗教意识。但这种潜宗教意识，在后来的历史中，竟然没有一种宗教形式能够充分表达它，于是，形成了中国人弥漫式的宗教观念，什么都信，但什么都不虔诚。拿起这个看一看，扔掉；拿起那个瞧一瞧，再扔掉。凭着潜意识的引导，中国人宁可崇拜生命的自然过程，去研究天、地、人相互感应的关系，却不痴迷于任何一种宗教形式。这是个负有历史使命的民族，它默默地一代一代希望找回心灵深处的"天"。

既然远古时代的"天"是一颗临近地球的巨大星球，那么，它究竟指的是哪一颗天体呢？它是否还现存太阳系呢？

第3章
扑朔迷离的月球

大约在1.5万多年以前,一艘来自宇宙深处的外星人飞船——月亮宇宙飞船,突然拐了一个弯,驶进了太阳系,并降临地球近地轨道,正好悬浮在中国西北部地区的上空,低得仿佛一踮脚就可以摸得着,传说中的"神"驾临了地球。这不是科幻,而是事实。

第一节 天——月球假设

在中国西南瑶族地区，有一则古老的传说：在远古的时代，天上只有太阳和星星，却看不见月亮，那时的夜空漆黑如墨，每当夜晚降临，大地上就被恐惧笼罩，人类和其他动物一样都躲进自己的巢穴。有一天晚上，天空中突然出现了一个热烘烘、七棱八角的大山一样的东西，它不圆不方，像一块巨大的石头，放射着毒热的光芒。瑶族人的这则传说讲的就是月亮的来由，月亮是在某一天突然出现在地球上空的，当时已经有了人类。瑶族的这则传说有几分可信度呢？

月球是地球的一颗卫星，它距离我们地球大约有38.44万公里，它的大小约为地球的1/4，直径是3476公里。在我们现在能够观测到的星空范围内，月亮作为地球卫星的体积算得上老大。别看月亮个头大，但距离我们过远，所以，看上去像个大盘子。在古代，人们观察月亮都是用目光，所以，根本看不清月亮的构造，只知道月亮上有些地方明亮、有些地方昏暗。1609年，当伽利略发明了望远镜后，人类才第一次清楚地知道了月表地形的构成：月亮上并不是平坦的，它表面坑坑洼洼，那是大大小小的环形山和山脉，当然，还有一些平原，那就是月海。

瑶族的这则传说很神奇，可以肯定的是，它是近距离观察月球的结果。大家不妨试想一下，如果我们现在有能力，将月亮从38.44万公里处拉近100倍，那时站在地球上看月亮会是什么样子呢？我们用肉眼就可清晰地看到月亮上各种各样的环形山、山脉、山谷、平原。而且，在这样的距离上，月亮的山脉是向外突出的，这难道不是传说中"七棱八角"的描述吗？再试想一下，在这样的距离下，你能感觉到月亮是个球体吗？不能，因为月亮的直径是3476公里，它太巨大了，有谁站在地平线上，可以感觉到地球是个圆形的球体呢，所以，传说中"不圆不方"的描述是十分准确的。

因此，瑶族的这则古老的传说我们认为有很大的真实性，否则在没有现代化仪器的古代，这种想象是不可能出现的。

结合上一章我们对神话中"天"的剖析，对甲骨文"天"字的解释，可以推测，瑶族的这则传说与中国古代神话、古文字所反映的是同一个内容，"天"是一个有形有体的星球，"天"就是月亮。这样看来，甲骨文的"天"字，不但是有道理，而且是太形象了。

上古神话传说中的"天"就是现在的月亮，这就是我们的假设。

在中国"天"神话系列中，还有大量"天梯"的神话，这类神话可以作为我们假设的一个重要补充证据。所谓的"天梯"，就是连接天与地之间的中间物体，在神话中它有时是高山，有时是大树。美洲印第安人的神话说，连接天与地的是蜘蛛网，这也算天梯神话的变种。赫胥黎《进化与伦理学》中讲了一个故事："有这样一个有趣的儿童故事，名叫《杰克和豆秆》。这是一个关于豆子的传说。它一个劲地长，耸入云霄，直达天堂。故事中的主人公，顺着豆秆爬上去，发现宽阔茂密的叶子支撑着另一个世界，它是由同下界一样的成分构成的，然而却是那样新奇。"这也是一个有关天梯的故事，它的原型也应该是古代的神话传说。再比如，美洲印第安人的古神话中就有大洪水期间，人们顺着某种秸秆依次上升到三、四、五世界里，从而逃脱了大洪水。

为什么会有世界范围的天梯的神话呢？我们认为，"天梯"神话的出现绝非像某些人说的那样，是为了表现原始人一种向上追求的愿望，它们同样是对某种真实事物的客观描写。

大家想象一下，突然有一天，我们的头顶上出现了一个直径3476公里大小的天体，低得仿佛一伸手就摸得着，它遮住了天空和星辰，大地上一片昏暗。苗族的神话《谷佛补天》中说："古代主宰天地的是宏效，他移动天地相去一庹远，天从此昏昏沉沉，地从此不明不暗。"描述的正是"天"离大地很近时，由于遮挡了部分阳光，所以大地上才"不明不暗"，能见度很低。

由于这个被称为"天"的星体距离我们地球太近了，同时它也太大了，那么你不论怎样向远方眺望，它总是与大地相接，这与中国乃至世界"天地不分"的神话是何等吻合！这样一来，你不论从哪座高山、哪棵大树的侧面望去，都会有同样的感觉：山尖或树梢顶着"天"，下接着地。人们由此想象，如果登上了山，爬上了树，不就可以直达"天"上了吗？这些山和树多么像一架梯子一样。同时，又使人感觉到，这些山和树仿佛在支撑着"天"和地，一旦撞断了，"天"就要飞走了。这就是"天梯"神话的真相，它是对"天地分离"前空间状态的客观描述。

我们感到震惊，谁能想象得到，在看似平淡无奇的中国神话里，竟然潜藏着一个如此巨大的秘密。事实上，中国神话中的秘密远不止此。我们再一次感觉到，一种固定的思维模式竟然有如此大的束缚功能，上述这些神话不知有多少人研究过多少遍，但大家被一种思维模式所限制，见木而不见林。

研究问题角度很重要，每一个新的角度，都会开辟一个全新的领域。所谓的系统，也与角度有关，不同的角度可以形成不同的系统。在原始文化研究方面，现在流行用西方的观点，一切都照搬。我们不否认西方在宗教、神话等方面的研究方式及一些理论有很大的价值，然而，这些方法和理论并不完全适合中国文化研究。

中国神话自身有很强的逻辑性，它完全可以自成一个体系，像中国的"天"神话，就是这个体系的主干。所以，问题不在于问题的本身，而在于我们戴着什么样的眼镜看问题，戴着深色墨镜的人，即使在阳光明媚的日子里，他的眼前也是一片灰暗。为什么不把眼镜摘下来呢？

第二节 远古时期有月亮吗

对我们"天——月球"的假设,可能会有许多人捧腹大笑,认为这是天方夜谭,说我们在编新神话。可能还有人会说:你这个假设完全违背天文学常识,月亮从太阳系诞生以来,就处于现在的轨道上,怎么可能来到离地球很近的地方呢?

我们要反问以上这些嘲笑者:你怎么知道月亮从来就有呢?

我们现在确确实实知道月亮的存在,是有文字记载以后的事情,而文字产生于地球大约有6000年的时间,那么在文字产生以前,天上有没有月亮呢?谁能回答?

我们知道月亮的存在,还依赖于流传至今的各种上古神话,那么在这些神话之前,天上有没有月亮呢?又有谁能回答?

有人说,用大海潮汐对海岸的侵蚀可以证明月亮的存在。可是现在的一些科学家新近研究证明:大海潮汐的变化与月亮的关系很小,即使没有月亮,大海依然有潮涨潮落的现象。

明月是否从来就有?我们暂不作定论,首先来看一看,中国古代有关月亮的神话记载。

月亮是地球外围空间中看上去最大的两颗天体之一(另一颗是太阳),因为距离的差别看上去月亮的大小正好与太阳的大小相仿,而且它与太阳一样,运行极有规律——东升西落,每30天我们就可以目睹从新月、半月到满月的一个全过程。就月亮与人类的关系而言,它几乎与太阳有同等重要的地位,太阳给我们光明,使万物得以生长,月亮为我们驱逐黑暗与恐惧,使我们内心得以安宁,因此,古代人对月亮极为关注。从殷商时起,它就是人们宗教祭祀的对象,号称"西母",后代许多文人将月亮作为自己的灵感之源,写下了无数传之万代的佳作。

从道理上讲，人类越发展，对自然现象的直接感触就越淡，因为人类与人类的文化在骨子里有一种反叛自然的本质，我们所做的一切工作都在远离自然，比如，现代城市人每天匆匆忙忙，几乎很难注意到天上的月亮和星辰是多么美丽。相反，由于自然现象与生活的关系十分密切，古代人对自然现象的感受，比我们强烈得多，他们每天都得观察天空，以判定明天是下雨还是刮风。假如月亮从来就有的话，那么古代人的感受要远远超过现代人，他们会将这种感受以神话的形式传给后人。

然而，事实并不像人们想象的那样。

不论你信不信，中国古代神话中有大量日（太阳）和天的记载，却很少有月亮的记载，即使有，出现的时代已经很晚很晚了。

用神话确定时代，是一件非常困难的事情，因为中国的神话是被零零散散记载下来的，而且其中还有大量后人添加的成分。但是，我们用神话中诸神的神迹，还是可以排列出哪些神话在前，哪些神话在后。盘古、女娲、伏羲、祝融、共工、炎帝、黄帝、蚩尤等，算是中国最早时期的神。先让我们看一看各类神话中有关月亮的记载情况。

女娲的神话里涉及两件大事，一件是抟土造人，一件是补天，没有月亮的记载，即使是女娲神话的扩展中也没有记载月亮的事。

黄帝的神话比较乱，内容很庞杂，主要有造人、造器物、大战蚩尤、居昆仑之山、和诸神等，也未见与月亮有什么关系。

伏羲的神话很古老，而且流传的地区也很广大，不但中原有，而且西南少数民族也有。伏羲神话的主干有造人、演八卦、大洪水、斗雷公等，也不见月亮的记载。

祝融是火神，主要神迹有大战共工等。水神共工的神话与祝融相似，蚩尤的神话稍多一些，但主要涉及与黄帝的一场战争。在这些神话中也不见有月亮的记载。

神农的神话不多，他主要是发明之神，发明了医药、农具、水井等。炎帝的神话不少，主要有与同父异母兄弟黄帝的战争、炎帝为灶神等，但同样没有谈到月亮。

上古古神中，唯有盘古、颛顼两位神的神话中与月亮有关，但仔细分析，都在似是而非之间。

在盘古的神话中，盘古临死化身一节里有月亮，《五运历年记》载盘古死后："左眼为日，右眼为月。"我们认为，这本身不是盘古神话中的内容，是后来人加上去的。《五运历年记》成书比较晚，当时佛教已经传入中国，它很可能是受佛教的影响。比如，《摩登伽经》说："自在天以头为天，足为地，目为日月。"两个说法在行文上都差不多。倒是《五运历年记》的另一条记载比较符合中国神话的结构，"盘古之君，龙头蛇身，吹为风雨，嘘为雷电，开目为昼，闭目为夜"。但这里面并没有说月亮，只是解释黑暗、光明的由来，而且这则记载的源头在《山海经·海外北经》里，经文说烛阴"视为昼，瞑为夜，吹为冬，呼为夏，不饮，不食，不息，息为风"。可见，在盘古的原始神话里，根本没有月亮的记载。月亮之说是从"视为昼，瞑为夜"中演化出来的。

颛顼的神话里本身没有月亮，但在其扩展神话里有月亮的痕迹。《山海经·大荒西经》有一段记载："大荒之中，有山，名曰日月山，天枢也。吴天门，日月所入。有神，人面无臂，两足反属于头山，名曰嘘。颛顼生老童，老童生重及黎。帝令重献上天，令黎邛下地。下地是生噎，处于西极，以日月星辰之行次。"神话的意思是说，噎这个神，居住在日月之山，掌管着日月星辰的运行，这个噎乃是颛顼的曾孙。从时序上来看，在这则神话中，月亮的记载出现很晚，应该不属于颛顼的神话，月亮是在"天地分离"以后出现的（颛顼令重与黎绝天地通）。

由此可见，上古神话中没有月亮的记载，至少在"天地分离""大洪水"以前没有月亮的确实记载，为什么呢？只能认为，在大洪水之前，天上根本没有叫月亮的东西，否则，在神话中不会不加以表现。

中国有关月亮的记载，最早出现于帝俊的神话中，《山海经·大荒西经》说："帝俊妻常羲，生月十有二，此始浴之。"帝俊是殷商民族神话中的人物，仅《山海经》的《大荒西经》有零星的记载，除此以外，任何古籍再无记载。从"帝俊生后稷"的记载来看，帝俊的神话已经相当晚了，近乎文字发明的时期，根本不能与盘古、女娲的神话相提并论。

再说，帝俊之妻常羲，实际上就是嫦娥，很明显，它综合了嫦娥的神话。那么，嫦娥是什么时代的神呢？这条线索比较明显，"天地分离"之后，天上出现了十个太阳，然后才有后羿射日及嫦娥奔月之说。可见月亮神话在中国整个神话系列中，出现的时期很晚，大约是在"天地分离""大洪水"之后才有了关于月亮的记载。

还有一个证明，这就是神话与仙话的时间差别。中国是先有了神话，后来才有了仙话。月亮的出现与仙话的关系很大。比如，关于嫦娥就与仙家有关，嫦娥是吃了不死之药飞上月亮的，到了月亮上，又一直指挥一只白兔在制造不死之药，而不死是仙家的最大特点。可以说，嫦娥奔月是由于仙话而大放光彩的。

在"天地分离""大洪水"之前，中国没有月亮的记载，这一点可以成为定论。宋代大诗人苏东坡早在800多年前，就曾写出这样的名句："明月几时有？把酒问青天"，这个问题问得好啊！因为我们今天也在问：明月几时有？

不但中国的上古文献、神话中没有月亮的记载，世界许多民族的神话里同样没有月亮的记载。

瑶族的古老传说告诉我们，现在的月亮是在人类的某个时期突然出现的，可是不要忘记，人类的历史只有几十万年，而人类的记忆史不过几万年。

在哥伦比亚的印第安人的部落里，也有一则类似的传说，在远古的时候，天上没有月亮，人类一到晚上都很害怕。有一位酋长决定牺牲自己，给大家带来光明，于是，他站在高高的山顶上，向空中飞去，越飞越高，最后变成了月亮。现在生活在非洲南部的布曼族的神话也证明，在远古的时候，天空中根本没有月亮。

在希腊南部的伯罗奔尼撒，曾存在一个叫阿尔卡狄亚的古老国家，据当地人传说，阿尔卡狄亚人在大洪水之前，从来不知道什么叫忧虑和悲伤，当时只有太阳，没有月亮，月亮是大洪水以后出现的。

大约2300年前，亚历山大里亚大图书馆的第一位馆长在他留下的文献中这样写道："古时，地球的天空中看不到月亮。"他在写这份文献时，曾参照了很多远古时遗留下来的手稿和抄本，可遗憾的是，这些文献后来统统被毁，我们已经不可能知道他写下这话时所依据的上古文献究竟是什么。古希腊的数学家、天文学家阿纳克萨哥拉斯，也根据当时的一些资料说过，月亮在天空中出现是很晚以后的事情了，在人类的早期天空中没有月亮。他并且说太阳不是神，而是一块巨大的炽热的石头，月亮像地球一样并不发光，只是反射太阳光，并因此而受到监禁。

以上这些人类最古老的传说和记载（有些是严肃的科学著作），都说明上古时没有月亮，确切地说，是在现在的月亮轨道上看不见月亮。而我们目前又无法确知远古时的天空中是否有月亮。所以，必须对上古遗留下来的神话、传说等格外重视，因为这些资料是现存最早的资料了，舍此，我们就会更加茫然。

那么，在这以前，月球究竟躲在哪里呢？

事实上，如果我们对中国上古神话有足够了解的话，一定会产生这样一种联想，上古神话中也有月亮，只是当时它不叫月亮，而叫"天"。神话中大量关于"天"的记载，都是关于月亮的记载。后来，这个"天"在某事件下，离开了地球，越升越高，终于到达现在的位置，人们给它起了一个新名字——月亮。

第三节 月亮的过去与现在

所有的神话都是很久很久以前的事情，它破旧得使人难以相信其具有真实的一面，而且从感觉上来说，这些神话离我们现在又那样遥远，很难使人们再去认真地想一想；而以上我们源于神话的那些推论，颇有些从陈糠旧谷中找黄金的感觉，如何才能使它符合现代人的思维方式呢？唯一的办法就是从大家可以理解的实证方法出发，用现代科学的成果去证明之。

所有的神话和推论都涉及一个根本的问题：月亮会自主运动吗？如果月亮不能自主运动，那么我们的所有推论就成了胡说八道。

首先，让我们来看一看科学是怎么说的。

科学认为，一切物体的运动，都本着一定的规律，这些规律可以形成几条定律和几个公式（暂时不要去管这个说法是否正确），天体运动也同样如此，科学家还没有见过违反规律的运动（在地球表面）。按照科学的解释，大约在一个不能确定的时间点上，宇宙大爆炸了，最初的起点虽然小到无法估计，但却像魔术师的帽子一样，变出无穷无尽的宇宙物质。这些物质小到不能再小，都是一些物理学上的基本粒子。这些粒子转啊转啊，终于形成了一个又一个云状团。这些云状团又形成了无数小团块，其中有一个就是太阳系的云状团。又过了不知多少年，太阳开始形成，随之，太阳系的九大行星也开始形成，地球就是其中之一。在地球形成后不久，地球外围的多余物质聚集成了一个小小的圆形物，它就是月亮。

月亮围绕地球，按一个特定的轨道运行。而这条轨道也不是随意安排的，它是由地球引力、月亮引力、太阳引力三者共同决定的。打个比方，一个人手里拿着一个圆球，球上拴着一条绳子，人握着绳子的某一点，用力将圆球抡起来，圆球就会按照一定的轨迹，围绕握绳子的手旋转起来。

这条绳子就是地球的引力，它不能太大，太大就会将圆球拉向握绳子的手。但它也不能太小，太小月亮就会被不远处的太阳引力拉过去。同时，这个圆球自己运动的速度还不能太快，太快了，圆球就会挣脱绳子，沿切线方向跑得无影无踪。如果人们给的力均匀，圆球速度十分稳定，那么圆球就会在同一个平面上反复旋转。可见，一条轨道的确定，是由许多因素促成的，这条轨道就是这许多因素的平衡点，所以它一般不会很宽，也用不着很宽。

月亮围绕地球运动，就如同上面的道理一样，一切都是在最初就被决定好了的，在各方面因素没有发生变化之前，月亮是不可能随处乱跑的，它必须在一条固定的轨道上，周而复始地围绕地球旋转，已经有几十亿年了。

以上是科学作出的回答，在科学的定律下，月亮只能这样运动，否则的话，那就不堪设想了。也就是说，除非月亮被人操纵，方可随意改变轨道，像美国的航天飞机一样，在许可的范围内，可以任意改变围绕地球旋转的轨道。

然而，在解读上古神话时，我们发现，月亮在神话中是不老实的，好像可以在空中随便乱动。比如，在瑶族的古老传说中，月亮就像发了疯一样来到地球表面不远的地方，使人能清楚地看到它的环形山。在美洲的许多神话里，月亮就像一个调皮的孩子，在空中蹦蹦跳跳，忽东忽西，忽远忽近。20世纪60年代初，中国的考古队员在新疆的一座古老山洞里，发现了一批古代岩画。其中，有一组世界上最早的月相图，由新月、上弦月、满月、下弦月、残月等连续的画面组成。最令人震惊的是，满月图上，在月球的南极处的左下方，画有7条呈辐射状的细纹线，这表明，月图作者已经准确地知道月球上大环形山中心辐射出的巨大辐射纹。可这幅岩画的年代有近万年，当时是没有望远镜的。如果联系瑶族的神话看，本图作者是在月亮比现在近得多的位置上观察了月球，也就是说，月亮曾经比现在的轨道低得多，时间大约在一万年以前。

即使不是推测，我们同样可以证明月亮的轨道在历史上并不统一，它环绕地球的轨道是可以变化的，而且如今也正在变化。

美国天文学家们在仔细研究了中国3000年的日食记载后（中国古书中的日食记载是世界公认最早的，也是最全面的，绵绵记载了3000年左右的天象），认为在遥远的年代里，月亮围绕地球旋转的轨道比现在低得多。

现在天文学家也发现，即使是现在，月亮的轨道还在每年不断地升高，虽然升高的幅度很小，但的确在变化。

如果真是这样的话，那就不对了。现代天文学研究证明，行星的卫星在围绕行星旋转时，由于受到行星强大的引力作用，其运动的轨道会越来越低，最后，当它越过"希洛极限"后，会坠毁在行星上。月球是地球的卫星，它的运行轨道不但没有降低，反而每年都在向相反的方向升高，这不是有意和科学家作对吗？

然而，正是透过这种反常的现象，我们才感觉到：月亮的确与众不同，它好像天生就是为了和人类作对。

《金史·天文志》中记载了一条更惊人的资料，其文如下："太宗天会十一年，五月乙丑，月忽失行而南，顷之复故。"意思是说：金太宗天会十一年（公元1133年）五月（公历6月）乙丑日（15日），月亮忽然偏离了运行轨道，向南行去，不一会儿，又回到它原来的轨道上。这条记载十分重要，因为它不同于其他的野史传说，竟然堂堂正正出现在国家正史当中。

对于这条资料应怎样看待呢？许多人可能并不相信这则记载，因为它与现代的科学观念出入太大。在这里，我们又一次看到，在对待古史的记载上，人们不是从事实出发，而是从已有的经验与知识出发，一旦不符合科学经验，一概否定。由此可见，所谓的科学态度是多么霸道。

中国自古以来，就是以自给自足的小农经济为主导，由于农业产生的需要，从很早时就设置星历之官，观察天象，《世本》甚至说帝俊时就让"羲和占日，尚仪占月"。从汉代起，国家就设置了专门观测天象变化的机构——司天台，以后历代政府都将这一机构沿革下来。虽然名称一再变更，但职能大体一致。金朝也不例外，司天机构每天每时都有精通天文的科学家在观测，并将观测的结果详细记录下来，定期交国史馆封存，而历朝历代的《天文志》，就是根据这些原始的观测记录写成的，可信度极高。

因此，完全可以肯定，在公元1133年6月15日这一天，月亮的运行轨道忽然出现了极大的异常情况，虽然目前还不知道月球为什么会偏离轨道，却可以证实一点：在某种情况下，月亮的轨道是可以发生变动的，月亮有能力自己调整运行的姿态。从这则记载看，月球真的好像是在被什么人操纵着，就像汽车驾驶员，一旦发现偏离，立刻加以纠正。

由此可见，我们以上对"天——月球"的假设又多了一份证据，月球完全有可能在我们所不知道的年代里，飞临地球极近的上空，我们的祖先把它称之为"天"。后来，由于某种原因，月亮又离开了近地轨道，上升到现在的位置上。中国的神话，包括"天地分离""开天辟地""天梯""女娲补天""天顷西北""共工触山"等，正是这一变动过程的真实记载。

那么，果真有生命在操纵月球吗？

第四节 万物生长靠月亮

《六问奥义书》说:"唯月是造物主,晦半月为无质,明半月为生命。"

月亮上是否真的有生命在操纵月亮,我们不敢肯定。但在研究月神话的过程中,我们意外地发现,月神话与生命有某种神秘的关系。

客观地说,就世界各民族的月亮神话看,并没有过多的内容,比如,中国的月神话只有"常羲浴月"和"嫦娥奔月"两种,其他就不属于神话的范围了。奇怪的是,在这为数不多的月神话里,几乎都和生命有关系,这是巧合吗?

月亮在不少民族中被当做生命之神来崇拜,他们有一种奇特的观念,认为促使植物生长的不是太阳,而是月亮。古巴比伦人认为,地球上一切植物的生命来源于月亮;巴西的土著居民则认为,是月亮创造了大地上的一切植物,因而称月亮是"生命之母"。这个观点与现代科学的结论是相违的,"万物生长靠太阳"这基本上已经不是什么奥妙的科学知识,最多只能算是常识,因为植物的光合作用是离不开阳光的,现在将阳光、水、空气列为生命存在的三要素,这不但对动物生命如此,对植物也依然如此。

然而,现在的科学研究却证实了上古神话的合理性,月亮与生命确实有一种说不出的生命关系。科学研究发现,月亮对植物有无法比拟的促进生长作用,经常照射月光的植物,纤维组织紧密,树干粗壮有韧性,而且枝叶茂盛;相反,那些长期未经月光照射的树木,年轮木质松弛,枝干细弱易脆,树叶干枯。而且,当木质纤维受到损害后,太阳的光照只能有助于生成大疤痕,而月光则会消除死亡组织,使伤口愈合平平。美国太空总署的乔治·彼尔逊博士认为:"没有月亮便没有人类。"

在现代科学还没有充分研究透月亮与生命的关系之前,我们对古老的神话应该抱着一种极为尊重的态度,这些神话中的观点闪烁着智慧的光芒。月亮与植物确有一种说不清的关系,那么,月亮与人是否也有类似的关系呢?

月亮与生命的关系还表现在许多神话里,比如说,月亮是地狱的说法就在世界各民族中很流行。

地狱的观念起源很晚,我们就不去细说它了。人们设置地狱,当时是为了解决一个问题,那就是人们死后灵魂的去向问题。人死以后,灵魂要去哪里呢?远古的人认为,人死以后灵魂要回到两个地方,一是生命的来源地;二是祖先的栖息地。实际上,这两个地方可以合二为一。这种认识特别古朴,也特别真实(至于地狱,那是后来人建立起来的,对人类理解终极命运几乎没有任何帮助)。所以,地狱只是一个代名词,它只表示灵魂的归向问题。

现今生活在南美洲印第安人普遍认为,人死以后,灵魂要飞向月亮,因为那里是生命的发源地。M.F.塔伯的一首诗代表了这一古老的信念:

> 我很了解你,噢,月亮;那岩洞的王国。
> 黯淡的卫星,巨人的骨灰,
> 上帝的天空遮蔽了暗淡的罪恶之所,
> 斯卡尔的罪恶的监牢,罪恶的灵魂,
> 在那里惩罚为业,唉,思索崇高,
> 这崇高容纳了黑暗的现实,当幽灵,
> 在广袤的世界寻觅时,
> 你,看清了罪人,
> 格拉莱斯特,觉悟的地狱眼睛。

印度《考史多启奥义书》说:"人离斯世也,彼等皆入乎月。""唯然,月者,入天界之门也。"

不但国外有月亮是地狱的说法,中国也有类似的神话。苗族有一种丧葬时唱的歌,名为《焚巾曲》,它是人死埋葬后的当天晚上,由巫师唱的丧葬习俗歌。唱时,焚烧死者生前的头巾、腰带、裹脚布等。巫师用歌引导死者的灵魂离开家,沿祖先迁徙的路线回到东方的老家,然后升到姜央公公所在的月亮上去。可见苗族人认为,最终的地狱在月亮上,人的灵魂死后都要回到月亮上去。

生和死,是生命的两极,它们之间有必然的联系。一种古老的观念顽固地认为,生命之源,也就是灵魂之终,凡是能够掌握生命的地方,也必然能够管理死亡。因此,在后来不论是佛教还是中国本土的地狱里,阎罗王管勾检人魂,但他同时也放人超生,一对矛盾就这样被和谐地统一起来。按照这样一种原始的思维方式,月亮是地狱,反过来也是在说,月亮就是生命的大本营。

月亮与生命的关系,还反映在中国的长生思想中,说到长生,就不能不提到嫦娥这个著名的神话人物。

《淮南子·览冥训》中记录了嫦娥奔月的神话,"姮娥窃以奔月""托身于月,是为蟾蜍,而为月精",短短的几句话,让人读了不过瘾。比《淮南子》早300多年的《归藏》(现已佚亡,各文献有引)中,也有两条记载,"昔嫦娥以不死之药奔月","昔嫦娥以西王母不死之药服之,遂奔月为月精"。张衡《灵宪》里有一段稍长的记载:"羿请无死之药于西王母,姮娥窃之以奔月。将往,枚筮之于有黄。有黄占之曰:'吉。翩翩归妹,独将西行,逢天晦芒,毋惊毋恐,后其大昌。'姮娥遂托身于月,是为蟾蜍。"这些记载都是零星片段,很难给人一个完整的印象。我们综合了一下各书的内容,事情的经过大约是这样的:

相传,在尧帝时,天上不知为什么,一下子跑出了十个太阳,地上草木皆枯,人们被折磨得快要死去了。天帝命令天国中一个擅长射箭的神——羿,到人间解决这个问题。于是羿带着美丽的妻子嫦娥,从天上降到人间。羿看见人类受苦的样子,心里很难过,一时忘记了这十个太阳原来是天帝的儿子。拈弓搭箭,嗖、嗖、嗖连珠的神箭射向正在肆虐的太阳,一下子就射落了九个太阳,还要再射。此时,身旁站着的尧帝认为,太阳也有利于万物的生长,能够给人类带来光明和温暖,千万不能一个不剩。于是,从羿的箭囊中偷偷拿走了一支神箭,这样一个太阳才幸免于难。经过这次劫难,剩下的一个太阳乖巧多了,再也不敢胡来,老老实实,每天从东方升起,西方落下。

羿射死九日，得罪了天帝，虽然功劳显赫，还是被天帝革除了神籍，与妻子嫦娥永远住在人间，从神变成了人。嫦娥这女人，虚荣心比较大，往常在天国里过惯了荣华日子，来到人间这贫困、混乱的世界，怎么能忍受得了呢？她怨恨羿连累了她，每天缠着羿要重返天宫。

羿被她缠得没有办法，只好跑到西昆仑山的王母娘娘那里求长生不死之药。据说，西王母的药，不但可以长生，吃多了还可以肉身飞仙。西王母将这药看成是命根子，等闲人物是讨不去的。大约是西王母看在羿射日的功劳上，给了他一份不死之药。这份药如果两个人吃下去，可以长生不老，永远年轻。但如果一个人吃下去，那就可以肉身飞仙了。

羿拿到药后，高高兴兴回到家，准备选一个好日子，与妻子嫦娥一起吃下去，虽然不能重返天宫，但可以快快乐乐在地上做一对幸福夫妻。然而，嫦娥的想法可不是这样，她一心要回天宫，根本不愿意在地上做快乐夫妻。她决定一个人把药全部吃下去，可心里又感到内疚，同时也不知道这事到底成不成。于是，她先找到了一位叫有黄的会算卦的人，请他为自己算上一卦。等卦象排出来，有黄说：哎呀！卦逢归妹，大喜之卦。看来你打算一个人向西而行，虽然有人会说些什么，不过不要紧，过后你会有很好的命运。嫦娥听完此言，一颗悬着的心放了下来。

有一天，她趁着羿不在家的时候，偷偷把不死之药统统吃了下去，顿时感到身体轻飘飘的，一直向空中飘去。

可是到哪里去呢？她作为中国历史上第一个负心的女人，似乎没有地方好去，天宫当然是去不得的，那里的众神会嘲笑她背叛了自己的丈夫。于是，嫦娥一咬牙，选择了一个冷冷清清的世界，一直朝月亮奔去。从此以后，月亮有了她的主人——嫦娥。

在嫦娥奔月的神话里涉及两种动物，前有蟾蜍，后有白兔。《淮南子》说嫦娥"托身于月，是为蟾蜍，而为月精"，蟾蜍就是民间所说的癞蛤蟆。真让有黄说对啦，人们对嫦娥偷食不死之药、背叛丈夫这件事，民间是没有什么好看法的，于是把她比作下贱的癞蛤蟆，这也许是嫦娥没有想到的，也算是一种指责吧！

月中有兔的记载，首见于屈原的《天问》："夜光何德，死则又育？厥利维何，而顾菟在腹。"意思是说：月亮你有何种功德，圆缺周始竟然长生不老？你清清静静，为什么还养了一只兔子？晋代傅玄《拟天问》说："月中何有？白兔捣药。"这只白兔实际上就是嫦娥，李商隐的诗说："嫦娥捣药无穷已，玉女投壶未肯休。"陈陶诗说："孀居应寂寞，捣药青冥愁。"

嫦娥从癞蛤蟆变成了玉兔，看来民间是原谅了她。大约到了很晚的时候，人们又觉得让嫦娥一个人住在月亮上太冷清了、太寂寞了，于是又好心给嫦娥找了一个伴，就是那个叫吴刚的人，他因为学仙有过错，所以被罚到月亮上去砍桂树，实际上是为了给嫦娥做伴。

有一个事实必须注意，嫦娥奔月是中国神话被仙话化的最早标志之一，讲的是长生不死，也就是说，月亮与中国顽固的长生思想有关。嫦娥是服了不死之药而奔月的，而且到了月亮之后，又变成白兔不停地捣药，捣的是什么药呢？当然是不死之药。因此，嫦娥奔月的传说进一步加深了月亮是生命本源的思想，月亮创造生命，决定生命。

同时，嫦娥奔月的神话也在告诉人们这样一个道理：月亮既然是生命的大本营，它本身当然有生命的存在，不但有生命存在，而且还有人居住。

月亮上有生命存在的观点并不仅限于中国，世界上许多民族都有类似的看法，而且有一些并非神话。

大哲学家和科学家毕达哥拉斯，他就相信月球是颗不寻常的星球，他认为月球并不是一个荒漠的世界，而是存在着相当发达的文明，他曾经十分肯定地说过："月球人是十分优秀的，他们的历史比地球人类的历史古老十倍。"据说，毕达哥拉斯的这一观点是从埃及一位大祭司那里得到的。

在古希腊的神话中，象征智慧和文化之父的天神俄耳浦斯也曾说过：有某种人类居住在月球上，他们都住在月球的内部。古希腊神话还认为：地球上所谓的神，就是住在月亮里面的人。这一点与中国甲骨文"神"字的意思简直是不谋而合。

来自古代的神话和传说，使我们对遥远的皓月产生了各种各样的遐想与深思：月亮真的与生命有某种神秘的关系吗？月球真的是一个中空体，而且里面居住着高级生命吗？这些是幻想还是客观现实呢？

第五节 "天"在何方

至此,我们在证据充分的基础上提出了"天——月"的假设:古代神话传说和上古三代宗教信仰中所谓的"天",实际上就是指现在的月亮。大约在一万年以前,"天——月"曾因为某种缘故,来到距地球很近的近地轨道上,就悬停在离人们头顶不远的上空。

大家知道,地球是一颗近圆的蓝色球体,从任何一个平面看,它都有八个方位,即东、南、西、北、东北、东南、西南、西北,如果以中国的中原地区为基点,那么当时的"天"究竟在何方呢?

要回答这个问题可是不容易,现在的典籍中没有留下任何直接的资料,尤其是在此之前,竟然没有一个人曾经这样想过。但是如果仔细地研究,我们还是可以找到一些以前没有人注意到的有利证据,它大致可以分为三条线:神话来源线、原始墓葬线、八卦定位线。

神话记述的历史,基本上都是有文字记载以前的历史,这其中就透露出我们祖先从前生活过的地区的信息,比如说,一个一直生活在大平原上的原始民族神话里,就不太可能出现高山的内容,因为他们从来没有见到过大山;同样,一个一直生活在高山地区的原始民族的传说中,也不太可能有大海的神话。但假如一个生活在高山地区的原始民族,后来因为某些原因定居在大平原上,不管他们生活了多少代,那么在他们的原始神话里肯定会有高山的气息。神话就是过去历史的记忆。

在此以前,我们曾经反复强调,中国古代的神话是以天神话为核心的神话体系,因此,神话中心的位置与"天"有直接的关系。

那么,中国古代神话的中心点在哪里呢?稍微了解中国古代文化的人都知道,中国的上古神话是以昆仑山为中心的。昆仑山是一座了不起的高山,四周有八百多里,高万仞,开着九个大门,门口有威风凛凛的开明兽在守护着，黄帝和一大群神就居住在这个地方。这里有珠树、文玉树、玗琪树、不死树，还有一种很怪的食物，名叫"视肉"，吃一片，长一片，永远也吃不完，无穷无尽。这里就是中国神话的中心，中国最大的神府——黄帝之宫就在这里，许多研究者因此也把中国神话说成是"昆仑神话系"。

《尔雅》说："三成（层）为昆仑丘。"就是说昆仑是由三层组成的，下面一层就叫樊桐，也有人说叫板桐，反正音相近；第二层叫玄圃，也有人说叫阆风，就是黄帝的花园；最上面一层叫增城，这里就是俗语中的天庭。"黄帝之宫"就在最上面一层，五城十二楼围绕着一根巨大的铜柱，高高地直插云天，这就叫"天柱"，其实这也像神话中的"天梯"。《初学记》说："昆仑山为天柱，气上通天。"顺着这根柱子，凡人都能上天，当时有许多大巫师，就是从这里上天的。因此，昆仑山的所在也就是"天"之所在，不论从什么角度来说，都是合而为一的。

那么，昆仑山又在哪里呢？

关于昆仑山的位置，中国人研究了近千年，至今还是搞不清楚。有人说，昆仑山就是现在新疆的那个昆仑；有人说，昆仑山在现在内蒙古河套地区以南；也有人说，昆仑山根本就不存在，它泛指一切高山；还有一些人说，昆仑山是生殖崇拜的象征，而且十分肯定地说是女性生殖崇拜的象征，真是荒唐透顶。

尽管昆仑山的位置没有确定，但昆仑山在中原（现在的河南）西北方大约是没有疑问的，《山海经》中的《西次三经》《大荒西经》《海内西经》里都有关于昆仑山的神话。

还有一条线索可以证明昆仑山在中原西北，那就是《穆天子传》。

西晋太康二年，汲县有一个人盗发古墓，无意之中从古墓里挖出一批竹简，这批竹简记载了西周穆王西行一事，后来的学者将此书定名为《穆天子传》。据当时人考证，被掘的古墓是战国时期魏惠成王之子襄王的陵墓，西晋大学者整理并注释了这部书。

周穆王生活在西周王朝的中期，即公元前960年前后，距今已有近3000年，是一个可信的历史人物，上古史籍中都有关于他的记载。《穆天子传》里十分明确地说，周穆王在西行途中，曾经到过古昆仑，参观过黄帝留下的宫殿遗址，并派了兵士看守保护。如果《穆天子传》可信，那么他就是到过昆仑山唯一的历史人物，因为在3000多年以前，当时的昆仑山上还有黄帝的帝宫存在。这反过来证明，昆仑山是存在的，关于黄帝的神话，也是有一定根据的。

《穆天子传》的前三卷详细记载了周穆王西行的情况，从哪里出发、经过哪里、会见过什么人，做过什么事，书中都有记载。最值得注意的是，书中是按六十甲子来记日的，戊寅日到了哪里，庚辰日到了哪里，记载得十分详细。

这里需要说明的是，《穆天子传》缺了首页，一开始就是从漳水记录的，至于穆天子的西行从哪里起点，走了多少天才到达漳水，我们并不知道。但此书也给出了一个总里程：

宗周—河宗3400里

河宗—西夏2500里

西夏—河首1500里

河首—昆仑700里

共计：8100里

按战国时的度量：一尺为23.1厘米，古人6尺为一步，300步为一里，一里约等于现在的416米，即0.42公里，所以穆天子的总行程合现在3402公里。

西周的都城为宗周，也称镐京，就在现在陕西西安的长安县西北。作为西周的天子，穆王应该是从镐京出发的，向东顺着关中盆地，过渭南、华阴，到达漳水。漳水河有两条，一条名清漳河，一条名浊漳河，都源起于山西的东部，流向河南，在河南境内两河并流。这样看来，周穆王是从今天的西安出发，进入现在的河南，过洛阳后沿黄土高原东端到漳水，这一路有600公里。然后从漳水北上，过山西雁门关，绕大同，最后到达内蒙古呼和浩特一带。

这一路算下来，地图上的直线距离大约是1200公里，再加上沿路游历的里程，和多绕出的路程，这一路就有1400多公里。而《穆天子传》说从宗周到河宗，一共有3400里，约合现在的1428公里，恰好可以吻合。看来《穆天子传》中的里程，大致是可以相信的。

在此之前，《穆天子传》里并没有告诉后人周穆王要去昆仑，只是他走到河宗以后，发生了一件事，从而使穆王的西行有了明确的目的。

这一天，周穆王选了一个吉日，与河伯一起举行祭祀河宗的大礼。因为河宗的都城在黄河北面，所以他"南向再拜"，把一些玉石做成的礼器和牲畜沉入河水之中。就在此刻，河伯也开始作法，与天神沟通，因为他是个大巫师。不一会儿，天帝降临了，河伯大声直呼穆王的名讳，并传下天语："穆满，示女春山之珤，诏女昆仑舍四，平泉七十，乃至于昆仑之丘，以观春山之珤，赐女晦。"让他从此不要忘记今天祭享之事，并让他到昆仑、春山去看宝贝，又说上帝的赐语不可泄露。河伯还将本部族的镇山之宝——河图和河典，请周穆王观看。看样子是一幅地图，指明昆仑的所在。随后，河伯骑上渠黄马，亲自为周穆王做向导，一路直奔昆仑。

然而，就在周穆王一行从呼和浩特附近渡过黄河以后，《穆天子传》中整整50天没有任何记录，一片空白。从地形上来看，他们很可能行程如下：渡过黄河后，横穿鄂尔多斯高原，在现在的乌海或者石嘴山一带再次西渡黄河，随后只能沿黄河西去，因为北面就是贺兰山、腾格里沙漠和乌兰布和沙漠，无法通行。进入甘肃以后，在五佛附近他们就离开黄河，一直向西北方向行进。

但我们知道，周穆王从河宗到昆仑山，总行程4700里，约合现在的1974公里。如果按照我们上述的路线，从内蒙古呼和浩特一带到甘肃的酒泉，直线距离大约是1500公里，如果在直线距离上加上20%，作为沿途多绕出的路，以及穆王在周边游玩的里程，那就是1800公里左右，也与《穆天子传》提供的行程大致相等。

所以，我们现在可以基本确定古昆仑的位置，它就在甘肃酒泉附近，方圆100公里的范围内。由此可见，古人的记载不容轻易怀疑，那些自作聪明的"疑古学派"是多么可笑。其实"昆仑在酒泉"的结论，自古有之，《括地志》里就明确说："昆仑在肃州酒泉县南八十里。"有人说，《穆天子传》是后人伪造的，这样精确的里程是可以伪造得出来的吗？

离开昆仑之后，穆天子继续西行，拜会了西王母之后，继续西行，终于到达了"大旷原"。据有些学者考证，周穆王西游的终点，应该是里海和黑海之间的旷原，已经进入了欧洲。让我们向这位最伟大的游历者表示敬意！这也可能是人类历史最重要的一次地理大发现。

可惜的是,我们国人宁可去讲《马可·波罗游记》、哥伦布远航,也不愿意讲一讲穆天子西行,甚至现在很少有人知道在公元前900多年以前(距今3000年前)中国人就已经到达过欧洲这件事。一个民族的强盛,并不仅仅在于经济与军事的实力,而在于它的文明延续的能力。因为前者在短时间内就能办得到,美国的强大也就100年的时间,中国自改革开放到今年,30多年的时间,我们的经济与军事就有了突飞猛进的发展。而要想创造、延续一种文明,那需要上千年的努力。

我们还是回到"天"在何方的问题吧!不管怎么说,按照《山海经》和《穆天子传》所记载的内容,神话中的昆仑应该在西北方,具体地点就在甘肃酒泉附近,方圆100公里的范围内。

根据神话提供的以上线索,"天——月"当时就悬浮在现在的西北方位,大约在现在的新疆、甘肃、宁夏、内蒙西部一带地区的上空。

"天——月"在西北方向还有一个十分有力的证据,那就是原始社会墓葬中尸体的头向问题,这也来自于考古发现。

根据现在的考古发现,汉民族在原始社会时期的墓葬中,死者的头部有大体固定的指向,基本上有两个方向,一是西北,一是正北。大家知道,头部历来是被当成灵魂的居住地,古代猎头的习俗反映了这一观念。因此,在墓葬中头部指示的方向就与灵魂有一些关系了。现代人们发现,在龙山文化、仰韶文化、大汶口文化的墓葬中,死者的头部绝大多数指向西北或正北方;在殷墟的墓葬中,绝大多数头部向北。

为什么死人的头部要向西或者北呢?《礼记·檀弓下》曰:"葬于北方,北首,三代之达礼也,之幽之故也。"《礼记·礼运》说:"故死者北首,生者南乡。"意思是说死人的头都冲着北面埋,但说了半天也没有说清楚为什么,只说这是一个古老的习俗,大约是几代人留下来的。正是因为《礼记》没有说明白,后来的学者就可以大说而特说了。有的说,北面为癸水之地,水者象阴象黑也,人死埋入地下,黑咕隆咚,所以头向北方,意思是进入了黑暗。有人说,死者头向西,那可太有道理了!太阳从东方升起,从西山落下,人活着的时候像太阳,人死如灯灭,如太阳西落,所以头要指向太阳落下去的方向。

我们认为,原始人死后头向西或向北,根本不是类比出来的,它是要告诉后人，人死灵魂要回到这个方向上去。为什么呢？

原始墓葬的头向与神话指示中心的方向神奇般的巧合（神话的中心是昆仑，昆仑在中国的西北方），这令我们惊讶不已！由此可见，中国学术界轻易否定神话的历史功能是多么愚蠢。就以上这个问题而言，由于《礼记》中没有说清楚"北首"的意义，可见在《礼记》成书那个时代的人们，已经不知道"北首"的真正原因。那么，后来的学者在《礼记》的基础上更不会知道，因此，必须换一个角度，绝不能在一棵树上吊死。如果从神话切入，这个问题就有可能解决。

"天——月"在西北方向还有第三个证据，那就是《周易》的定位。关于《周易》的其他问题，以后章节要详细谈到，这里只谈定位问题。

世界任何民族的古文化当中，对方位都有自己独特的看法，并且，这些观念与原始宗教密切相关。中国文化中，东为震木、西为兑金、北为坎水、南为离火，在这四个方位里，东和西两个方位由于和太阳与月亮运行的轨道有关，特别引人注目。

东方是太阳升起的地方，而太阳又是一切生命离不开的要素，故有"万物生长靠太阳"之说。在哲学的内涵上，太阳代表新生、象征生命，因此，太阳升起的东方，就有了与太阳相同的本质。比如，东岳泰山代表生命，《三礼义宗》曰："东岳所以谓之岱者，代谢之义，阳春用事，除故生新，万物更生，相代之道，故以为名。"

西方兑金，是太阳落下去的地方，从哲学意义上讲它象征死亡，象征着一个事物的衰败，"日薄西山"一语就是这个意思。神话中的西王母"司天之厉及五残"，意思是说她掌握着人间各种坏的东西，可见中国文化对西方的态度。

北方为坎水，水在文化中象征着黑暗，四季属冬，主凶杀。神话中有一位大神，名叫禺强，又叫元（玄）冥，帮助颛顼治理北方。玄的本义为黑，所以这位禺强长得大约像非洲的黑人，郭璞说他"黑身手足，乘两龙"。佛经《大智度论》说："黑业者，是不善业果报地狱等受苦恼处，是中众生，以大苦恼闷极，故名为黑。"可见对北方黑色，大家都有同样的感觉。

南方离火，四季属夏，农业民族从夏季是农作物主要生长期中，将南方定义为生长、发育之意。神话中由火神祝融统领南方，而祝融本身又是一位好神，他在与水神共工的战争中取得了胜利。后来历代帝王祭天都在南方位，比如，现在北京的天坛就在故宫以南，唐代的天坛也在西安的南郊。

由此可见，从四个方位看，中国文化贵东方，次为南方，东、南方位代表太阳升起，生命繁衍，春风和畅。西、北方位地位最低，代表黑暗、寒冷、死亡、凶杀等。但必须明白一点，以上对四方位的看法主要产生于商代以后。

那么，商代以前人们是不是这样想的呢？完全不是。《周易》八卦在商代就已经有了，而且比较成熟，因此完全可以说它是商代以前文化的遗留物，而《周易》八卦的方位就与后来的方位完全不同，它代表了当时人的某种思想。

《周易》第一宫为乾，乾宫第一卦为乾卦，"大哉乾元，万物资始"，意思是说乾位为世间万物产生的地方。那么，乾究竟在什么方位呢？

现今流传的八卦有三种，一是伏羲八卦，二是周文王先天八卦，三是后天八卦。

大家应该知道，《周易》中仅有爻辞和八卦的序列，没有更多的说明，更没有关于八卦的定位。"伏羲八卦"乃是宋代邵雍硬造出来的，唐以前根本没有此说。"先天八卦"也是后来制造的，根据现有资料，最可信的八卦方位图，应是汉代墓葬中画砖上所画的八卦方位，结合上古神话提供的资料，这个八卦图与神话最为相符。

《周易》八卦的乾位在西北方，与现代尊东、南完全不同。相反，与神话指示的古昆仑中心方位一致。按现在的观念，东方为太阳升起的方位，代表着生命，而《周易》却认为，西北方为生命初始之位，按照奇门遁甲，它是开门。很明显，《周易》八卦的文化体系与后来的文化体系根本不同。

乾位在西北，说明当时的"天——月"正是在现在的西北方，《周易》中明确地说，"乾为天"，也就是说，乾在当时指示的就是"天"，它是万物之始、生命之源，故为开门。

龙乃神物，《山海经》里的神许多都乘着龙飞来飞去，后来的传说里也有黄帝乘黄龙"鼎湖升天"一事。八卦第一卦"乾为天"中，六个爻辞里其中有五个爻辞讲到了龙,"潜龙勿用""见龙在田""或跃在渊""飞龙在天""亢龙有悔",如此集中提到龙,在其他六十三卦中是没有的。所以,龙肯定与"天"有关。龙为飞腾之物,多见于西北,我们推测当"天"——月悬浮在西北上空时,许多神乘着龙往来于"天"——地之间。

我们的结论是:"天——月"在现在的西北方,相当于新疆东南、甘肃、宁夏、内蒙古西部一带,这里曾经是世界的中心,是世界文化的发祥地,中国人曾经是最近接"神"的人种。

第4章
科学家眼中的月亮

月亮来历不明，它有那么多令科学家不解的谜团：为什么月亮背面的环形山密密麻麻，而正面却平坦如镜？为什么环形山无论大小都一样深浅？太阳对月球的引力是地球对月球引力的2.54倍，但为什么月球仍然能够围绕地球运行？为什么说月亮好像一个中空体？为什么美国突然停止了"阿波罗"登月计划……

第一节 月球从何而来

在此以前，我们曾多次讲到了月亮的起源，即科学家眼中月亮的起源，但那不是最后的定论，只是一个科学的假设而已。到目前为止，关于月亮的起源，一直是科学家争论的热点。可是，100多年过去了，科学界的争论不但没有统一，反而分歧越来越大。

1969年，当美国实施"阿波罗"登月计划的时候，许多科学家都大松了一口气，认为这次人类登月计划可以彻底结束关于月球起源问题的争论。然而，万万没有想到的是，"阿波罗"登月计划不但没有带回科学家预期的答案，而是带回了比登月以前多出不知多少倍的新疑问。这样一来，关于月球的起源问题，再一次成为全世界瞩目的争论焦点。

目前，人类关于月球的起源，一共提出了三种假说：一种是月球被捕获说；一种是地月同源说；一种是地球分裂说。但到目前为止这三种假说，都没有取得强有力的证据。

所谓的月球被捕获说，指的是地球引力从天空中将过往的月球一把抓了过来，使月球从行星变成了地球的卫星。事情的经过大约是这样的：在宇宙产生的过程中，一小块宇宙尘埃团最后聚成了一颗小小的星球，它的名字叫月球。当然月球的老家是说不清楚的，也许在太阳系，也许在银河系，也许在宇宙深处的某一个地方。

月球一经形成，它就是一颗自由自在的星球，在茫茫的宇宙中沿着一条我们不知道的轨道，穿行于无数星系之间。有那么一年，月球来到了太阳系，可在穿越太阳系时，发生了很大的麻烦。它感觉到不知从哪里来的一股力量，猛地将它拽了一把，月球身子猛地一抖，但就在这一抖之间，月球的轨道发生了变化。这一变不要紧，跟着发生了一连串的变化。此时，月球才发现，原来拽了它一把的力量来自一颗蓝蓝的星球，正好月球也想好好看一看这颗蓝色星球的风采，于是它就留了下来，变成了我们生活中不可缺少的月亮。

这个假说很浪漫，从表面上看似乎也有些道理。可惜的是，天文学家至今没有在太空观测中找到类似的捕获过程。所以，这个假说虽然美丽浪漫，却引不起严肃科学家的热情。

因为这一假说从天体力学的角度看，有许多致命的弱点，同时在统计学上也站不住脚。难怪不少天体物理学家认为：地球捕获月球作为自己的卫星的可能性极小，甚至完全无此可能。

地球有能力将月球一把抓过来吗？好像不太可能。大家知道，月球的直径是地球直径的27%，竟然有3476公里。以地球的质量和相应的引力，要在38.44万公里以外抓住这么大个头的月球，似乎是毫无可能的。我们看一看宇宙中其他星球和卫星之比就明白了。比如说，木星直径14.28万公里，有13个卫星，最大的一个直径5000公里，是木星的3.5%。土星直径12万公里，有23个卫星，最大的一个直径4500公里，是土星的3.75%。其他行星的卫星，直径都没有超过母星的5%，但是月球却达到27%，这表明月球不是一般的天体。显然，月球的块头太大了，如果考虑到当时月球穿行太阳与地球之间的速度，那么，地球要想在宇宙中抓住这么大的卫星，显然有一些力不从心。

另一方面，月球虽然停留在围绕地球运行的轨道上，但它离地球又出奇的远。在现在月球的轨道位置上，实际上，地球对它的引力影响远远没有太阳对它的引力影响大，计算表明，太阳对月球的引力是地球对月球引力的2.54倍，单从引力的角度而言，月球被太阳抓过去的可能，要远远大于地球。可月球偏偏心甘情愿地被地球抓住，成了地球的卫星，这不是很奇怪吗？

还有一个情况。太阳系中有一个巨人，那就是木星，它的直径是14.32万公里，相当于地球的11.23倍，由于它的密度比地球小，虽然体积是地球的1415倍，但质量只是地球的318倍，尽管如此，它也比地球大得多，具有极为强大的引力。美国华盛顿的卡内基研究所用计算机进行模拟试验的结果表明，木星的吸引力是地球的一个自然屏障，它将来自太阳系以外的天体吸向自己，使地球免遭巨型陨石的轰击。他们认为，如果没有木星这道屏障，地球遭外力撞击的可能性会是现在的1000倍，大约每10万年一次。那样，地球就不会出现人类。1993年发生的彗星撞击木星事件，为这一观点提供了证据。

"SL9"是一颗彗星，它直径大约10公里，质量5000亿吨。科学家这样推测，这颗彗星在十几年前闯入太阳系时，被太阳系行星的老大——木星毫不客气地抓了过去，成了木星的一颗卫星。1992年，"SL9"接近木星最近点时，被强大的木星引力撕成21块碎片。这些碎片最大直径4000米，平均直径2000米，运行速度高达每小时16万公里。

1994年7月17日4时15分，"SL9"的第一块碎片，以每小时21万公里的速度撞向木星。木星1000多公里的高空腾起了一朵五彩缤纷的蘑菇云，一个近2000公里的大火球在木星上空翻滚。10分钟以后，木星表面形成一个直径上万公里的暗斑。再以后的6天里，绵延500万公里的"SL9"的其他碎片先后撞击到木星表面。撞击发生以后，强大的带电粒子混合物，随着木星的旋转被抛向宇宙空间，形成了一股十分强大的无线电信号，横跨7亿公里，可仍旧冲击着地球，即使是业余无线电爱好者都可以接收到。

专家们估计，撞击时，每块碎片释放的能量，估计有10亿吨TNT当量，相当于10万颗投向广岛的原子弹的能量，比目前最大的氢弹能量大出一万倍。实际上，直径2000米以上的碎片，撞击释放出来的能量相当于3亿~5亿颗广岛原子弹释放的能量。如果没有木星，"SL9"也可能会闯进地球的引力范围。

这样看来，如果月球是太阳系以外偶然闯入的天体，那么，它很可能会被距地球7亿公里以外的木星捕获，而轮不上地球。但偏偏是地球把它抓了过来，这很奇怪，不知是地球抓了它，还是它抓了地球。

有一位科学家曾提出这样一个疑问："月球在离地球那样远的地方，究竟要干什么？作为地球的卫星，它离得如此之远，我们要承认它是地球捕获的，可是个头又出奇的大，它又围绕着地球，沿一条圆形轨道旋转，这太令人无法想象了。"除非月球是"自愿"被地球捕获的，否则绝无一点可能。

从地球上望月球，它看上去与太阳的大小差不多，可实际上，两者的差别巨大。造成这种错觉的，是奇怪的距离安排。

月球的直径3476公里，而太阳的直径是139.2万公里，也就是说，太阳的直径是月球的400倍。另一方面，地球到太阳的距离是1.496亿公里，而地球到月球的距离只有38.4001万公里，令人难以置信的是，月球到地球的距离刚好是地球到太阳距离的1/400，所以，从地球看上去，月球和太阳的大小差不多，这样，月球就刚好处在可以发生日全食的位置上，月球不大不小，准确无误地与太阳重会。

天文学说把以上这一奇怪的现象称之为"天文学的事故"，因为这用天文学原理是无法解释的。如果月球真是被地球"俘获"的话，那么，这种神奇的距离安排，也太让人吃惊了，正如有些科学家指出的那样，"就算是偶然发生的，也未免过于离奇了"。

天文学家洛希研究推导出一条天体力学定律——"洛希极限"理论，即卫星围绕行星旋转是由于不断受到行星强大引力的吸引所致，离行星越近，这种引力也就越大，近到超过这条极限时，卫星就会被行星的引力撕碎、摧毁，像"SL9"彗星一样。但如果超出了这条极限，卫星就会挣脱行星的引力飞去，也就是说，"洛希极限"就是卫星被行星引力吸引，又不会被引力"撕碎"的安全极限距离。可奇怪的是，假如俘获说是正确的话，考虑到月球当初的飞行速度和被吸引后的惯性冲击力，月球当初飞跃地球的轨道应该比现在低得多，早已超出了"希洛极限"。可实际上，当初月球沿一条切线通过地球旁侧时并没有被引力"撕碎"，这已经是怪事，而现在它又待在它本不应该待的地方，岂非更是怪事一桩吗？

运用电子计算机控制宇宙飞船飞行姿态及速度的专家普遍认为：月球要靠近地球，又不至于与地球迎头相撞，还要在地球轨道上运行，实际上是不可能的。言下之意，除非月球也有一套类似电子计算机的控制系统。科学家沃尔特·萨里班说："天体力学可以计算出在引力相互作用下天体运行的情况，但对月球如何来自远方，被地球引力俘获，跃上地球轨道……却无能为力。"

"俘获"说还有一个致命的弱点，就是无法解释现在月球的轨道形状。大家知道，现在月球绕地球旋转的轨道几乎是一个正圆形。星际间自然运行的星球速度大得惊人，一般的星球可以达到每秒几十甚至上百公里的速度。比如，"SL9"彗星的速度是每秒44公里，太阳目前的运行速度是每秒30公里。如果月球是被俘获的话，那么地球俘获这么大个头卫星的空间十分狭窄，这就要求被俘获的星球以适当的速度、适当的角度，十分精确地进入这条狭窄的空间。如果角度过小，它将穿透引力范围，消失在茫茫的宇宙之中；如果角度过大，它就会一头撞向地球，彻底毁灭自己和地球。这是一个极为高难的动作，比体操运动员的动作不知难多少倍。它要求非常精密、准确，这与"阿波罗"飞船太空飞行一样，在飞船接近月球时，为了将飞船送入月球轨道，就必须重新启动火箭发动机，调整飞船的速度和飞行姿态，这一切都必须借助高精密的电子计算机来完成。

由此可见，月球进入现在的轨道是"上帝"的巧妙安排，而且，这个"上帝"肯定精通电子计算机。

再者，即使月球误打误撞进了这条轨道，根据引力的规律，它也应该沿一条扁形的椭圆形轨道运行，而实在不应该像现在这样沿一条近圆形的轨道运行。月球是在发什么疯？

根据传统的科学理论，月球作为地球的卫星，在遥远的年代里比现在要离地球远得多，因为根据物理学的法则，一切卫星都以螺旋线缓慢地向它们环绕运行的行星表面靠近，这是因为卫星不断受到向下的吸引力所致，越是小的卫星，其靠拢的速度也就越大。然而，十分奇怪的是，现代天文学研究发现，目前月球不是向地球靠拢，而是正在远离地球而去，这种情况并非发生在今天，早在3000多年以前，人类有日食记载开始时就是如此。虽然月球每年升高的幅度很小，但的确在升高、远离，这与传统的物理学法则完全是背道而驰。

如何解释这种现象呢？只能认为，月球被某种智慧力量操纵着，联想《金史·天文志》的记载，这种可能就更大了。

月球是如何来到地球，如何进入现在这条轨道，实在令科学家大惑不解。它存在那样多的偶然和巧合，使许多科学认为：从自然状态去解释月球的存在，简直是太难了，而且几乎是无法解释的。

著名的美国科学家威廉·罗伊·谢尔顿在《征服月球》一书中写道："为了将月球维持在现在的轨道上，承认有某种因素使月球就范是重要的，因为'阿波罗'宇宙飞船在距离地面150公里的轨道上，围绕地球飞行，如果要90分钟旋转一圈的话，它（月球）就必须每小时飞行2.9万公里。与此同时，某种因素也必须准确地让月球以一定的高度和运行速度飞行。只要保持一定的方向和速度，它就不会偏离地球轨道。看一下人类当初如何使第一颗人造卫星进入轨道就明白了，不过，人造卫星虽然要保持一定的速度、高度和方向，由于它不会偏离轨道，所以不见得一定要微妙的地心引力与离心力来保持平衡。"

谢尔顿还指出："过去在讨论月球起源问题时，科学家们几乎费尽了心机，但问题依旧是问题。他们对月球准确地选择了这么一条轨道感到无法理解——肯定存在某种因素，它使月球以现在的高度和速度运行。"

谢尔顿在书中反复提到的"某种因素"是什么呢？除非用某种智慧的方法将月球送入现在的轨道，否则，一切的疑问依旧是疑问。在这种背景下，前苏联的科学家提出了"月球——宇宙飞船"假说，月球的众多偶然性和巧合在这一假说下统一了起来，并反过来作为这一假说的证据。

关于月球起源的另外两种假说，是地月同源说与地球分裂说。

同源说的根据是宇宙大爆炸理论。大约200亿年以前，整个宇宙收缩，所有的宇宙物质被压缩在一个极小的起点上。突然，在某一时刻，这个密度难以想象的起点发生了大爆炸，宇宙物质向四处扩散。扩散过程中的旋转力，形成了一个又一个宇宙尘埃团。这些宇宙尘埃团在高速旋转中，产生了恒星，恒星的四周又出现了行星，行星的四周又形成了卫星。

1926年，美国天文学家哈勃通过光谱分析发现，所有的恒星正在飞离我们，离我们2.5亿光年的一座星云，正以每秒6700公里的速度飞离太阳系，离我们12.4亿光年的牵牛座也以每秒3.94万公里的速度远离我们，这就是所谓的"红移"现象。比如，我们找一个气球，随便在气球上点一些墨点，等气球吹起来的时候，你就会发现，随着气球的膨胀，这些墨点之间的距离也越来越大。宇宙的膨胀与此相类似。

当然，这都是假设，尚没有成为定论。像宇宙的年龄问题，原来假设200亿年，天文学家艾伦·桑德奇博士推算应该在150亿年以上，而温迪·哈里德曼则认为80亿~120亿年之间，而英国的汤姆·尚克斯则肯定地说，宇宙年龄是100亿年。谁对谁错，还在争论，人们只能耐心等待。

还有一个问题，那就是宇宙的诞生。大爆炸理论说，起点中的物质扩散出来形成了宇宙。然而，人们在实验室里发现，物质世界每创造出一个物质（质子）时，必然相伴随另外一个反物质（反质子）。质子和反质子之间的数量是相同的，而且，质子和反质子相遇时，两种质子就湮灭了，等于零。我们今天所看到的宇宙，是由物质构成的，那么这些物质是从哪里来的呢？与它们相伴随的反物质又到哪里去了呢？无奈之中，科学家产生了这样一个想法：宇宙大爆炸时，扩散出100%的反物质，却扩散出了101%的物质，我们的宇宙就是由这湮灭后的1%组成的。这个观点要想成立，必须去问当时的宇宙起点：你为什么恰恰只多了一个物质呢？

这些问题太深奥，我们不用去管它了，还是回到月球的主题上吧。

根据宇宙大爆炸理论，产生了地球——月球同源说，在大爆炸宇宙物质扩散中，最早形成了太阳系宇宙尘埃团，这个团状的物体围绕一个中心高速旋转，中心周围的物质逐渐凝聚成了太阳，四周旋转的物质，渐渐形成了行星和卫星。地球和月球就是这样形成的。

以上就是地球—月球同源说的主要观点，意即地球和月球都是从一个宇宙尘埃团中诞生出来的。

地球分裂说与同源说有许多相同之处，该假说认为：地球在形成的初期，十分不稳定，曾经发生过反复的分裂，一次巨大的爆炸，把地球上的一些物质给抛了出去，于是，形成了月球。据说，现在太平洋的面积与月球的面积差不多，故而有人认为，地球在挤出一部分物质后，形成了太平洋。主张这一假说的科学家，还把环太平洋火山带作为证据。

这种假说可以说是太壮观了，大家闭上眼睛想一想：环太平洋火山带突然一起爆发，从地心喷涌而出的巨大力量将3000多平方公里的一块陆地举起，猛地抛向无垠的宇宙。壮观是壮观，但大家不禁要问：能将自己1/4的体积炸飞到38.44万公里高空的力量究竟有多大？在这次爆炸中，地球没有散架真是奇迹。

地球—月球同源说和地球分裂说两种假设，必须找到一条有力的证据，那就是月球与地球的年龄要相等，而且月球的物质构成，也必须与地球的物质构成一致。找不到这两条证据，两种假设就不能成立。

从1969年7月20日，美国"阿波罗"宇宙飞船第一次登上月球开始，人类又先后六次登上了月球，耗资达250亿美元。登月宇航员从月球带回月表层原始标本2000多块，重量达400公斤。但800多位科学家在分析这些原始标本的时候，却产生了更多的疑问，动摇了同源与分裂两种假设。

首先，是关于月球的年龄问题。

太阳的年龄现在有一种趋同的看法，大多数科学家认为，它应该在50亿年左右，因为太阳系宇宙尘埃团首先形成的就是太阳。地球的年龄不能最后确定，但据科学家的推测，它应低于50亿年，许多科学家主张，它应该在46亿年左右。目前，地球发现的最古老岩石是35亿年，它发现于东非的大裂谷地区。

第一个降落在月亮静海地区的美国宇航员尼尔·阿姆斯特朗，迈着轻飘飘的步伐在月面行走，当他弯腰从月面随便捡起一块岩石的时候，他做梦也没有想到，这块岩石竟在36亿年以上。在以后的数次登月中，宇航员从月球表面带回的岩石年龄不相等，有43亿年的，也有45亿年以上的。"阿波罗"11号飞船带回来的月表土壤标本，距今已达46亿年。这正是太阳系刚刚形成之际的年龄。按理说，这样古老的岩石本来不应该出现在月球的表面。不可思议的是，月球月海的土壤，明显比它周围的岩石年龄要大得多，大约年长1亿多年。

如果说现在探测鉴定年龄的方法有错误，那么，这种错误不论是对地球还是月球都是一样的，不应该有如此大的差别。难道说美国宇航员只带回了一些极个别的标本吗？事实证明并非如此，苏联的无人月球探测器也获得了与美国相同的结论。

惊奇还不止以上这些。我们将月表岩石用"钾—氩测定法"测定后发现，有的月表岩石竟然达70亿年。在"阿波罗"12号飞船带回来的岩石中，有两块岩石的年龄高达200亿年，而这200亿年相当于地球年龄的4倍。科学家认为，这是我们宇宙中所发现的最古老的东西，因为我们现在所知宇宙的年龄其上限也不超过200亿年。那也就是说，月球不但比地球、太阳更古老，它几乎与宇宙同龄，这太不可思议了！即使以最保守的年代估计，月球也有50亿～60亿年的历史。这个年龄说明，月球根本不是太阳系里的东西，自然它也不会与地球同源了。

如此一来，真是太有意思了，在宇宙的某一个角落里，形成了一颗十分独特的小天体，它不知穿越了几亿个恒星系，拜会过数也数不清的各类天体，在茫茫的宇宙中寻找着自己的如意郎君。也不知经过了多少亿年的时光，月球才来到了我们的太阳系，一眼就看上了蓝色的"情哥哥"，竟然自愿留了下来，结束了她漂泊不定的生活。的确，在漫长的旅行中，月球没有被其他星系俘获真是个奇迹，而她心甘情愿被地球俘获也是一个奇迹。

其次，是关于月球的物质构成问题。

根据"阿波罗"带回的月表面岩石分析，构成地球和月球的物质并不太一样，这与我们发现的"自相似"理论有出入。这种理论认为，宇宙中的所有物质，包括天、地、人，构成它们的元素在种类和数量上几乎是一样的，并符合黄金分割比值的0.618。按照这一理论及月球是从地球太平洋所在地区分裂出去的假设，月球应该是由与地球相似的物质构成的。然而，月球与地球的物质构成相去甚远，科学家在月表岩石中发现了6种地球上没有的矿物质。这些发现不但没有成全"地球—月球"母子的假说，而且还彻底否定了地球和月球是同期由一个宇宙尘埃团形成的同源假设。

当三种假说都被否定之后，那么只留下一个问题了：月亮从何而来？我们不知道，那些天文学家同样不知道。

科学的使命就是探索未知和预言未知。然而，历史告诉我们，科学的预言并不比巫师的预言更准确。以上的三种假设，曾经被当成科学的结论进入普通教育当中，但这些假设本身又有多少科学性呢？当一个科学的预言被证明是错误的时候，它并不比巫师的错误预言更光彩。因此，面对预言和假设，大家有共同的权利，切不可以一种假设、哪怕是科学的假设去反对另外一种假设。

月球起源的假设存在这样或那样的缺陷，而这些缺陷，目前科学本身又无法弥补，故而产生了另外一种新的假设，即"月球——宇宙飞船"的假设。

在宇宙的某一个区域里，居住着比我们地球文化不知高出多少倍的高级智慧生命，他们出于某种目的，使用了某种技术，将一颗小行星的内部挖空，改造成一艘巨大的宇宙飞船，经过漫长的岁月，穿越了无数星系，才来到了我们太阳系。

这一假设可以解决许多现代科学目前无法解释的月球神秘现象。我们倾向于这种假设，因为它与上古神话记载的事件有许多一致的地方，甚至双方可以互证。

第二节 月球环形山之谜

月球不但从起源上看是一颗神秘的星球，而且它的表面结构也有许多令人不解之处。

每到夜间，我们常常可以看到一道道刺目的闪电掠过夜空，这就是流星。所谓的流星，实际上就是宇宙空间中大大小小的存在物，它们大小不一，有的仅有一两米，有的竟达十几公里，而且数量多得惊人，一不留神就会闯进行星的怀抱。这些物质别看个头不大，但由于运动速度极高，因而破坏力极大，当它击向地面的时候，往往会形成一个大大的深坑，我们称之为"星伤"。当然地球有大气层作为保护，一般的不速之客都会在大气层里被烧毁，陨击事件发生得并不多。但在没有大气层保护的星球上，天外陨石的撞击事件就会成倍地提高，留下麻麻点点的陨击坑，大一点的就叫做环形山。据科学家说，月球上的环形山就是这样形成的。

大家知道，由于自转速度等原因，月球永远是一面向着地球，一面背对着地球。历次宇宙飞船拍回的月表照片显示，月球表面的环形山分配得极不平均。月球背面的环形山，密密麻麻，一个挨着一个，而且月球上大多数山脉也分布在背面。月球向着地球这一面，环形山出奇的少，而且山脉也不多，几大月海占据了相当大的面积，而且月海平坦得像桌面，找不到一个环形山。这种地貌分配是自然形成的吗？

刚才我们说过，环形山就是陨石下击造成的"星伤"。月球的地貌明确告诉我们：来自宇宙深处的陨石，都比较集中地击在月球的背面，而很少光顾月球的正面。这是为什么呢？难道陨石在袭击月球之前还商量过吗？大家知道，月球有公转也有自转，绝不可能每次陨石都击在背面。考虑到月球的年龄50亿年或60亿年，那么，这种地貌分配就更加不可思议了。比如说月海，它是那样平坦，丝毫没有被撞击过的痕迹，难道说在五六十亿年的时间里，它都能安然躲过撞击？这是根本不可能的。

专家们认为，月球如果曾经穿行于一条陨石带，由于自转的原因，那么来自哪一个方面的陨石都基本相同，绝不可能发生陨石集中袭击一面的现象。显然，月球的这种地貌不是自然形成的。

即使说到环形山，它也有许多令人不解的地方。如果环形山真是像人们认为的那样，是由巨大陨石撞击后形成的，那么月球环形山本身的特点，就立即否定了这一看法。

从1994年"SL9"彗星撞击木星事件中可以得到一个启示，宇宙星空间的撞击，能量大得惊人。"SL9"第一块碎片直径只有200米，但它却造成了一个直径1000多公里的大火球，形成了一个近万公里的暗斑。按照一般道理，陨石对行星袭击造成的破坏，与陨石的大小、速度成正比，大的陨石撞击后形成的陨石坑既深且大，小陨石撞击后形成的坑既浅且小。但月球的环形山并没有按照这一道理出现，因为，月球环形山，不论多大，可是深度几乎一致，大多数都在四到六公里之间，有些环形山达到直径160公里以上，可深度只有两三公里，与一个直径10公里左右的环形山几乎一样。这是为什么呢？难道说，撞击月球的陨石不论大小，力量都是一致的，可这在自然界中是不可能的事。

科学家推测，一个能形成直径80～160公里环形山的陨石，撞击月面，其能量相当于几万亿吨TNT爆炸的当量，撞击月球的陨石会在月面上撞出一个深达几十公里的大坑。甚至有的科学家认为，一个直径6公里以上的陨石，也会造成一个比直径大四或五倍的深坑。

可奇怪的是，月球上没有一个陨石坑是按科学家的推测出现的。月面上最大的环形山是加加林环形山，它的直径有280公里，可深度仅有6公里，一般直径200公里的环形山，深度都在三四公里左右。这究竟是怎么回事？科学家们迷惑不解。

还有一个问题值得注意，与月球的体积相比，月球上的陨石坑大得出奇，比如，加加林环形陨石山就是月球直径的1/13，而地球最大的陨石坑是地球直径的1/60，两相比较，月球的陨石坑让人不寒而栗。大家无法想象，以月球这么小的个头（指月球体积与陨石坑相比），却承受了如此巨大的冲击力，而在冲击之下竟然没有破碎，也没有改变轨道，真是一件天下奇闻。请不要忘记，陨石下击是在瞬间完成的，联想起月球上直径200公里以上的陨石坑如此之多、如此之集中，那就更加让人不可捉摸了。

科学家面对如此分布的月球地貌，还有那些深度差不多的环形山，他们真的感到无能为力了，以往的科学理论和各种各样的统计、计算统统失去了作用。

"月球——宇宙飞船"的假设认为，月球奇怪的环形山，并非自然形成（自然确实无法形成类似的环形山），而是被智能生物改造而成的，它实际上是"月球——宇宙飞船"最外面一层防护层。通过对月球密度的分析计算，他们认为，一颗较大的陨石如果撞上这层防护层，只能形成一个最多不超过4公里的小坑。

在无法科学解释月球环形山的情况下，这个解释恐怕是最合理的。

第三节 月球是中空体吗

前面我们曾经引过屈原的《天问》,"顾菟在腹"一语问得奇怪,不知是屈原才智过人、想象力丰富,还是另有所指。由此可见,在2000多年以前,屈原就怀疑月亮的中间是空的,否则不会问月亮:你腹中养个兔子干什么?

1950年,英国皇家天文学会的月球研究权威人士威尔金斯博士,在其所著《我们的月亮》一书中,直截了当地提出:月球是个中空的球体。其于该书的第十三章中写道:"有各种迹象向我们暗示,月面下有30~50公里的壳体。"同时他认为:"肯定没有人想象月球居民会住在精心建造的、带有隧道的月球空洞中,月球内部的空间,准是个妙不可言的世界,在寂静和黑暗中,无数结晶物散布在洞穴壁上,像树枝一样分别延伸的空洞或直接通向月面或与月面的裂缝相连,这种奇景将使最先踏上月球的人大为惊异。"19年以后,美国人首先登上了月球,但活动的区域极为有限,未能发现月球内部伸向月表的洞穴。

现在让我们把月球中空的假设放一放,先看一看月球的实际情况,看一看究竟能得出什么结论。

在人类未登上月球之前,科学家们推测:月球岩石的密度可能略小于地球岩石的密度。然而,"阿波罗"登月计划带回来的月表岩石密度却远远大于地球岩石。实测表明,月表岩石的密度为每立方厘米3.2~3.4克,而地球岩石的密度是每立方厘米2.7~2.8克,而且月球越往下,其密度便高得惊人。第一次登月的宇航员为了把一面美国国旗插入土中,历尽千辛万苦,两个人轮流铲土,但也只能将旗杆插入几厘米。后几次的宇航员是带着电钻到月球去的,但最多也只能打进75厘米,如果在地球,则能毫不费力打进360厘米,可见,月球密度大得惊人。

如果按照这一现象推测，月球的中心应该是一个由大密度物质组成的内核。这样一来，月球的总质量就会比现在的计算结果大得多，相应地，其引力强度也要大一些，考虑到月表离月中心比地表距地中心要近得多，再加上它的总质量，引力会比我们想象的大许多。可是，没想到月球的引力只有地表引力的1/6，好像月球引力与其密度、质量无关一样。这说明了什么？这只能说明月球是一个巨大的空心球体。

1969年，阿姆斯特朗和奥尔德林在首次登月中，在月表安放了"无源地震仪——月震侦察测量器"，以后的几次登月活动都安放了这种仪器。这些仪器自动工作，可以把测量到的数据传回地球，这样人类就可以直接掌握月球的震动情况。然而，当第一次月球震动时，科学家却面面相觑了。

"阿波罗"13号宇宙飞船在进入月球轨道的时候，宇航员用无线电遥控的方式，让飞船的第三级火箭撞击月球，其能量相当于11吨TNT炸药爆炸的效果，地点选择在距"阿波罗"12号安放的月震仪140公里处。然而，奇怪的是，这次人为制造的月震竟持续了3个小时，月震的深度达35～40公里，直到3小时20分钟后月震才渐渐消失。美国航空航天局的地震专家们惊愕不已，无法对这次月震能持续如此长时间作出科学的解释。

科学家不甘心这样的结论，又利用"阿波罗"14号的S-4B上升段的火箭去撞击月球，结果又引起了一场长达3小时的月震，深度还是35～40公里。在此以后，又利用"阿波罗"15号的火箭制造月震，震波传到了1100公里远的风暴洋，甚至达到了弗拉矛洛高原的月震仪。如果用同样的方法在地球上制造地震，震波只能传一两公里，也不会出现持续1小时之久的震动。

让我们来做一个小实验。如果我们以同等的力量去敲击两个悬空的金属球，一个实心球，一个空心球。实心球会发出"嗡"的一响，震动很快就会停止，而空心球不会这样，它"当"的一响后，震波沿着壳体会反复震荡，持续很长时间。科学家面临的问题就与此相类。通过数次人为制造的月震显示，月球内部的结构肯定与地球不同，否则就不会发生类似的震动，从月球震动的特点来看，十分像空心球体的震动，否则，一次小小的冲击绝不会造成几小时的震动。因此，在这一事实面前，就连最保守的科学家也认为，虽然不能由此得出月球内部完全是空洞的结论，但至少它可以证明，月球内部存在着一些空洞。

　　但以上这几次试验还不能得出最后的定论，因为光有月震的横波，并不能完全说明问题，而人类在月球上安放的月震仪，距离又过分接近（因为月球永远有一面背对着地球，不可能在背面安放月震仪，即使安放了，信号也传不回地球），因而测不到月球的纵波。如果月球的确是中空的，那么，纵波不会通过月球中心，而横波则会在月球壳体上反复震荡。科学家希望月球能发生一次较大的陨石撞击，通过测量纵横月震波传播的时间差异，来证明月球内部是中空。幸运的是，这种概率极低的事件竟然发生了。

　　1972年5月13日，一颗较大的陨石撞击了月面，其能量相当于200吨TNT炸药爆炸后的威力。参与"阿波罗"计划的科学家给这颗陨石起名为"巨象"。"巨象"造成的巨大月震确实传到了月球的内部，如果月球是个实心球体，那么，这种震动应该反复几次。但是，事实再一次让科学家失望了，"巨象"引起的震动传入月球内部以后，就如同泥牛入海，全无消息。发生这种情况，只有一种可能：震动的纵波，在传入月球内部后，被巨大的空间给"吃"掉了。

　　以上的研究表明，月球很可能是个中空的球体。而大家清楚知道的是，按照宇宙形成的理论，自然形成的星球绝不会是个空心球，否则，巨大的压力会把它压扁的。美国康奈尔大学的卡尔·萨根博士认为"自然形成的卫星，不应该存在内部空洞"，这也是科学家们普遍一致的看法。

　　在月球35～40公里的壳体下部，存在一个巨大的空间。这个结论多么诱人，里面究竟有什么？有像我们一样的智慧生物吗？他们靠什么来生存？他们也耕种土地吗？他们为什么待在里面？他们有电灯吗？

　　月球如果真是内部空洞，那么，一切的科学解释就统统失去了作用，我们只能承认"月球——宇宙飞船"的假说。

第四节 科学要有科学的态度

对我们"天——月球——宇宙飞船"的假设，许多人会抱有蔑视的态度，为什么呢？因为科学的理念不允许人们去接受经验和认识以外的任何假设，那么科学精神又是什么呢？

20世纪70年代，中国出版了一部科学普及著作，名为《十万个为什么》。在这部书里，科学界对宇宙大爆炸理论和红移现象十分轻蔑，书中罗列了许多证据，使人不得不相信宇宙大爆炸理论和红移现象是多么幼稚可笑，结果怎么样呢？当50年代摩尔根的基因科学传到苏联时，那些苏联科学家不知为什么，对基因科学有刻骨铭心的仇恨，有不少科学家咬牙切齿地声讨批判，当时中国学习"老大哥"，也曾对基因理论展开过围攻，结果又怎样呢？

噢！于是人们明白了：所谓的科学就是科学家手里的骰子，想怎么掷就怎么掷。

科学本来是个好东西，但如果过分了，或者使用不当，反而会走向它的反面。比如，人是从自然而来的，但自从人类有了科学以后，人却背叛了自然，这不但表现在人们的生活方式上，也表现在人们的思想方面，只相信科学，而不相信自然。英国大主教贝克莱曾经有一句名言：闭上眼睛，世界就没有悬崖。而现在人们的观念是：科学以外没有世界。似乎科学已经不是对自然的客观反映，而成了自然的主宰。

现在的人们已经不会说：瞧！我们的定律正在接近自然的运动。人们常常会说：快来瞧呀！自然正按照我们的定律在运行。英国科学家史蒂芬·霍金就曾说："宇宙可以是自足的，并由科学定律完全确定。"20世纪20年代，物理学家马克斯·波恩曾对外宣称："尽我们所知，物理学将在6个月内完成。"即使是一般科学家也十分自信"宇宙受定义很好的定律制约"，而这些定律都是科学家发明的，于是，人们沾点灵光也统统变成了上帝，因为上帝最重要的标志是创造世界，而我们正在创造世界。

科学正在成为当今人们心目中的上帝，一方面是，我们的认识越来越依赖于科学的发现；另一方面是，人们的生活也越来越依赖于科学的发明。于是，在这个世界上，科学取得了唯我独尊的地位，然而科学如果没有理性的控制，很可能会激发科学本身的破坏性，比如现代的物质文明中的高消费文化，它一方面促进了社会的进步，另一方面却造成了对环境大规模的破坏。如果我们回首200年的现代科学历史，你就会发现，科学已经将这个世界破坏得面目全非，我们今天竟然有能力在距地几百公里的地球轨道上制造太空垃圾，真是"伟大"。

那么人类的科学可能错在哪里呢？

有人将人类对自然的种种错误说成是工业文明的后果，事实上，根源并不在工业文明，而在于物质文明的总模式，在于我们以一种什么样的态度来对待自然。这个问题要回溯到文明的起源上。

60万年以前的某一天，一个赤身裸体的原始人，嘴里嚼着一根草棒，无忧无虑地漫行于荒野中。突然，他发现不远处的树上挂满了累累硕果，他兴奋地长叫一声，奔向了果树。他既想摘取果实安慰饥肠辘辘的肚皮，又想用这棵树去营造一个简陋的窝，以挡风避雨。然而，他无法将这棵大树连根拔起，也无法将其从腰折断，怎么办？

蓦然，他发现旁边有块圆圆的石头，于是，他试着用这块石头去砍砸坚硬的树干，但收效甚微。石头圆形的表面只将树皮砸飞，但树干却丝毫无损。他生气了，将手中的石块向旁边的巨石用力摔去，只听"砰"的一声响，石头被撞成了几块，四处飞散，有一块铲形的石片刚好落在他的脚边。

原始人本欲一走了之，但又耐不住果香的诱惑，万般无奈之下，他拾起脚边的石片猛力向树干砍去。奇迹出现了，树干竟被砍出了一道深深的伤痕。原始人欣喜若狂，他意识到：用石片锋利的侧面能够砍倒大树。可没砍几下，石片断裂了。他想起刚才的情形，又拾起一块石头向巨石猛然摔去，于是，他终于有了好几片得心应手的石片。正因为这件粗糙的石器，人类才开始了自己的历史。

说来很惭愧，不论以后的科学技术创造出多少闻所未闻的新工具，我们都不能否定这样一个事实：促使我们发明创造的动机与60万年以前那个原始人发明石器的动机并没有什么两样——不断膨胀的享受欲望。从某种意义上讲，我们一直在重复着昨天的故事。

物质文明建立在这样的动机与目的之上。什么是物质文明呢？最直接的定义就是：物质文明是一种享受型文明。这种文明有两个基本的特点，一是自私，二是暴力。由此我们可以描绘出物质文明发展的总模式：物质享受的欲望—自私的品格—暴力掠夺的倾向。

从这里可以看得出，人类的物质文明本身是一种破坏力极强的文明，这种文明不包含与自然界其他部分互惠的成分，体现出极度的自私性。同时，物质文明的破坏力与人类所具备的能力成正比。在工业文明出现之前，人类征服自然的能力很有限，文明本身的破坏性表现得还不充分，人们被迫与自然保持一种亲近的关系。工业革命以后，人类征服自然的能力成百倍地提高，因此，包含在物质文明内部的破坏性一下子如火山般爆发出来。在古代，印度人和迦太基人如想得到象牙，他们总是设法捕捉到大象，锯下象牙，然后为象的断牙包上一层金属。而我们要取得象牙时会怎么样呢？端起自动步枪，或者架起火箭炮。

文明模式中的自私性和暴力性本来并不可怕，它应该控制在人类的理性范围之内，受理性的调节。然而，历史的悲剧在于，人类的科学技术突飞猛进地向前发展，可人类的理性却没有得到相应的发展，精神远远落后于物质。正像爱因斯坦所说的："除了我们的思维方式以外，一切都改变了。"目前的现实是，并非人类在控制着改造自然的能力，而是这种能力反过来控制着人类，我们都盲目地跟着它在跑。早在1932年，英国赫胥黎在其《精彩世界》里就曾预言：世界将因人类科技的进步而陷入噩梦般的境地。仅仅半个多世纪，赫胥黎的预言正在变成现实。

更可怕的是，由于我们失去了理性的引导，这种文明的自私性与破坏性正乘虚而入，像一个教唆犯，大力开发着人类的动物本能，使我们越来越不像人，完全像动物一般，生存的目的除了满足动物的需求以外再无其他。我们今天的人，跟古罗马时代的人十分相似，但是，古罗马灭亡了。关于古罗马帝国的灭亡，有人说它亡于征战，有人说它亡于妓女，但我们说它亡于奢侈。古罗马贵族的酒宴常常是通宵达旦，山珍海味堆积如山，人们拼命地吃，实在吃不下了，就跑到外面去呕吐，吐空了肚子回来接着吃。听起来真是恶心！然而我们现在许多人的生活追求与他们并没有什么两样，消费，消费，再消费。

人类的物质文明体系有两个根本性的错误，一是错误地看待自己，二是错误地看待自然。

有一个年轻人，很想学习古代汉语，于是就给一位古汉语专家写了一封信，信上说："寡人对古汉语情有独钟，恳请先生收下寡人这个学生。"这个年轻人根本不知道"寡人"的含义，稀里糊涂做了一回"寡人"。我们人类的情况与此相似，在我们还没有学会怎样与自然界平等相处的时候，就稀里糊涂做了"寡人"，成了地球的统治者，高高在上，唯我独尊，"天生万物，唯人为贵"。这种源自内心的狂傲，产生出一个根深蒂固的观念——地球是人类的私有财产，"普天之下莫非王土"，想怎么用就怎么用，根本不去考虑自然还有生态平衡这一说。

物质文明是一种暴力型文明，这种暴力倾向源自于我们对自然的一个根本错误看法：将自然当成敌人，它的普遍原则就是生存与毁灭、战争与和平。这种暴力倾向体现为四个字："征服自然"。说来奇怪，人类的文明从一开始就有反叛自然的特点，好像我们不是大自然的子民，从古代的"人定胜天"，到现代的"征服自然"，从中可以体会到深深的敌意与仇恨。当我们以这种态度面对大自然的时候，人类的生存意义就只有一点了，那就是破坏破坏再破坏。

科学的狂傲必然会使科学戴上有色的眼镜，凡不能用现代物理学框定的东西，一概被视为"伪科学"。如此下去，我们真的很担心它会走进一个死胡同。世界很大，科学根本囊括不了宇宙天地。打个比方，如果用一个圆圈来代表我们已经认识的世界，而圆形弧线以外表示尚未认识的世界，那么，圆圈越大，圆形弧线接触的外围空间也会成倍地增加。也就是说，我们对世界认识得越多，我们所面对的未知也就越大。在此，我们并非宣传不可知论，而是想阐明对待未知应该具备的科学态度。

事实上，现代科学已经不能很好统领自己的所有发明，它导致了人们思维的混乱。比如，我们如今面对这样一个现实：你能列举100条证据来证明一个事物是正确的，但同时，你也能找出100条证据证明它是错误的，不但如此，你还能找着101条理由说明它有正确的一面，也有错误的一面。在这样的情况下，你如何来选择呢？

第五节 可能与现实

困扰人们接受我们的"天——月球——宇宙飞船"假设的原因大体上有三点：

一是星际间的万有引力问题。引力科学使人们难以相信一个像月球这么大的星球，会不受地球引力的影响，穿过"希洛极限"来到地球同步轨道，并长时期滞留这个空间。

二是星际航行的诸多技术性问题。像速度问题，宇宙中大多数恒星，都在距我们几光年或者十几光年，有的甚至距离我们几十亿或上百亿光年，在这些空间中，即使有文明存在，他们是如何跨越如此大的空间？从目前来看，速度的极限是光速，但如果距离我们两亿光年的宇宙空间中，真有比我们智慧还高的生命，他们想到地球，即使是获得光一般的速度，单程一趟也需2亿年，这已经远远超出了人们的想象。

三是地外文明存在的可能性问题。科学证明，有机化合物自发形成DNA的概率小到不可计算，发现DNA的弗兰西斯·克里克曾经说："要我们来判断地球上的生命起源到底是一个罕见的事件，还是一个几乎肯定会发生的事件，这是不可能的……那一系列似乎是不可能的事件，要想给其概率计算出一个数值似乎是不可能的。"他一连使用了好几个"不可能"，可见生命起源的概率是很低的。凭着这一认识，许多人认为，地球上高级生命的出现纯属宇宙的偶然，而既然是偶然，就不可能再发生在其他星球上，因而就根本否定了地外文明的出现。事实上，这个观点纯粹是地球人的偏见。

人们的困惑产生于认识，我们首先抛开所有的困惑，每一位读者都试着做一个汉代的古人，让我们一起来读一读以下这则故事，看看你有什么感想，请记住，你是汉代的人。

西汉时，汉高祖刘邦曾经在平城这个地方被匈奴人所围，此事《汉书》有确切的记载。包围平城的匈奴首领名叫冒顿单于，其妻阏氏率领一支大军也参加了合围。但后来平城之围被解，奇怪的是，史书并没有留下太多的记载。《汉书·陈平传》中记载平城解围时躲躲闪闪地说："使单于阏氏解，围得以开，高帝既出。其计秘，世莫得闻。"这就让人摸不着头脑了，陈平当时使了一条什么计策，让单于和阏氏乖乖解围而去？

后来在《乐府杂录》里我们才知道了事情的真相。原来，平城被围时，陈平也在其中，眼看四周铁壁合围，城内粮食告紧，再围下去即使不战死，也会被饿死。正在这紧急关头，陈平突然闻得冒顿单于的妻子阏氏天生妒忌，容不得单于身边的其他女人。陈平计上心头，随即造了一个木偶人，其间机关密布，简直就像一个活人一般，陈平让她在城墙上跳舞，阏氏在城下望见（应该离城不远，大约一箭地），误认为是活人，心里很不是滋味，心想：等城破之日，冒顿肯定会把这漂亮的女人纳入自己的大帐里，我这样拼命攻城是何苦来着？妒心一起，再也无心攻城，率军悄然退去。阏氏一走，冒顿孤军难支，只好率兵离去。也许写历史书的人，觉得汉高祖凭一个漂亮的假女人而逃命，此事很不光彩，所以就没有写进历史书中。在为陈平作传时，也只好说"其计秘"，一语带过。

大家不要忘记，平城之围发生在公元前200年，距今已有2200年左右。陈平所造木偶女人，简直就是现代意义上的机器人，愣是把阏氏给骗了。假如我们是一个汉代的人，听完这个故事以后，你会相信吗？你当然不会相信，因为这有违常理。不但你不信，真正的古人也不信，所以古人把这类故事统统放到志怪小说中去。但是，如果这样的事发生在今天，你会相信吗？你肯定会相信，许多人都会相信。

科学的精神本来在于勇敢地探索世界，宽大包容的胸怀，然而科学理念的发展，却成了限制人们自由思维的障碍。如今，当一个超越已有经验的事实摆在眼前时，我们一般不是从事实本身出发，而是拿事实去套经验与知识，一旦不相符，我们往往枪毙的不是经验和知识，而是事实的本身。这是很可怕的思维方式，如此下去，它最终会断送科学。当然，这样做的绝不是科学界的全部。

我们举一个例子，20世纪50年代，中国考古队在挖掘原始社会半坡遗址时，意外发现了一些青铜片，距今6000年。这一发现与中国学术界金属时期的断代是不相符的，至少早了近千年，而半坡遗址属于石器时代，这是学术界公认的。当事实与理论相冲突时，我们采取了一种近似可笑的态度：不承认，不公布，把眼睛紧紧地闭上。于是乎，半坡遗址中的青铜片不存在了，在人们的眼前耸立的依然是理论家精心建造起来的大厦，它是那样洁白透明，容不得半点杂质。

一切的可能都会变成现实，但在这之前，我们不应该否定任何可能性，今天的不可能，也许就是明天的现实。想一想当古代人把在天空自由飞翔作为梦想时，怎么也不会想到，今天的人们真的具备了飞行能力。当中国人编织着"嫦娥奔月"的故事的时候，怎么也不会相信，人类能够在月球的静海上踩下第一只脚印。所以，在我们的技术还没有登上一个全新台阶的时候，永远不要去否定任何可能。

我们现在的宇宙观是站在三维空间的角度上建立起来的，如果我们站在五六维空间的角度去看，宇宙又会是一个什么样的呢？普通物理学告诉我们，光线永远是直线运动的，日常生活的经验也是这样告诉我们的，但爱因斯坦却告诉我们，光线是可以弯曲的，而且空间也是可以弯曲的。能够想象吗？但它是真的。上几何课时，教师总是这样说："三角形的内角和等于180度。"但现代的科学研究却证明，在宇宙宏观几何学中，三角形的内角和大于180度，而在基本粒子的微观几何学中，三角形的内角和小于180度，玄吧？但它也是真的。因此，在我们三维空间的概念中，地球与最近的恒星系距离8.7光年，那么在多维空间的角度上，它们的位置又是怎么样的呢？

在费拉代尔费亚研究所，从事未来研究工作的物理学家费里曼·达伊逊，在介绍人类目前正在研究的具有星际航行能力的推进系统时说：现在人类正在研究两大类星航推进系统，一类是激光推进系统，用从设置在宇宙空间的激光装置向目标——装备在宇宙飞船上的一种"帆"发射激光束，作为推动力；一类是微粒流推进系统，使用电磁发生器，利用磁场斥力，在发射宇宙飞船时进行加速。据说，未来宇宙飞船不论采用哪一种推进系统，都可以获得光速的1/2的速度，即每秒15万公里。虽然这个速度对于星际航行可能还是不够，但已经相当可观。有报道说，人类目前正在考虑光子火箭的设计，在已经进行的各种基本粒子的试验中，证明光子火箭完全是可能的，火箭燃料将转化成电磁辐射，并形成一股束流，以光速喷出。从理论上看，装有光子推进器的宇宙飞船的速度可达到光速的99%。

伟大的爱因斯坦，在他人生最后15年里一直致力于研究一个问题，那就是"统一场理论"。迄今为止，尽管我们周围的物质千差万别，五颜六色，但它们基本上是由四种基本粒子构成，即质子、中子、电子、中微子，由这四种粒子相互作用产生四种基本力：电磁力、引力、强核力、弱核力。对理论物理学家来说，这四种表面不同的力完全可以统一成一种基本力，名为"统一力"，在这力的四周形成一个场，那就是"统一场"。科学家认为，"统一力"是宇宙中最完美的构成形式，因此他们断言：宇宙中存在许多这种"统一场"通道，物体一旦进入这种场，时间、空间、速度三者都会发生根本性的变化，从一个星际到另一个星际就像我们打一个越洋电话那么快，只是我们迄今还没有发现这些统一通道罢了。研究"统一场"有什么意义呢？第一，它可以使我们获得巨大的能量。科学家从原则上可以探测到质子的衰变，但一个质子的寿命为10^{31}年，要使它发生衰变必须有一个10^{15}GEV的巨大质量，这远远超过了地球上所能达到的任何能量。电磁力的发明与应用已经对我们人类社会产生了巨大作用，不难想象，如果"统一场"理论实现了，人类将会获得极其巨大的能量；第二，它可以使我们跨越三维空间去建立新的宇宙观，科学家的定量理论分析指出，在我们的三维空间以外，还存在着其他的空间，现在随着"统一场"理论正在讨论的空间维度是11维空间。

1985年，美国物理学家费希巴赫提出了一个全新的看法，他认为，在宇宙间除了四种基本力以外还存在"第五种力"，这一看法立即引起物理学界的大争论。1997年，来自欧洲的消息说，人类在研究第五种力上已经有了一定的突破。

我们没有资格参加争论，只是想说：今天的不可能，到明天都有变成现实的可能。在广大的宇宙中，从概率的角度来说，比我们地球人类先进几倍或几十倍的高级生命是完全有可能存在的，那么他们的科学技术想必也是很惊人的，我们今天正在努力探讨的问题，很可能出现在他们的小学生课本里。如果月球人真像毕达哥拉斯所说比地球文明先进15倍的话，那么类似"统一场"的理论，在他们看来很可能是婴儿的启蒙读物罢了。这样他们就可能穿行于星际之间，而不会担心被任何一颗星球的引力所捕获，同样他们也可以降临近地轨道而不再受地球引力的影响。

第5章

地球以外有生物吗

　　在银河系180亿个行星系中,假如有百分之一的星系有生命存在的可能,那么概率数是1.8亿;在这1.8亿个行星系中,假如有百分之一有生物,那么概率数是180多万;在这180万中,假如有百分之一有智慧生物,那么概率数是1.8万。如果算上河外星系,概率数会高得吓人。因此,"人类是宇宙独苗"的想法是幼稚可笑的。

第一节 地球是宇宙的独苗

每当繁星灿烂的夜晚，我们仰首苍穹，一道白练般的银河横亘天际，北极星旁的仙女座星云隐隐向人们诉说着那耳听不见的故事；此时，牛郎织女的神话，嫦娥奔月的传说，北极仙翁的故事，早已在心头环绕，追随屈原《天问》的古韵，我们斗胆问苍天：苍茫浩宇，可有亲朋？

宇宙之中除了星辰以外，还有生物吗？有没有像人类这样伟大的智慧生物？宇宙没有回答！是默认，还是不屑一顾？

这不能怪伟大的宇宙，只能怪渺小的地球人，因为我们在宇宙回答之前，甚至在我们提出问题之前，在我们心中早已有了一个确信不疑的答案，那就是：地球是宇宙中唯一的独苗。

地球是宇宙独苗的看法自古就有。大家不会忘记，中世纪时候的西方，宗教神学认为，地球是宇宙的中心，因为万能的上帝就居住在地球上。当然，这不仅是西方的问题，几乎在全世界各民族中都有类似的看法。中国人就认为，中国是世界的中心，所以才叫"中国"。实际上，大家心里都明白，我们歌颂地球，并不是真正歌颂地球的伟大，而是变着法子歌颂人类的伟大，"世间万物，唯人为大"，这才是最根本的目的。"地球是宇宙中心""人类是宇宙的独生子"的观念早以深深根植于人们的脑海。

如果说以上的观念产生于认识的落后，尚有情可原，但问题是这同人们的认识似乎没有关系。事实上，直到今天还有相当多的人抱有同样的看法，现代科学在打倒迷信的时候，似乎也无意消除地球中心论观念，相反，许多科学家都在积极寻找证据，来证明地球人类是宇宙独生子的宗教观念。因此，关键在于人类自高自大的本性。

让我们先来看一下宇宙中存在生命的概率：现代天文学公认，我们所处的银河系大约有3000亿颗恒星，至少有180亿个行星系，假如这其中只有百分之一的行星系可能存在生物，那么数字依然是庞大的，仍有1.8亿之多。再假如，这其中百分之一的行星系上有生物，那么我们得到的数字仍将是180万。让我们再进一步假设，每100颗有生命的行星，只有一颗居住着智力水平与人类相等的生物。那么我们的银河系有可能存在高级生命的行星仍有1.8万之多。这才仅仅是我们一个银河系，宇宙中间又存在多少个类似银河系的巨大星系呢？恐怕是一个吓人的天文数字。

因此，单从概率的角度讲，地球人是宇宙间唯一智慧生物的观点是幼稚可笑的。毫无疑问，宇宙间有数不清的与地球类似的行星，有类似的混合大气，有类似的引力，有类似的植物，甚至有类似的动物。早在公元前4世纪，古希腊哲学家米特罗德格斯就曾说过："认为在无边的宇宙中只有地球才有人居住的想法，就像播种谷子的土地上只长出独苗一样可笑。"

1997年，美国生物学家在地球上发现一种太古生物，这种生物能在极冷或极热的极端环境下生存，并且它具有细菌和包括动植物及人在内的所有真核生物两种特点，是地地道道的第三种生命形式。此种生物的发现证明，人类对生命所具备的特点了解得相当不够，请不要忘记，这仅仅是在地球的环境之内，在广大的宇宙中间，生命的形式更为复杂，用地球生物观点来品评宇宙生物的存在是最不可取的做法。

1969年，在陨落于澳大利亚的碳质球粒陨石中，科学家发现了地球上不能天然形成的不对称氨基酸，显示了地球以外孕育生命的可能性。1996年，美国航天局从一块落在亚利桑那州来自火星的陨石中发现，这块陨石中存在古代微生物，火星存在生命的古老传说再一次被人们所重视。

20世纪30年代的时候，天文研究人员就从宇宙光谱中发现，宇宙中存在甲基和氰基等分子。这些分子的电磁辐射不在光学波段，而在厘米、毫米、亚毫米等波段，所以它们可以不被星际物质吸收与阻挡，而自由穿行于宇宙之中。

1944年，荷兰科学家范德胡斯特从理论上算出中性氢原子会辐射出21毫米谱线。1957年美国天文学家汤斯开列出了17种可能被观测到的星际分子谱线的清单，此人由于在天文学上的贡献，获得了1964年的诺贝尔物理学奖。

星际有机分子的发现，被列为20世纪四大天文学发现之一。在以后的年代里，天文学家从宇宙中观测到的分子有：

1963年10月，首次在仙女座观测到羟基分子光谱；

1968年，观测到了氨分子、水分子的光谱；

1969年，又观测到了星际甲醛的有机分子光谱；

1973年，又发现一种宇宙中广泛存在的有机分子光谱……

到1994年止，人类一共从宇宙中找到108种天文有机分子，此外还找到了50种由碳、氧、氢等元素组成的同位素，还有一些地球上没有自然样本的有机分子。

星际有机分子的发现，对研究星际生命的起源提供了重要线索。比如说，目前发现的星际分子几乎都是由六种基本元素构成的：氢、氧、碳、氮、硅，这个排列表中的前五种如果加上磷，它们就成了构成地球各种生命的基础资料。再比如说，甲醛分子在适当的条件下可以转变成氨基酸，而氨基酸则是生命物质的基本组成形式。由于我们还发现了许多尚未辨识的有机分子，它们很可能会组合成多种生命形式。

其次，这一天文发现还说明，宇宙中到处都充斥着有机分子，它们是构成生命、维持生命的最基本元素。天文学研究表明，这些星际有机分子不能存在于高温的星球中，它们只能存在于温度较低的行星、暗物质或者宇宙尘埃当中，甚至当恒星爆炸死亡之后，也可生成大量的有机分子。所以在星系与星际之间、恒星与恒星之间，它们的数量非常庞大。这些有机分子，它们随尘埃或气体漂泊，极不稳定，漫游在宇宙当中。

宇宙有机分子的发现，再一次证明，地球生命绝不是宇宙中独一无二的现象，人类也不应该是宇宙的独生子。

越来越多的发现为我们指示出了一个坚定不移的方向：宇宙中确实存在生命，即使是我们最熟悉的生命形式，也有可能在宇宙的某个角落中产生。现在的问题已经不是证明这些生命的存在，而是要想办法寻找他们。

20世纪70年代，美国率先发射了"旅行者1号"和"旅行者2号"，其目的就是在茫茫的宇宙中寻找可能存在的生命形式，并与之对话。此时，两艘宇宙飞船正以每秒17.2公里的速度向外太空飞去。1986年，当它们穿过冥王星后，即飞离了太阳系，成为一颗真正的宇宙行星。假如不出意外的话，它们将分别于14.7万年和55.5万年后飞抵太阳系以外的另一个星系。

"旅行者号"带有录制着我们地球人特征、地球风貌及美国前总统卡特向外星文明致意信息的铜制镀金唱片。这位美国总统在致文中这样写道:"我们向宇宙传送这一信息。10亿年后,当我们的文明发生了深刻的变化,地球的面貌大为改观时,这一信息可能依然存在。在银河系2000亿颗恒星中,一些(也许有许多)恒星的行星上有人居住,并存在着遥远的宇宙文明。如果一个这样的文明截获了'旅行者号',并能理解它所携带的录制内容,就请接受我们如下的致文……"很明显,"旅行者号"是为了寻找地外文明而发射的,换句话说,美国人是以地外文明存在的假设为前提条件的。

1994年,当苏梅克—列维彗星撞击木星时,科学家发现,当撞击发生时,有大量水蒸气出现,这说明,这颗彗星上带有大量的固体水。有水就可能有生命。苏梅克—列维彗星在宇宙中是颗很平常的彗星,它们在宇宙中穿行,产生生命的可能性是极大的。

实际上,问题还不仅仅如此,生命的存在究竟需要怎样的自然环境?难道必须拥有与地球相似的自然条件吗?地球的生物观普遍适合宇宙中所有的星球吗?事实证明,生命只能在类似地球的行星上存在和发展的观点是站不住脚的。

地球上一共有200多万种生物,在我们已知的120万种中,有9000多种并不需要一般的自然环境。因此,对生命的顽强性、多样性我们知道得还很少。

地球生物观认为,阳光、水分、氧气是生命的三要素。然而,人们却在几千米深的海底及北极冰层下发现了不需要阳光的生物,也发现了不需要氧气的细菌,它们叫厌氧细菌。生命真是不可思议,它顽强到远远超出人的想象,随着认识的不断深入,我们已经发现了许多在完全意想不到环境下存在的生命,比如,在放射性极强的核物质周围也同样有生命存在。

现在,越来越多的人相信"地外文明"是存在的,他们很可能比我们的进化早几十倍,甚至上百倍。今天,我们不但能够登上月球,而且还能探测整个太阳系,那么,一个比我们发达不知多少倍的文明,他们也完全有可能跨越星系来考察,在与我们的先民接触当中,留下一些遗迹,传授一些知识。在这一思想下,产生了"远古接触论"。

　　远古接触论的创始人是美国的福特·恰尔兹·侯,他一生孜孜不倦地搜集能够推翻流行理论的资料和信息,提出"让科学从科学家的垄断下解放出来"的口号。他的基本思想是:宇宙间存在巨大的生物,对于这些生物来说,我们世界的大小只介于饲养箱与实验室之间。他甚至说:"我推测,我们是某些生物的私有财产。我觉得地球本来不属于任何人,但后来它被勘察,沦为了殖民地。"

　　欧洲有两位学者继承了福特的事业,他们是著名物理学家、化学家贝尔吉埃奥尔科夫斯基与哲学家兼新闻记者刘易斯·鲍埃尔,他们在欧洲创办了《平面》杂志,并将福特的口号用作杂志的题词。

　　当然了,目前对地球以外生物及文明程度的推测还不可能有什么证据,这是这个推测的致命弱点。但是,我们同样相信,地球以外生物及文明的证据就存在于广大的宇宙之中,问题是你是否有能力将它拿来。正像著名物理学家贝尔吉埃所说:"我们无法推翻外星人曾来访问以及原始文明无影无踪地消失的假说,也无法推翻往昔文明的知识与技术足可与今天媲美的推论。我们认为,我们称之为秘传的那些被各种形式遮掩起来的成就,也是实实在在的成就,就像魔法师的成就一样。"

第二节 茫茫宇宙觅知音

某一天，一批来自太空以外的生物，突然驾驶着奇形怪状的宇宙飞船，出现在地球大气层之内，惊惶失措的地球人用所谓先进的武器向来犯者进攻，为保卫自己的家园而战。只见一颗颗导弹拖着长长的浓烟，像一把把利剑刺向来犯者；一架架战机义无反顾地冲向侵略者。然而，这一切都是徒劳的，科学技术的悬殊，使地球人的反抗终究化为泡影。高贵的地球人，不得不向长着无数根触角、像章鱼一样的宇宙生物，低下那高贵的头颅。地球被奴役了，地球人一律变成了奴隶，在章鱼般生物的统治下，一批批悲惨地死去。

这是经常出现在科幻小说中的情景。奇怪的是，这种情绪几乎统治了人们的思想，好像宇宙以外的生物，不论他们的文明程度如何，都像地球人一样贪婪、残暴；好像宇宙间根本不可能出现平等的交往。实际上，科幻小说反映的只是一种情绪，是地球人对自己认识的一种情绪。我们对宇宙生物的一切推测，都是从自我认识开始的，因为我们人类正像小说中的地外生物一样，贪婪、残暴、自私，因此我们才把这种认识强加给幻想中的地外生物。说穿了，这正是我们对自己本身失去信心的表现，也是对人类文明所走过的历程的反思。

不知道大家注意到没有，世界科幻的发展正在向我们昭示一个真理，那就是：人类对自己越来越怀疑，越来越恐惧，我们正在担心有一天，人类会被科学的发展引向死亡地带。这绝不是恶意中伤科学，也绝不是笑谈。

如果不信，我们来回忆一下。幻想是人类愿望的表现，也是对生活前途的展望。在古代时期，人类的幻想都是美好的，充满了浪漫，表现了人类对未来的信心，它们的格调基本上是明快的。想一想嫦娥奔月的神话，想一想精卫填海的传说，再想一想盘古开天的壮举，多么浪漫，多么雄壮，根本没有一点点灰暗的色彩，读了使人振奋。再读一读凡尔纳的作品吧！它向我们揭示了怎样一个奇妙的科学世界，人类真是含着笑容在展望自己的未来。

然而，20世纪以来，科幻的格调变了，它变得那么灰暗、那么沉重、那么可怕。读科幻作品，不再是一种享受，简直就是心灵的考验，你必须有钢丝一样的神经系统，必须有久经沙场般的意志，还要有一次能吃下七只苍蝇的本事。《星球大战》让你心跳加速到每分钟120次；《异形》和《苍蝇》让你三天吃不下饭；《撒旦回归》让你真后悔来到这个世界，等等。从这类科幻作品中你读到了什么？是恐惧，是失望，是悲哀。浪漫没有了，雄壮没有了，自信心也没有了。

这究竟是为什么呢？难道真是对地球以外生物的恐惧？不！绝不是。它是对我们人类自己的恐惧，是对科学发展的恐惧。科学正在把我们变成青面獠牙的怪物。如果历史是一面镜子的话，每一次照镜子时都发现，我们一次比一次变得更加丑恶。

用人类的本性来推知宇宙生物的本性是错误的，人类文明走上一条坎坷的道路，这是由人类无限贪婪造成的，是由一种畸形的价值观造成的。事实上，在人类无法解决自己所面临的问题时，也许我们只能把拯救人类的希望，寄托在地球以外一种更加理性的文明身上。这大约也是我们寻找地外文明的潜动力吧！

事实上，我们根本用不着把地外生物想象得多么可怕，如果他们果真存在，如果他们能够跨越遥远的星系来到地球，那么他们的出现绝对不是为了掠夺，他们不会对地球构成什么威胁，我们相信，文明一旦达到了星系航行的程度，这样的文明应该是道德的。如果他们真的需要资源，那也不会来掠夺地球，因为构成地球的物质几乎是宇宙中最为普遍的物质。想一想地球在宇宙中的渺小，简直就像一颗沙砾，我们的这种担心，实际上是高抬了自己。

实际上，连这些讨论都是多余的，因为我们至今不知道宇宙中除了我们，还有没有其他生物存在。目前，最重要的是找到他们。他们在哪里呢？

不论普通人是否承认有地球以外的文明存在，反正科学家是承认的，虽然目前承认的人数还不多，但毕竟代表了一种趋向。他们不但承认，而且正在积极地寻找。

1960年，美国国家无线电天文观测站的天文学家弗兰克·D.德雷克用25米抛物无线电天线展开了首次搜寻外星文明的活动，本活动被称为"SETL"。参加这一项目的科研人员认为，人们可能能够接收到两种来自外星人的无线电信号：一种是通信漏泄，这一点很容易理解。比如，地球上的无线电波就时时在向宇宙扩散；另一种是外星人有意发来的无线电信号。尽管到目前为止，我们还没有收到来自宇宙空间有意义的电波，但这并不意味着宇宙中就不存在类人的高级生物。

1974年，安装在波多黎各岛上的世界著名的阿雷西沃射电望远镜向浩瀚的银河系中发射了含义深刻、功率强大的密码式无线电信号，密码中蕴涵着有关地球及人类的极其重要的信息。当然，人们也不是将这组无线电信号漫无边际地发往整个宇宙，而是将信号对准武仙座中的M13球状星团发射。据计算，这个星团中约有30万颗恒星，每一颗恒星的年龄都是太阳年龄的两三倍。天文学家认为，一定会找到比我们年长的宇宙智慧生物。

但是，我们根本不必为科学家的乐观估计感到高兴，因为M13星团距离地球有2.4万个光年，即使我们发出的电波能够达到光速，即使M13星团上果真有比我们文明高出许多的智慧生物，在他们接到我们的信息，再将读后感连同一句问候语发回来的时候，那也是5万多年以后的事了。那时，地球人类还是否存在，都是一个大问题。所以，我们最好指望在5万或10万年前，那些已经很发达的智慧生物，像今天我们这样好奇，将他们的信息对着太阳系发送过来。

现在的问题是，地球以外其他智慧生物建立的文明特点是什么？大家知道，我们这一代文明号称物质文明，所有科学技术都是建立在物理学基础之上的。那么，其他文明是否也像我们一样，来构建自己的文明体系呢？比如说，目前我们知道，无线电波是信息的良好载体，其他文明是否也用无线电来传导信息呢？如果他们不用无线电来传导信息，那么我们今天的所作所为又有什么意义呢？

第三节 6000年以前的星空

如果以上关于宇宙智能生物的推测正确的话，那么他们完全有可能在人类的初期降临地球，因为6000年以前的宇宙空间比现在要小，这是宇宙大爆炸理论给我们的启示，虽然程度微细，但已经足够使我们的立论成立。"神来自天外"这样一个古老的传说，没想到竟然获得了宇宙大爆炸理论这样一个强有力的证据。

我们有必要首先追溯一下人类对宇宙起源的认识过程。

在人类文明朦胧的神话时期，原始人认为，宇宙起源之初，是一个巨大的蛋，这个蛋里到处都是水，浩浩渺渺，昏昏暗暗，没有任何生物，没有任何动静。突然在一天，这个巨大的蛋裂开了，蛋中间一部分较轻的物质变成了天空，而一些较重的物质则变成了大地。这就是世界创世神话的共有内容，许多民族的神话里伴随着的还有自己的始祖神的出现，它几乎遍及地球的各个角落，曾在不同肤色的原始人嘴边流淌。它虽然很粗糙，却给人一种雄浑的美，每每读之，一股古朴的劲风就会扑面而来，同时，它给人思想自由飞驰的空间是那样广大。

随着历史的进步，人们对宇宙有了更新的了解，新的宇宙观产生了。古代人将大地想象成一个四四方方的平板，上面有山川河流、花草树木，也有勤劳的人类，而大地以外的天空宇宙则是一口倒扣的大锅，它半圆形的弧线上面镶嵌着日月星辰。当时人们的脑袋里没有过多的条条框框，根本用不着去想大地边缘以外是什么，因为在人们的脑海里，大地是无限的，边缘太遥远了，只有像孙悟空那样的神仙才能去大地的尽头，并在那里痛痛快快尿一泡，普通人就不必劳这个神了。

然而，从中世纪开始，哥白尼、伽利略等人的研究彻底毁灭了古人率意的想象，地球从一块平板变成了一个圆球，它孤零零地悬浮在宇宙之中。接着,哥伦布率领他的船队开始向西航行,航行的过程虽然有些粗暴,却终于发现了一个秘密,他的船队永远沿着一条圆周线在前进,从哪里出发,最终还会回到哪里。于是,全世界的人"哦"了一声,把一直悬着的心放回了肚子里,因为他们再也用不着担心摸黑一直往前走,会从大地的边缘掉下去,反正地球是个圆的,走来走去还会走到家门口。

当哥白尼确定了太阳中心论以后,现代意义上的宇宙起源问题才真正提了出来。伟人的哲学家康德以他超乎常人的想象力,第一次提出了宇宙起源星云的假说。在康德的脑海里,时时浮现这样一幅画面:太古之时,宇宙中没有任何星星,灰蒙蒙的一片,整个画面上充满了一团雾状的东西,它们是一些细小的尘埃颗粒,互相在碰撞,又互相在吸引,就在这碰撞与吸引当中,大的雾团分成了许多小的雾团,小雾团中的颗粒又相互凝聚成一个个圆圆的物体,于是星系开始生成,宇宙终于诞生了。应该说,康德在做这番假设的时候,并没有掌握过多的证据,当时的天文学还很落后,根本帮不了康德什么忙。但康德毕竟是康德,无拘无束的思维使他最终成了伟人,看来,有时候勇气比知识更重要。

康德的星云假设统治了学术界很长一个时期,直到20世纪初,新的宇宙起源理论才在康德的基础上形成了,那就是40年代出现的宇宙大爆炸理论。关于这一理论的内容,我们在以前已经作了介绍,这里就不多言了。

要说明的一点是,在宇宙大爆炸理论的框架之下,有两个区域是我们人类目前物理定律、法则触及不到的:一个是宇宙大爆炸的初期,即在爆炸后的0.1秒内,由于产生了无法想象的高温和高速环境,我们根本不知道在如此环境下物质做何种运动。这样一来,我们也根本无法解释宇宙初期的那个起点;另一个是,当宇宙停止膨胀并开始收缩以后,所有的星系都开始溶解,宇宙物质向最初的起点收缩,最后形成一个巨大的黑洞,任何物质一旦落入黑洞中就永远别想再逃出来,所以我们永远也不可能知道它的内在情形,一切定律、法则统统失效了。也就是说,目前的宇宙大爆炸理论不能解释宇宙的初始和结束。

为了自然地引出我们的问题,大家有必要回忆一下作为大爆炸理论直接证据的"红移"现象。哈勃发现,在光谱上,正在远离我们的星球呈现红光而不是蓝光,哈勃定律表明,星系离地球而去的速度正比于它们同地球间的距离，也就是说，离得越远，速度也就越快。

我们的问题是：如果大爆炸理论是正确的，宇宙过去的空间就要比现在小得多，相对地球而言，过去天体间的距离比现在天体间的距离要小一些，究竟小多少呢？这取决于星球远离的速度。大家知道，星球在宇宙中间运行的速度一般大得惊人，每秒几百公里的速度是很常见的，每秒运动上千公里的星球比比皆是，比如，室女座星云的红移速度就达每秒1000公里，类星体的速度更是大得惊人，几乎与光速相当。

好啦！假如我们设定所有河外星系都以每秒一万公里的速度远离我们，这个速度正好是光速的1/30，也就是3000个地球年，这些星系远离我们100光年（光速每秒30万公里，光速一年运行的距离称为光年），换句话说，3000年前这些星系比目前距离我们近了100光年，而在6000年前，这些星系离我们近了200个光年。

200个光年对距离我们几十万甚至上亿光年的星系来说是微不足道的，但它对距离我们十几万光年的星系来说却意义非凡。离地球最近的河外星系是大小麦伦星系，距离我们大约有16万光年，现在肉眼可以观测到。但想一想，6000年以前这个星系离我们要近200个光年，那时肉眼观测起来肯定与现在不同。

太阳系位于银河系的星系内，银河系是一个拥有约2000亿颗恒星的棒旋星系。我们的太阳就位居银河外围的第三旋臂——猎户旋臂的边缘上。虽然天文学家说银河系并没有红移现象，但由于我们处在旋臂的边缘，按照普通的理解，在银河系旋转的惯性力之下，太阳系绝不会越来越靠近银河中心，而是会越来越远离银河中心，我们正被银河系甩出去。所以，即使银河系内没有红移现象，我们也正在远离银河系中的其他星系。反过来说，6000年以前我们离太阳系其他恒星要近许多。比如说，目前离我们最近的一颗恒星在半人马座，叫南门二C星（又叫比邻星），距离太阳仅有4.22光年。

这个推论如果正确的话，那么6000年以前的星空该是多么美丽呀！今天我们看来很昏暗的星星，那时正放射着夺目的光华，而那些现在很明亮的星辰，那时恐怕就有碗口大小，星光刺目，不能直视。如此推来，即使没有月亮，大地也会洒下一片银色的星光，而在满月之时，几乎如同白昼，谈恋爱的古人手拉着手，沐浴在一片圣洁的星光之中，情意是那样绵长。

我们之所以把时间设定在6000年以前，是因为那时人类文字的历史刚刚开始，有文字就会有记载，而这种记载恰是我们今天的证据。

远古时期，星系之间的距离相对小一些，这个结论很重要，这为那些宇宙的高级智慧生物往来于各个星球创造了条件，他们用不了多长的时间就可以在星系之间穿行。同时，由于星空密集，宇宙间的万有引力也比现在大许多，宇宙间的高级智慧生物也许掌握了利用引力的某项技术，以引力为动力，跨越时空对他们来说并不是一件很困难的事。

第四节 卓尔金星

我们地球属于太阳系,太阳系很大,它由八颗行星构成,依次是水星、金星、地球、火星、木星、土星、天王星、海王星。如果按星系生成的理论,八大行星出生有先有后,最先出生当是水星,然后依次类推。水星离太阳很近,虽然名叫水星,其实没有一滴水,这里终年都是几百摄氏度的高温,即使曾经有水,也早已蒸发干净了,似乎不可能有生命。土星以外的行星,又由于离太阳太远,终年冰层覆盖,气温也在零下几百度,也似乎不太可能存在生命。因此,太阳系里除地球以外,如果曾经存在过生命,会是哪一颗星呢?

在研究玛雅人留下的历法时,人们发现,玛雅人的历法中有三种不同的纪年法,即金星年、地球年、卓尔金年,它们分别是:金星年225天,地球年365天,卓尔金年260天。现在我们知道,玛雅人的金星年、地球年都计算得相当精确,达到了很高的天文学成就,而这两颗天体在太阳系里都能找到。但什么是卓尔金年呢?这让许多科学家百思不得其解。

有人解释说,卓尔金年是玛雅人的宗教纪年法,每年13个月,每月20天,这样刚好是260天。持此观点的人进一步解释说,这个260天日历是用来占卜吉凶的。但是,这种解释没有一点证据,为什么玛雅人要用260天来表示宗教情结呢?13个月的划分也明显与地球天文学的发展历程不相符,而且,现在玛雅人的神话传说中也没有260天或13个月的任何证据。

也有的人认为,卓尔金年与其他两种历法是相同的,都是用来计算星辰运行的周期的,地球年是计算地球运行周期的,金星年是计算金星运行周期的,而卓尔金年则是计算卓尔金星的运行周期。然而,奇怪的是,太阳系里根本找不到260天绕太阳运行一周的行星,我们熟知的八大行星里也根本没有卓尔金星。按照天文学的计算,如果真有一颗周期为260天的行星，它的轨道应该在现在的金星和地球之间。假如卓尔金星存在的话，它是在什么时间存在的？

现代天文学发现，金星与地球之间，虽然没有任何星体，但是存在一条陨石带，它由无数大大小小的陨石构成，闯入地球大气层的陨石，绝大多数都来自这条陨石带。这一发现启发了天文学家，他们由此推测，在很久很久以前，太阳系里确实存在一颗周期为260天的行星，其位置正好处于金星与地球之间，有人称它为卓尔金星，也有人直接把它称为玛雅星。后来，这颗行星不知为什么，突然发生了大爆炸，其爆炸后的残骸形成了现在的陨石带。

人们这样来假设这一天文事故：卓尔金星曾经是一个自然条件十分良好的星球，河流中流动着液体水，高山与平原上到处都是植物和动物。这方水土养育了聪明的人种，他们就是玛雅人。在卓尔金星爆炸之前，玛雅人已经有了相当发达的文明，甚至超出了地球现有的文明程度，他们已经可以进行长距离的星际旅行。也许是因为自然的原因，也许是由于人为的因素，卓尔金星爆炸了。但是在爆炸的前夕，玛雅人开始疏散到其他星球，有一部分玛雅人来到了地球。但是，地球与卓尔金星的自然条件毕竟不同，对玛雅人是有相当危害的，尽管他们采取了许多措施，可是，地球环境中的各种病毒及新的重力条件，最终还是将灾难降临到他们身上，玛雅人开始退化，最后竟然无法继承自己的文明。

玛雅文明消失得相当突然，解读玛雅文化的钥匙又被西班牙人一把火烧得干干净净，因而，卓尔金星也就成了千古不破之谜，太阳系里是否曾经存在过卓尔金星？玛雅人为什么要发明260天纪年法？13个月的划分法究竟有什么特殊的意义？也许我们永远也不会知道了。

然而，80年代的考古学似乎又勾起了人们无限的遐思，因为人们在玛雅人生活过的地方，出土了一种新的人种化石，根据化石复原，研究者发现一个明显的差别在鼻梁。我们人类的鼻梁无一例外都是凹进去的，可是这种人的鼻梁却是隆起的，即从前额到鼻尖形成一条直线。古生物学家将这种人划归为"已灭绝的古猿类"。但也有些人根本不同意，提出许多证据，证明这种生物与古猿在生活年代上相去甚远，而且他们是人不是猿。孰是孰非，至今没有定论，看来这场官司还要打下去。

这种"隆鼻人"使我们想起了古代埃及壁画中的神人们,他们也是"隆鼻人"。从地理上讲,埃及与美洲东隔太平洋,西隔大西洋,在遥远的古代,双方不可能有任何的往来,那么两处"隆鼻人"之间的关系又是什么呢?埃及人在描述他们心中神的时候,为什么会传到大洋彼岸去呢?这似乎只有一种解释,那就是,古埃及人与玛雅人他们见到同一种"隆鼻人",也就是说,当时地球上确实存在这一人种,但他们与玛雅人及卓尔金年的关系尚不清楚。

　　中国四川地区发现的三星堆文化中,出土了一些巨大的青铜面具,这些"三星堆人"高鼻阔目、颧骨突出、阔嘴大耳、脖子细长,怎么看也不像中国人,甚至不像西方人。出土的动物像也很奇怪,两眼向前凸出,死盯着每一个见到它的人,似乎目光中还有一丝的嘲讽。对于这些发现,我们不知所以然,搞不清楚5000多年前三星堆人为何要塑造这些历史上没有的人和动物。

　　不管怎么说,卓尔金星不见了,只留下了一条陨石带。世界神话中说神毁灭了人类好几次,不见得都发生在地球上。

第6章

人类的起源

　　人类的起源一直是科学上的谜团。达尔文说，人类是从猿猴的一支进化而来的。可人们追问：剩下的猿猴为什么没有进化成人的迹象？基因科学产生以后，人们又问：人可以像机器一样被制造吗？为什么所有的神话都认为是"上帝创造了人"？

第一节 进化论是唯一的吗

19世纪,英国诞生了一位伟大的博物学家,他发现了一套轰动全世界的生物进化理论,他的名字叫达尔文。

1831年,他以博物学家的身份参加了海军"贝格尔"号战舰的环球航行,在南美地区整整航行了5年,对热带与亚热带动植物进行了广泛的考察。1836年回国以后,达尔文主要从事科学实验与著述。他根据对生物界大量的观察与实验,认为物种的形成及其适应性和多样性的主要原因在于自然选择,生物为适应自然环境和彼此竞争而不断发生变异。适于生存的变异,通过遗传而逐代加强,反之则被淘汰。归纳起来就是:物竞天择,适者生存,优胜劣汰。达尔文的这套学说,奠定了进化生物学的基础。他还将进化论用于人类发展的思考,阐明了人类在动物界的位置及其由动物进化而来的依据,得出了人类起源于古猿的结论。

达尔文在《物种起源》中提出人类起源于古猿的理论,经过一番激烈的学术和宗教的大动荡、大争论后,渐渐被科学界所接受。在以后的岁月里,古生物学家通过对古生物化石的研究,在达尔文学说的基础上,形成了现代人类起源说。他们认为,人类是古猿经过数百万年的漫长岁月,在万物更迭交替变化中逐渐进化而来的。这一理论,从其他学科,比如胚胎学、比较解剖学、现代生物学及生物化学等学科中寻找到了证据。根据这些证据,人们推测地球生物进化的总模式是:无脊椎动物—脊椎动物—哺乳动物—灵长类动物—人类。马克思十分欣赏达尔文的进化论,同时认为,在由猿到人的进化中,劳动起了决定性的作用。

现代一般认为,人类是由古猿中的一支进化而来的,古猿早在3000多万年以前就已出现在地球上,体形较现代猿类小。考古学通常讲的"腊玛古猿",生活在1400万到1000万年前,身高仅1米多一点,体重为15~20

公斤。所谓的"南方古猿",大约生活在距今500多万到100万年以前。我们人类就是由南方古猿的一支演化而来的。200万~300万年前,南方古猿的一支脱离了古猿类,朝着人类的方向演化。根据化石发现,现在一般将人类脱离古猿后的发展历史分为三个阶段:

  第一阶段是猿人阶段,开始于距今200万~300万年以前,这时的猿人会制作一些粗糙的石器,脑量为630~700毫升,会狩猎。晚期猿人化石发现较多,我国发现的元谋人、蓝田人、北京猿人(周口店)以及在坦桑尼亚发现的利基猿人,都是这个时期的化石代表。这时的猿人已经很接近现代人,打制的石器也比较多样化,有用于狩猎和劈裂兽骨的砍砸器,用来剖剥兽皮和切割兽肉的刮削器。最有进步意义的是,此时的猿人已经懂得了使用火,并知道如何长期保存火种。一般认为,猿人阶段在大约30万年前结束。

  第二阶段是古人阶段,或称早期智人阶段。我国已经发现的马坝人(广东)、资阳人(四川)、丁村人(山西)也都是这一时期发掘的化石代表。古人的特征是脑量进一步增大,已经达到现代人的水平,脑结构也比猿人复杂得多,其打制的石器也比猿人规整,有石球和各种尖状的石器,能人工生火,开始有埋葬的习俗,并且不知是为了遮羞还是为了保温,已经开始穿所谓的衣服,不再是赤身裸体。并且在世界的不同地方,古人的体质也开始了分化,出现明显差异。古人生活于20万到5万年前。

  第三阶段为新人阶段,又称晚期智人阶段。大约开始于5万年以前,新人化石在体态上与现代人几乎没有什么区别,其打制的石器相当精致,器型多样,各种石器在使用上已有分工,并且出现了骨器和角器。新人甚至已会制造装饰品,进行绘画、雕刻等艺术活动。大约在1万年以前,已经出现了磨制石器。新人又称克鲁马努人,这是因为1868年,在法国西南部克鲁马努地区的山洞里发现了5具骨架,这些骨架与现代人已经很难区分,但比现代人高大。据分析,其生存年代在3.1万~4万年以前,被认为是新人的化石代表。我国发现的柳江人(广西)、山顶洞人(北京)化石也属于这个时期的代表。此后,人类便进入了现代人的发展阶段。

  不可否认,这个进化体系的完善,许多科学家为此付出了大量的心血,不但如此,在维护生物进化论的过程中,不少社会学家,尤其是一些哲学家也作出了许多贡献。由于这些杰出人物的努力，生物进化论成了当今世界上不可动摇的理论之一。

但是，无论有多少人来维护它，它始终不过是一种假设而已，而且是世界众多假设中的一种，我们应该始终牢记一句话，这句话是恩格斯说的，他说："只要自然科学在思维着，它的发展形式就是假设。"既然是假设，那么就应该允许别人有探讨的余地，允许别人发表不同的观点。一味地用一种假设去排斥其他假设，这是不科学的，本身就是对马克思-恩格斯精神的嘲笑。

那么，以上这套由历史学家、考古学家、生物学家、哲学家共同辛辛苦苦建立起来的体系，它真的牢固吗？

第二节 达尔文的黑匣子

达尔文的进化论以及后来的新达尔文主义，从它产生以来就处于争论之中，100多年过去了，科学的发展并没有使分歧统一，相反却使它不断扩大，人们从认识的各个层面对它提出了越来越严厉的批判。关于这方面的科学论述已经有很多了，我们在这里只是大致总结一下。

美国佐治亚大学的遗传学家约翰·麦克唐约说："在过去20年的时间里，适应性遗传研究的结果使我们越来越陷入了一个巨大的达尔文主义的陷阱中。"

澳大利亚进化遗传学家乔治·米克洛斯对达尔文主义的用途大伤脑筋，他说："那么，这个包容一切的进化论可以预见什么呢？提出一大堆假设，诸如随机变异或选择程度……难道这些就是伟大的进化论所讨论的问题吗？"

美国芝加哥大学生态进化系的杰丽·科恩教授说："无奈，我们只能这样说，新达尔文主义的观点几乎没有什么依据，它的理论基础和实验依据都不足。"

1966年在费城的威斯达学院召开了一次由一些数学家和进化生物学家参加的研讨会，会议的主题就是达尔文的进化论。会上数学家们提出，从数学理论的角度出发，达尔文的进化论是根本错误的，他们说："新达尔文进化论中有许多漏洞，我们认为，这些漏洞用目前生物学家的观点是无法弥补和解释的。"

圣多菲大学的斯图尔特·考夫曼的观点可能更加客观一些，他说："无论创造主义科学家如何抱怨，达尔文和他的进化论与我们总有些距离。达氏的观点究竟对不对？换句话说，他的理论观点适用不适用呢？我认为它不适用，并不是达尔文本身错了，而是他只抓住了真理的一部分。"他曾写过一本书——《自然法则的起源》，他认为，生命起源、新陈代谢、发生程序、肌体横剖型线图都是达尔文理论所无法解释的。

实际上，早在1871年，即达尔文的进化论刚公布不久，乔圣治·米沃特就对达尔文的进化论提出了疑问，主要观点如下：自然选择无法对某些研究的适应性结构的初级阶段作出解释；它不符合不同种群近似的结构共存原则；有理由认为，某些特定的差异有突然发生的可能，而不一定是逐步发生的；有机形式中有众多现象是自然选择无法解释的……

也就是说，达尔文进化论中确实有回答不了的问题，这与学问的大小无关，与科学的发展也无关，而是所有的人都无法回答。那么是以后的科学家错了，还是达尔文错了呢？

进化论现在所处的位置很微妙，作为一个哲学观点，几乎任何一位教师都会给他的学生讲到，但作为科学的依据，却很少被写进教科书中。据有关方面统计，1970年美国约翰·霍普金斯大学生物物理学教授赖宁格曾写过一部生物教科书，此书曾被多次修订再版，但在全书的索引条目中，"进化"标题下的条目只有两个，看来进化的确与生物学关系不大；本书1986年再版时，索引条目增至8000多，进化仅占了22条。

有人曾对美国20多年来主要大学使用的30部生化方面的教科书进行了调查，结果发现，许多教材完全忽视进化论，例如，由费城杰斐逊大学的托马斯·戴维林教授编写的一部生化教科书，曾再版三次，索引条目最多5000条，但没有一条涉及进化论；牛津出版社出版了一本北卡罗来纳州立大学阿姆斯特朗写的教科书，本书也曾被再版三次，但哪一章都没有提进化论，甚至在索引中也只字未提。在美国所有生物进化类杂志中，发表的真正属于结构进化的文章不足1%，在计算机图书索引中，也没有发现历年来对这一问题研究的一本专著。

这是为什么呢？对于那些学识渊博的学者们，我们大约没有必要提醒他们：先生，您忘了什么？

问题在于进化论的本身，我们举几个例子加以说明。

进化论有一个重要的命题：大变化可以分化成长时间的一系列小变化，也就是说，复杂的人体器官是一个一步步渐进形成的过程。达尔文本人也曾在《物种起源》中这样写道："如果有人能证明所有存在的器官不是由无数的、渐进的、微小的变化而来,我的理论就彻底崩溃了。"然而,这个结论与当代的科学实验怎么也对不上号,因为器官发生作用时,是许多条件的综合反映,离开了任何一个条件,这个器官就不能发生任何作用。

比如说眼睛。达尔文在进化论中也讨论过眼睛问题,但他没有具体论述视觉的生理机制,而是从自然界中存在低级感光器官和高级感光器官的区别中论证了自己的观点,并认为,像眼睛这样复杂的器官不可能通过一两代进化完成,而需要许多代的缓慢变化。但后来的科学家研究发现,在这个问题上达尔文十分狡猾。

首先,如果不研究视觉的生理机制,不具体研究动物特殊眼睛的感光特点,光凭借自然界存在低级感光器官和高级感光器官的现实,不足以证明进化论的观点,这是一个论证上的逻辑错误。

其次,现代研究证实,像眼睛这类复杂的人体器官,它不可能通过长期的渐变累加而形成。眼睛必须在近乎完好无损的情况下才能发挥它的作用,缺少任何一种条件,以及所有条件不能同时协调工作,眼睛也不可能发挥作用。比如说,变位紫红质因一种被称为激酶的蛋白而产生化学反应,视觉紫红质经过化学变化以后,又与一种阻导蛋白相连以防止视觉紫红质产生更多的传导蛋白。在这个过程中,任何一种变化都是以后变化的原因,也是以前变化的结果,缺少其中一项,我们的眼睛就什么也看不到了。因此,如果说眼睛是进化而来的,那么应该先进化哪一项呢?实际上先进化哪一项都不行,只有同时进化眼睛才会有视觉。

在其他动物世界中,复杂的系统器官同样不可能是进化累加而来的。比如说,有一种甲虫,它具有特殊的防卫系统,当受到威胁时,它会从身体后部喷射出一股滚烫的有毒溶液,这种甲虫被称为"炮手"。原来,"炮手"甲虫在一个被称为分泌囊的特殊结构中同时制造了两种高度的化学混合物,一种是氧化氢,一种是氢醌。这两种化学物质单独存在时没有热量,一旦混合在一起,这会产生大量热能,其温度可以达到沸点,同时也有毒。甲虫一遇到危险,两种化学物质就会迅速混合在一起,并靠收缩肌肉使之喷射。问题是,这个甲虫在进化的过程中必须同时进化以下东西:氧化氢和氢醌、由分胚腺产生的催化酶、储囊、括约肌、膨胀器、外排导管。如果"炮手"甲虫的防御系统是进化而来的,同样的问题:首先应该进化什么呢?

再比如说,我们在生活当中经常会割破手指,如果伤口很小,即使不处理,血流一小会儿就会自动停止,原来是血凝块在起作用。现代的研究表明,血凝块是由20几种相互依赖的蛋白组成,在这个系统中,第一个部件激活第二个部件,第二个部件激活第三个部件,以此类推,因此人们把这个相互关联的过程称之为串联蛋白质链。比如说,一种叫做斯图亚特因子的蛋白质将凝血酶原切割,把它变成活跃的凝血酶,凝血酶就可以把纤维蛋白原切割成纤维蛋白朊并形成血凝块。为了保证凝血酶不乱起作用,这就需要斯图亚特因子以一种惰性状态存在,一旦需要它,才会被另一种叫做催速素的蛋白质激活。而为了确保在准确位置、准确时间形成血凝块,这就需要一种C蛋白质使凝结区域化……可以说血凝块的形成、限定、强化以及消除是一个不可分割的生物系统,具有"不可降低的复杂性"的特点,某些单个部件出了问题都会引起整个系统的失败。而要形成这个系统,也必须是同时产生,否则许多动物会因失血过多而死亡。

不管达尔文的进化论有多么伟大,但他确实解释不了分子层次的生物现象,按照达尔文的解释,任何生物的出现都是小部件叠加的结果,而生物分子科学的研究却彻底毁灭了达尔文的幻想。

第三节 现在的猿猴可以变成人吗

不但在微观领域如此,在宏观领域中同样存在许多问题。按照达尔文自然选择的理论,我们今天的模样是自然选择的必然结果,但我们又确实找不到这些"必然性"究竟在哪里。

达尔文创建的整个人类进化学说,其中有一个必不可少的前提条件,那就是,当气候的巨大变迁使森林大片消失,类人猿在这样的情况下被迫从树上下到地面,由猿到人的进化过程就从此开始了。如果这个条件不存在,那么整个人类进化体系就不能成立。

起源于东非大裂谷的南方古猿一直被认为是人类的始祖,"露露"的化石就在此处被发现。因此,东非大裂谷自然环境变迁,成了支撑人类进化学说的关键。科学家称,500万～12万年之前,由于东非气候突然变冷,大片的热带雨林消失了,这就迫使人类的远祖——南方古猿从树上下到开阔的大草原,从四肢攀缘到练习用二足行走,于是乎,古猿拔掉身上的兽毛,最后变成了人。

进化论的这个前提只是一个假设,当然许多人都希望这个假设可以成立,以便一劳永逸地解决人类的起源问题。但是,最近一些科学家在东非地区的考察,却使达尔文的人类进化学说中环境变迁这个至关重要的前提一下子变得不存在起来。

美国耶鲁大学金斯顿考古队对东非的地理、气候做了十分细致的考察研究。他们对肯尼亚大裂谷南端的图根山丘的碳化土壤进行了同位素检测,结果发现,自从1550万年以来,大裂谷地区的雨林和草原的混合就跟今天完全相同,根本不存在上述传统所说的气候大变化。要知道,东非古人类的考古化石最上限也不过400万年,也就是说,非洲的古猿竟然可以在虚拟的自然条件之下完成从兽类向人的进化,这是不是太荒唐了?这支考古队在最后的报告中写道:"人类的进化是相当复杂的过程。这(东非大裂谷地区气候的考察结果)可能迫使我们要寻找其他的因素来解释人类下地行走的原因:为了食物和为了占领更加优越的生态环境;受到其他物种的竞争,等等。"如此说来,人们要想使自己的学说成立,非要迫使东非古猿下地行走不可,不论这些古猿是否愿意,非下来不行,即使不是真的自然环境变迁,我们也要虚拟出一个自然环境变迁的事实出来。看来,我们这套进化理论过分脆弱了,也过分霸道了。

现代科学的脆弱还不仅如此。考古学所发现的古化石,是支撑人猿同祖进化理论的主要证据,但正是在这方面,更显示出其脆弱的本性。

首先,现在我们在考古中发现的人类化石量极少,越是往前,化石量就越少,考古学家往往根据几颗牙齿或一个半个头盖骨化石为依据,进行洋洋洒洒的推论,明显的证据不足。

1995年初,中国科学院发表了一篇总结性的文章,介绍中国古人类考古50年来的主要成绩。读着这篇文章,明显感觉证据不足,比如,著名的元谋猿人,也就发现了两颗内侧门牙,一左一右;蓝田猿人只有一个下颌骨;丁村人,只有三颗牙齿、一小块头盖骨;马坝人,只有一个不完整的头盖骨;柳江人,只有一个完整头盖骨、四个完整胸椎及五段肋骨;资阳人,只有一块头盖骨、一块完整的硬腭;山顶洞人略多一些,有三个完整的头盖骨、几十颗牙齿和一些脊椎骨。要知道,从元谋猿人到山顶洞人中间有150万年的时间,我们仅凭一点点资料竟然能勾画出人类150万年的发展史,真有些不可思议。你怎么能用一小块头骨就确定它是人还是猿,或者是其他什么东西?无论如何,读着古人类学家给我们的结论,总有一种模模糊糊的感觉。

外国的古人类研究同样存在这个问题。《化石》杂志1995年第一期曾报道,埃塞俄比亚的亚的斯亚贝巴举行了一次记者招待会,会上,科学家展示了大约450万年前人类始祖的化石,命名为南方古猿,其证据:头骨后部一小块,耳骨和牙齿的一些碎片。1856年,在德国迪赛尔多夫城附近的尼安德特河谷的一个山洞里,人们发现了一块不完整的头骨和几根腿骨化石,从此,尼安德特人竟然成了早期智人的代名词,虽然后来又有少量发现,但证据仍不充分。

事实上，关于人类进化体系中的化石不完整性，早在19世纪英国的赫胥黎就曾指出过，人类不能直接从猿进化而来，中间存在一个巨大的化石空白区。至今的考古学也同样证实，所谓的新人之后有4万年的化石空白，这4万多年里，正在进化中的猿类跑到哪里去了呢？难道是跑到另外一颗星球去完成进化了吗？实际上，不但是人类，几乎所有的生物都没有进化中期的化石，为解决这种尴尬，科学家只有提出"突变学说"，即生物的进化不是逐渐完成的，而是在一个特定的环境下突然发生的。但这也是假设，而且更加没有证据。

其次，在考古测定方面也存在许多问题。目前我们考古测定通常使用碳14测定法，但碳14很不稳定，年代越远，差距也就越大，在人类化石的测定方面，有的误差几万年或几十万年，比如，元谋猿人170万~100万年，相差了70万年，蓝田猿人115万~75万年，相差了40万年。

还有，关于人类起源的研究时间并不算长，在20世纪初期的时候，一些学者认为，人类出现于4000多年以前，后来经过考古发现，把这个年代逐步高移至1万年、2.5万年、4万年……再往后，美国科学家提出了10万年说，现在又提出了450万年说，这种大动荡的本身也说明了一些问题。而且在这其中也伴随着相当大的学术争论。

因此，有不少人对这套进化模式持怀疑态度。尽管从猿到人的进化中有许多诸如考古等方面的证据，但仔细分析起来，其中仍不难发现许多问题，如：猿人和古人之间的过渡类型是什么？古人是如何向新人飞跃的？是什么力量促使它们变化的？为什么缺少中间类型的化石？

有人从进化的角度提出疑问：脊椎动物的四肢都着地，这样分散了脊椎骨的压力，这从生物学的角度来讲是合理的。而人却是直立行走的，直立人的脊椎所承受的压力过分集中，反而不如四肢行走的脊椎动物合理，为什么会发生这种进化呢？它是进化还是退化？

现在有一个问题需要注意，由于人与动物的最大区别（在外形上）就是人能直立行走，而动物则是爬行，因此我们总是想尽办法去解释这种区别，由于人比动物要先进得多，因此在解释时，我们总是首先确定这种区别的合理性，总是将这种区别看成是首尾相接的进化证据，这是不是也是一种误区呢？大家都在讨论直立行走的好处，那是因为我们人就是直立行走的，为什么不去分析一下四肢行走的好处呢？

按照一般观念认为，人类手脚的分工是在劳动过程中形成的，当自然环境变化将古猿赶出丛林，从而使前肢进化为手臂。而东非大裂谷地区的考察已经证实，这个前提条件至少在东非是不存在的，那么促使猿人手脚分工的环境又在哪里呢？同时，我们发现，蓝田猿人和山顶洞人，他们生活的地区并不是大平原或草原，而是植物比较茂密的山区，世界其他地区的猿人生活环境也基本与此相类似。而在这种自然条件之下，用四肢行动难道不比只用后肢行动更为有利一些吗？怎么会发生手脚分化的进化呢？

再者，用血浆蛋白分子差异程度的定量测定发现，人与现在的大猿、黑猿最为接近，大约在4000万年以前，人与大猿、黑猿分手。可奇怪的是，经过4000万年漫长的岁月，大猿和黑猿几乎没有什么明显的变化，它们永远属于灵长类哺乳动物，照目前的进化程度看，它们再经过4000万年也不会进化成智人和现代人。如果进化论是生物界的普遍规律，那么这个规律应该适合所有生物的进化，既然已经有一种猿类进化为人，那么我们为什么没有发现正在进化的其他猿类呢？或者说我们为什么至今没有发现其他猿类进化成人的趋势？为什么地球上只有人类的进化获得了如此速度？

如果从整个地球生物界来考虑，动物的进化虽然在体形上会有很大的不同，但在功能和特点上却是应该有同步进化的特点，看一看我们周围的动物吧！哺乳类和爬行动物中有许多特点和功能是相同的，从中可以看出它们是沿着一条本质相同的轨迹在进化。而我们人类却是整个动物界的奇迹，我们进化的轨迹与它们根本不同，简直就是两回事，除了人以外，我们再也找不着直立行走的动物。如果说直立行走标志着动物的进化，那么这种进化就不应该单单反映在人类身上，而在其他物种之间也应该有类似的进化发生，这才符合整个地球动物进化的规律。然而在其他动物中，我们看不到一点点直立行走的趋向，这是为什么呢？如此追问下去，我们人类的进化谱系究竟是怎么来的呢？

我们生活在地球，对地球自然界生物的进化有相当直观的认识，进化是为了更好地生存，而在自然界里更好生存的前提条件是什么呢？跑得快，使你可以有更多的机会捕捉到食物和逃避攻击；身子灵巧，可以使你巧妙地逃避天敌的进攻；目光敏锐，可以更早地发现食物或前来进攻的对手；力气大，可以轻易地打败对手，保护自己；爪牙锋利，可以具备极其有效的进攻武器。可我们人类是向这些条件进化吗？不，不是。进化没有给我们飞快的速度、灵巧的身躯、鹰一般的目光、牛一般的力气、猛虎一样的利爪。我们什么都没有。那么，自然界为什么要如此进化人类呢？这种进化有什么合理性呢？一点都看不出来，可以说，我们人类自从产生以来，就与这个自然社会格格不入，要么我们是错误的，要么自然界是错误的。

时至今日，许多人依然认为，人类的进化是源于自然的压力，这些压力包括洋流、冰川、地轴倾角、气候、生物变化等。但是人类自从诞生以来就生活在地球上，与地球上许许多多动物同样经历着来自大自然的各种压力，由于这种压力是共同的，因此由压力引起的变异也应该具有趋同性。可人类的进化道路恰恰与其他动物没有丝毫的相同之处，这又是为什么呢？

如果谈到人类与其他动物的智力问题，达尔文的进化论更是左右碰壁，而智力问题又是人与动物区别的根本所在，没有人能够回避得了。

人类的智力来得莫名其妙。智力的发展应该有两个条件：第一是相对艰苦的生活环境，为了生存就需要更多的智力去获取食物；第二是动物的群居性，群居的动物可以形成一定的社会模式，要求以更高的智力来处理。这两个条件都符合我们人类，我们曾经有过相对艰苦的生活环境，我们也是群居动物。但问题在于，这个理论根本没有普遍性，对许多动物而言，目前的生活环境比以往任何时候都要艰苦，人类的捕杀与环境污染就使许多动物快要绝种了；地球上群居动物绝不仅仅是人类，连蚂蚁都是群居动物。在这两个条件符合的情况下，其他动物的智力发展水平如何？这是一个不需要回答的问题。

人种问题也是进化论不好解释的谜案。现在世界上基本有黄、白、黑、棕色四大人种，这四种人分布在世界各地，就其居住地区来说，黄种人基本在亚洲，白种人基本在欧洲，黑种人基本在非洲，而棕色人种则在澳洲，美洲的印第安人大致属于黄种人系，即蒙古人种。这四色人种的区别不仅仅在肤色上，而且在生理结构方面也有细微的差别，比如说，黑种人血液当中所含红血球就与黄种人不同，它能输送更多的氧气，因而黑种人在运动方面有得天独厚的条件；黄种人的味觉系统是全世界最发达的，因此中国菜也是五味俱全，花样繁多，而白种人的味觉系统则十分迟钝，只好在吃的方面简单一些了，等等。

如果进化论是正确的，那么这四个人种应该是由四种猿演变而来。然而，进化论又断言，从猿进化到人是自然界中的偶然现象，地球上只有一种猿类进化成了人，所以它不可能普遍适应灵长类的进化模式。这本身不是很矛盾吗？既然已经有一种猿类进化成了人，那么其他猿类为什么不可以进化成人呢？既然只有一种猿类可以进化为人，那么四色人种又是怎么来的呢？如果说有四支不同颜色的猿遗传进化成了四色人种，这本身是违背进化论的，而且我们也找不到地球上曾经存在过黄猿、白猿、黑猿、棕色猿的证据。

如果说四色人种的确是由一种猿类进化、变异而来，那么这种变异与自然生存又有什么关系呢？大家知道，依据进化论的观点，生物的变异只是为了更好地适应自然环境，而且唯有适于生存的变异才可以保留下来。那么这支进化中的猿为什么要发生如此变异呢？非洲基本在赤道两侧，乃属于热带地区，如果非洲黑猿要发生变异的话，也应该变异成白人，这样可以反射一些太阳的光线，在物理学上也说得过去，可是非洲人种恰恰是黑色的，这如何解释呢？问题还有，如果说非洲人是黑色的就是符合自然规律，那么美洲印第安人呢？他们一样生活在赤道附近，所接受的紫外线与非洲人一样多，为什么他们不是黑色的呢？再说白种人，现在白种人的老家欧洲，基本在北纬30度以北，已经过了北回归线，像欧洲北部的一些国家，生活的纬度都很高，黑色皮肤不是更可以吸热保温吗？可他们恰恰都是白色的，像冰雪般的颜色，这又是为什么呢？

越来越多的证据证实，人类的起源问题，历来都是一个古老的新问题，达尔文的进化论中关于人类起源的假设，并不能最终解决这个人们一直关心的问题。至今，人类是从哪里来的，依然原封未动地摆在那里，它与人类初期提出这个问题时还是一样新鲜。

第四节 人可以被制造吗

几乎世界所有民族的史前"创世纪"神话篇章中，在解释人类起源时，都说是神创造了人，基督教说是上帝创造了人类，中国神话说是女娲或黄帝创造了人类……那么，就有一个纯技术性的问题：人是可以被制造的吗？

创造与发明是现代人的拿手好戏，从60万年以前，人类发明第一块石器开始，人类就走上了制造业的道路，我们的文明就是以制造业为基础的。随着科学的进一步发展，人类制造的本领越来越高，我们不但可以制造那些没有生命的东西，像一张床、一部电话、一台机器、一辆汽车等，我们还可以在生命的基础上再造新的生命。

植物的杂交在生物学上有特殊的优势，它可以综合双亲植物的特点，同时还可以明显高产。在千百年的农业生产当中，人们早已对杂交有了深刻的认识，比如说，现代农业中，为了解决沉重的吃饭压力，农业科学家在育种上首先考虑的是高产问题，通过一代又一代的培育，将农作物中的高产基因稳定加强，其次才去考虑有关品质的问题，搞得现在许多菜吃起来没有味道。

苹果有苹果的滋味，梨有梨的味道，千百年来，它们就是以各自的特点生存于地球上。然而，自从有了人类以后，尤其是有了遗传生物学以后，情况发生了变化。人们利用先进的遗传技术，把两者的优点集中起来，从此在苹果与梨中间产生了一个全新的品种——苹果梨，这就是杂交，在现代农业中，因杂交的后代高产、抗病，而且可以按照人们预想的方式成长、成熟，所以被大力推广。今天我们餐桌上的许多食物都是这样来的，如谷物、瓜果、蔬菜等。现代的农业生物技术让我们吃惊，既能生产像西瓜大小的西红柿，也可以生产像乒乓球大小的甘蓝菜，同时还可以生产带有奶油或巧克力味的各种蔬菜。

相传，在很久很久以前，蛇并不是爬行动物，虽然传说里没有关于蛇的行走姿势的记录，但想来是十分优美的。可是有一次，蛇犯了一个不可饶恕的大错误，它教唆伊甸园里的亚当和夏娃偷食了善恶果，耶和华知道以后，对蛇说：

> 你既做了这事，
> 必就受诅咒，比一切的
> 牲畜禽兽更甚；
> 你必用肚子行走，
> 终身吃土。
> 我要叫你和女人
> 彼此为仇，
> 你的后裔和女人的后裔
> 也彼此为仇；
> 女人的后裔要伤你的头，
> 你要伤她的脚后跟。

从此以后，可怜的蛇只好用肚子行走，受各种植物的针刺之苦。

这些传说里的诅咒，正在当今的现实中渐渐被实现，我们现在要改变一种动物的生育行为那是太平常了。我们正准备利用遗传学的成果让那些讨厌的苍蝇和蚊子断子绝孙。我们还可以剥夺动物两性交配繁殖后代的权利，从而把人工授精的名词塞进科学词典当中。

当人们从营养学的角度认识到动物脂肪能够导致多种疾病的时候，遗传学使猪的家族增加了"瘦肉型"一族。前几年有一则报道并附有一张照片，照片上赫然就是一个怪物，细细观瞧才恍然大悟，原来竟是一头猪，这头猪有世人从来没有见过的硕大后臀，完全失去了憨态可掬、温文尔雅的外表，变成了一个奇丑无比的怪物，只因为人们需要猪后臀上的瘦肉。

1993年6月，美国科学家宣布，他们已将人的某些基因成功地移植到了37头猪的身上，随后，他们繁殖这些猪使其产生不受人体免疫系统排斥的内脏，以供将来人体器官移植。时隔不久，荷兰科学家又成功地将人乳铁素基因植入牛胚胎中，孕育出一头取名为"海尔曼"的转基因公牛，这头公牛的雌性后代具有抗乳腺炎的能力，因而可使乳牛场生产出更受人欢迎的牛奶。

我们不知道高科技给人带来的是喜还是忧，也不知道随意改变自然规律是好还是坏，从哲学的意义上讲，每一种动物都有维护自己遗传基因、以本来面目出现在这个世界的权利，这个权利是大自然千百万年赋予它们的，是神圣不可侵犯的。然而人类的出现使这一切都改变了，动物甚至没有权利拒绝进入人类的实验室。这个世界从它产生的那天起就是不公平的。

既然动物与植物可以被随意制造，那么人是否也可以被制造呢？虽然有许多人站在维护人类尊严的立场上否定制造人的可能性，但从纯技术的角度讲，人也是可以被制造的，而且人造人已经迫在眉睫了。

人虽然是自然界里的精品，但在身体结构上，人与其他动物基本上是相同的。1953年，生物学家华生、物理学家克里克发明了基因科学，并迅速形成了基因工程，通过多年的研究，现在已经大体搞清楚了人的身体构成。我们每一个人体内都有100兆个细胞，每一个细胞都有一个由四种不同核酸构成的细胞核，被称为DNA分子，它包含了人体的全部遗传信息，科学界把遗传信息量用"毕特"来表示，我们生命百科全书中5×10^9毕特的信息量就包含在每一个细胞核中。这样每一个细胞就是一个完整的关于怎样构成身体每一个部分的指令库，当受精卵分裂时，最早两组遗传因子指令按形成人胚胎的发育过程，认真地进行复制。如果用数量来表示的话，一个病毒大约需要10^{13}毕特的信息才能构成，而一个游动的单细胞阿米巴虫则需要4亿毕特的信息量，一个人所需的信息量则高达50亿毕特。

人的大脑就更为复杂了，它由140亿个神经细胞组成，而每一个细胞又与邻近的细胞之间有着千丝万缕的联系，大脑皮层中大约有100兆个这样的联系。如果把构成大脑的信息量都记录下来，就有2000万卷图书那么多，相当于一个世界上最大的图书馆。我们之所以指出这些，是想说明，人也是可以被制造的。

目前人类基因组计划已经完成，一旦这个工程完成，人类就可以通过DNA重组，就是采取类似工程设计的办法，按照人类的需要从不同种的生物基因中提取出所需部分，进行分离、剪切、组合、拼接，然后可以把重新组合好的基因完整移入一个细胞内，进行大量复制，创造出新的物种。

1996年2月，英国科学杂志《自然》上一篇文章一时间轰动了全世界，因为文章宣告了"多利"的诞生。多利是只温驯的小羊，本无奇特之处，问题出在多利的出生上，因为它不是自然繁殖的生物，而是一只完全被人类制造出来的动物，这就是所谓的克隆技术。英国科学家将一只母羊身上的一个活细胞取出，这个活细胞包含了构成这只羊的所有遗传信息，然后再取出一个母羊的卵子，并将卵子的内核挖去，将活细胞塞入挖空内核的卵子内，再将其送入母羊的子宫使其发育成胚胎。出生后的羊与提供活细胞的那只母羊长得一模一样，就跟放进复印机里复印出来的一样。克隆羊的出现，的确让全世界的人难过了很长一段时间，因为从克隆羊中人们终于看到了克隆人的影子，这项技术一旦推行到人类，世界就混乱了，任何一个人都可以随便克隆几个或者几十个、上百个自己。

事实上克隆人类已经出现，1994年1月3日，美国《时代周刊》公布了"1993年科技之最"，其中克隆人胚胎一项令全世界震惊。华盛顿大学的霍尔博士和斯蒂尔曼教授，他们在实验室里，利用17个人类显微胚胎进行克隆化实验，总共复制出48个新的人类胚胎。做父母的可以把子女胚胎的复制品冷藏起来，一旦子女发生意外，可以重新得到一个相貌、智力、性格等方面分毫不差的复制人。

将克隆技术与人类基因组计划联系起来，后果是相当可怕的，而且这种可怕正以不可阻挡之势迅猛蔓延。再过10年，最多30年，我们就可以通过基因工程制造人了，而且是大批量地制造。到那时，所有的妇女都不必再饱受怀孕与分娩的痛苦，如果想要孩子，只要详细向有关制造商提出你的要求，包括长相、身高、气质类型、性格特点、智力商数等有关数据，过不了多久，你就可以得到一个与你的设想完全相同的孩子。不但如此，任何人都可以对自己来一番重新设计，拥有一个崭新的自我。

如果以是否可以制造人类来衡量传说里的神，那么人类马上就要成神了。然而不要忘记，人类的文明史加起来不过6000多年，而在广大的宇宙之中，比我们历史长久的生命是否存在呢？按道理他们是存在的，比如现在天空中时而闪过的UFO的影子，这些东西的制造者可以穿行于浩瀚的宇宙星空，表现出目前我们尚无法企及的水平，那么，像制造我们人类这样的技术，对他们而言，就像是玩儿一样。我的意思是说，制造人类的技术，只要拥有足够的文明程度，那是不困难的。

如果按照我们对神话的解释，即我们先民崇拜的神就是来自于宇宙的高级生命，那么神话中创造人的记载恐怕就不再是神话了，而是某种真实的记录。请按照我们的这个思路来假设一下：

数万年以前，地球正像神话中所描绘的那样，是一个没有人类居住，却充满勃勃生机的蓝色星球，陆地上长满了各种植物，丛林里自由自在生存着各种动物，鸟儿在空中飞翔、在枝上鸣叫；海洋生物在大海中嬉戏、畅游；猿猴类灵长目动物在茂密的森林中四处游荡，安然自得地生儿育女。突然，来自某个宇宙空间的高级生命，驾驶着他们的飞行器在这颗星球上降落，出于某种目的，他们采用先进的遗传基因科学，从猿猴、狼及海洋生物身上提取出遗传基因，并将这些基因分离、剪切、组合、拼接，制造出了既具有海洋生物特点，也具有陆地生物特点的新物种，那便是人类。

美国副总统阿尔·戈尔在《濒临失衡的地球》一书中对人类的出现是这样看待的："最近从天文学和宇宙学的新发现中得到的线索证明，宇宙确实存在一个开端，因此一些人不再那样强烈地抵制宇宙及作为其中一部分的人类是'被创造出来'的观点。"我们相信戈尔副总统的话应该是有所指的，它与我们的假设有一点不谋而合的默契。

第7章
神造人的经过

月球上的高级生物降临地球,利用地球动物基因,通过剪切、拼接、重组,创造了地球人类。"人是地球动物基因组合的产物",这是我们的第二个假设,由此,成功地破解了千古奇书——《山海经》。

第一节 人是神的产品

关于人类的起源，全世界各民族的早期神话有极大的相似性。不论是神话的内容、神话的结构及神话的叙述方式，都基本相同，而且就像是从一个模子里倒出来的一样。比如说，世界关于神造人的神话就有以上的特点。让我们分地区、分民族来看一下：

《圣经》说：上帝创造了世界，但这个世界刚开始时是光光的一片，野地里没有草木，陆地上没有生物，因为耶和华还没有降雨在地上，也没有人耕种，"上帝说，我们要照我们的形象，按着我们的样式造人，使他们管理海中的鱼、空中的鸟、地上的牲畜和田地，还有地上所爬的一切昆虫。"于是，上帝就用地上的尘土造人，将生气吹进他的鼻孔里，他就成了有生气的人，名字叫亚当。但这个亚当却没有配偶，也就是说，这个世界上只有男人而没有女人。于是，上帝让亚当沉睡，取下他的一条肋骨，造成了一个女人，名字叫夏娃。上帝将夏娃领到亚当面前，亚当说：

"这是我骨中的骨，
肉中的肉；
可以称她为女人，
因为她是从男人
身上取出来的。"
从此，地球上开始有了人类。

新西兰是一个岛国，这里居住着古老的毛利人。毛利人在解释自己来源的时候是这样说的：有一位神，他有不同的名字，图、蒂基和塔内，他取河边的红泥，用自己的血捏成一个自己的肖像或形象，有眼睛、手和腿，一应俱全，事实上，就是神的惟妙惟肖的复制品。他做成这个模特后，就向这个泥人的嘴和鼻子里吹气，使他活起来，这个泥人立刻有了生命并打了一个喷嚏。

澳大利亚的造人神话是这样的：创世者庞德—杰尔用他的一把大刀割下三大块树皮。他在一块上面放了些泥土，用他的刀把泥调好。然后他把一部分泥放到另一块树皮上面，造成一个人形。他先造了脚，然后造腿，然后是身躯、手臂和头。就这样，他在两块树皮上各造了一个人，他对这两个人很满意，于是，又从桉树上取下多纤维的树皮，把它做成头发，沾在泥人的头上。然后，他趴在他们的上面，使劲往他们的嘴里、鼻孔里和肚脐里吹气，这些小人立刻动了起来，围着神又蹦又跳。

生活在婆罗洲的达雅克人说：有一个大神，名叫萨拉潘代，天神命令他来到地球上造人，他先造了一个石头人，但石头人不能说话，就被废弃了。他又造了一个铁人，而这个铁人的舌头比石头人还硬，天神看了很不满意。第三次，萨拉潘代造了个泥人，泥人极有灵性，一造好就开口说话，天神们十分高兴，说："你造的人能行。让他成为人类的祖先吧，你必须另造一些像他这样的人。"

在非洲白尼罗河生活的希卢克人的神话说：创世者乔奥克决定创造人类，他拿起一块泥土，对自己说：我将造人，但他必须能走能跑，能到野外去工作，所以我将给他两条长腿，像火烈鸟一样。这样做了以后，他又想：人必须能种植他的黍粟，因此我将给他两只手臂，一只手拿锹，一只手拔杂草。于是他给人安了两条手臂。按照这样的构思，他先后给人安上了两只眼睛、一张嘴、一个舌头和两个耳朵，于是他创造出了一个完美的人类。

古希腊的神话说：人类是奥林匹斯山上的诸神创造的，他们先造出了一个黄金人类，这些人像神仙一样生活，没有悲哀，没有恐惧，死亡就像是沉睡一样；接着诸神又创造了白银人类，虽然他们不能跟黄金人类相比，但也算得上幸福、安宁；随后就是青铜人类，因为有了他们，欲望和争斗便开始咬啮这个世界，他们不受神的爱护；最后是铁的人类，这是乱世中的种族，也就是我们现在这一代人。铁人类的命运就是日夜劳作和无穷的烦恼，直到种族灭绝时为止。

至今生活在北美洲亚利桑那州的皮马人认为，是大地之主创造了世界上的一切，他又造了一个漂亮的泥像，并称这个泥像为人。可是人这种东西并不好，不知怎么搞的，一下子就变出了那么多，以至于水和食物都不够了。这些人也奇怪，他们从来不生病，也没有人死去，结果，他们吃光了世界上的所有东西，最后开始互相残杀，互相吞食。大地之主十分伤心，他抓住天上的挂钩，把天往下拉，把所有的人和动物都压成了粉末。接着，大地之主用他的手杖将大地凿穿了一个洞，他来到了大地的另一边，又开始重新创造世界，创造人类。

阿拉伯的创世神话说，上帝派阿兹列来创造人，他取了一些泥土来到阿拉比亚，然后造成了一个人形，并把这个泥人放到一个地方，使它慢慢变干。过了40天，当泥人变干以后，上帝给了他们生命，并赋予他们理性的灵魂。

南美奎什玛雅人的圣书《波波尔·乌夫》写道：最初的世界什么都没有，只有造物主特珀和古库马茨，他们创造了所有的动物，并对这些动物说："你们的肉将被撕得粉碎，就这样，这将是你们的命运。"接着，他们想造一种灵物，"让我们造出能供养我们的人来吧！我们应该做些什么才能受人祈求，在地上被人祷念呢？……那么就让我们造顺从的、恭敬的、能供养我们的人吧！"于是，他们用泥土造了一个人，但这个人很不完美，虽然会说话，却没有思想。造物主没有办法，只好打碎重新来做。他们又用黄谷和白谷磨碎和成面团造了一个人，但这些人没有灵魂也没有思想，于是，神又找到了可以进入人肉体的东西，人就开始在地球上繁殖。

休伦人的神话说：创造世界的是"大者"，创造人类的也是"大者"，他首先用泥捏好了一个人，用树叶盖着，然后让太阳坐在旁边去烤，可没有想到，太阳把这个人给烤焦了，变成了黑色人种。"大者"很生气，又捏了一个泥人，让太阳坐在远远的山顶上来烤这个泥人，由于太远，这个泥人几乎没有烤到，而是被捂白了，这就是白种人。"大者"更恼火了，又捏了一个泥人，让太阳精心地去烤，太阳这次可不敢大意，终于烤出一个令"大者"满意的人种，这就是红种人——印第安人。

以上虽然只有数则造人的神话，但它们代表的地区却十分广阔：中亚、新西兰、澳大利亚、婆罗洲、非洲、古希腊、阿拉伯地区、南美洲、北美洲，几乎可以涵盖整个陆地。这些神话的讲述人虽然不同，但在本质上几乎是一致的。第一，人是神的产品，是上帝创造的子民；第二，神们是利用了一些东西来创造人的，有的说用泥土，有的说用了神的部分血液与器官；第三，人的形体和灵魂是分开的，当神给了人灵魂时，人才变成了一个真正的人。

对于以上造人的神话，传统的科学当然嗤之以鼻，理由也不复杂：世界上根本就不存在神，那么神造人的传说自然也是假的啦！有些学者这样解释神用泥土造人的神话：最初的人类需要挖掘植物的根、茎来食用，自然会把大地看成是生命之源，因此泥土就成了一切生命的代表。还有的学者解释说，人死埋于土，生与死有其相似性，人生之于土，死埋于土，这种圆周似的思维方式，导致了用泥土造人的神话。可事实好像并不是这样的。

第一，历史研究告诉我们，最初的人类在采集之外更重要的是狩猎，而且狩猎比采集时间出现得还早。如果说挖掘与采集这两种农业生产方式，导致了泥土造人神话的出现，那么我们为什么在全世界范围里没有发现以狩猎生产方式为主干的造人神话呢？而且世界不少原始民族从其诞生的那一天起，就是以狩猎为生的，后来直接进入游牧民族，直到近代还是以狩猎为生，如果真的有以狩猎为主干的造人神话的话，不应该消失得无影无踪，可问题是我们在地球上没有发现。

再者，各民族文化的形成和语言一样，应该有很大的差异，可造人的神话竟如此一致，它抹杀了不同的生产方式：农业、狩猎、捕捞；抹杀了地区的差异：陆地、海洋；抹杀了人种的差异：白种、黄种、黑种、棕色。究竟是什么样的理由导致造人神话如此一致呢？

第二，人类土葬的方式出现得比较晚，以中国为例，它出现于原始农业时期，距今大约7000年。而且，世界各民族的埋葬方式很不相同，大体有三种，有火葬、天葬、水葬。越是原始的人，越是不采取土葬的方法，而更多地采取抛尸的方法，即将尸体弃之于荒野，《孟子·滕文公上》记载说：在上古的时候，人死根本没有埋葬的习惯，谁家死了人往野外沟坎下一丢了事。天长日久，狐狸也过来吃，苍蝇、蝼蚁也过来咬，把整张脸咬得不成模样，可死者的亲人天天路过，竟然熟视无睹。孟子的时代已经很晚了，当时又没有考古学，他既知上世有弃尸的习俗，当距孟子时代不远。因此,想用葬式来解释造人的神话,依然行不通。

我们认为,世界各民族造人神话惊人的一致性有其潜在的真相,它向后世传达了一个准确无误的信息:人是被制造出来的。在前一章里,我们已经知道,人作为一种生物体,在结构上并没有什么神奇的地方,是完全可以被制造出来的。地球人类已经走到了制造人类的边缘,宇宙中任何比地球文明稍高一些、具有生物遗传技术的生命体,都可以毫不费力制造出一个人来,它甚至可以通过基因剪接、拼接的技术造出一个比人更为先进的生物。

我们的这个推测有一个直接的证据,那就是中国神话中的女娲造人的神话。

女娲,是中国神话谱系中一位古老的神,她的主要神迹,一是炼石补天,二是创造人类。《说文》曰:"娲,古之神圣女,化万物者也。"《世本·氏姓篇》曰:"女氏,天皇封娲于汝水之阳,后为天子,因称女皇。"可惜都没有说女娲的形象,后来有人将女娲想象成人头蛇身的形象。据说女娲的神通十分广大,一日中可以变化70多次,但我们已经不知道女娲的这种变化对人类有什么意义,也许和造人有关吧。

关于女娲"抟土造人"的神话见于《风俗通义》。上古的时候,盘古从混沌中开辟了天地,临死化身,又创造了山川河流、日月星辰、草木虫鱼,但就是忘了造人。慈善的女娲神取了一些黄土,掺些清水,和了一堆泥巴,然后用水照着自己的形象捏了一个小人,往地下一放,嘿,这小东西竟然活了,蹬蹬腿,伸伸腰,围着女娲又唱又跳。女娲对自己的创造品很满意,又继续用手揉掺了水的黄泥来,造了许多男男女女。女娲想用这些精灵般的小生物去充实大地,但大地毕竟太大了,她工作了很久很久,已经相当疲倦了。最后她拿起一根绳子,伸到泥浆里去,然后用力一挥,泥点溅落的地方,立即出现了欢喜跳跃的小人。这些小人成群地走向平原、谷地、山林,从此以后,地球上才有了人类。

大地上既然有了人类,女娲的工作似乎可以停止了。但伟大的女娲神却在想:假如这些小人都死了该怎么办呢?总不能死一批,再造一批吧。于是她把男人和女人配合起来,让他们生儿育女,自己去创造后代,把人类的种子一代一代延续下去。女娲因为替人类建立了婚姻制度,使男人和女人成双成对，她也做了人类最早的媒人，所以后世的人将女娲神奉为媒神，即婚姻之神。人们祭祀这位婚姻之神的典礼非常隆重，并专门建立了神庙。每年二月，在郊外筑坛，用"太牢"之礼祭祀她。《周礼·地官·媒氏》记载说："中春之月，令会男女。于是时也，奔者不禁。"意思是说，在每年三月的时候，青年男女可以自由交往，这个时候发生一些意料之内的事情，那是谁也管不着的，这是原始时代氏族群婚的遗风。旧社会的苗族人还有此习俗，每年三月间，桃花盛开的时节，穿着节日盛装的青年男女，选一空地为"月场"，踏歌跳舞，叫做"跳月"，实际上是给男女相会提供一个合理的场所。

《淮南子·说林训》还记载了另外一则造人的神话，其中包含了人是被组合起来的意思。"黄帝生阴阳，上骈生耳目，桑林生臂手，此女娲所以七十化也。"高诱注曰："黄帝，古天神也，始造人时，化生阴阳……上骈、桑林皆神名。"意思是说，在造人时每一个天神都造了人的一部分，然后组合起来就成了人形。这里最值得怀疑的就是"女娲之所以七十化也"。神话中没有说明七十化到底是什么，但从行文的上下来看，它肯定与造人有关，黄帝给了人类"阴阳"，所谓的"阴阳"是一种很虚化的东西，在这里可以将它看成是生命力，上骈和桑林给人的都是一些实在的东西，比如像手臂、耳目等，那么女娲的"七十化"，很可能就是精神和意识，因为唯有精神与意识可以变化无常。《圣经》里在谈到造人时，上帝也用了几个复数"我们"，而在《圣经》中，上帝是最大的神，是他创造了宇宙万物，也包括人。可见人类的确不是某一神所造，是众神联合生产的产品，其中已经蕴涵了人是组合起来的意思。古巴比伦的泥板文书中，也有类似的记载。

以上是关于女娲造人的神话。不可否认，这则神话中后人添加的东西很多，比如女娲是婚姻之神的传说，就是后人添加进去的，这使神话失去了其本来的面目。同时我们也怀疑，女娲造人的神话很可能在流传的过程中丢失了一部分内容。这一怀疑在汉代出土的画像砖里得到了证实。

在上世纪，人们在汉代古墓中，发现了一幅很奇特的关于女娲造人内容的绘画，画中的女娲与伏羲都是人面蛇身，两尾相环，左右相交，下有一个小孩，双手牵着女娲伏羲的衣带，这是女娲伏羲造人的图画表示。

但奇怪的是，伏羲手拿一个曲尺，女娲手持一个圆规。大家知道，曲尺和圆规都是计算用具，本身与神话的内容毫不相干，与其他神话内容也不相容。汉代的人想用这幅图画表示什么呢？我们可以这样来推测：这幅图画表示的内容本是女娲伏羲神话中的东西，在汉代时还有相当的流传，但是现在的神话文献中却看不到了，它肯定是神话丢失的内容，这些内容也一定与曲尺和圆规有关。

那么神话的本来面目又是什么呢？我们认为，圆规和曲尺在这里表示的东西，用现在的话来讲，就是科技和知识，只是在汉代人们无法表达传说里的高深技术，只好用当时最先进的曲尺和圆规来表达。这几乎是唯一的解释。

因此可以断定，在上古造人神话里，有相当一部分内容是讲造人的具体环节，这些环节知识的成分很大，也很高深，当时的人们根本不可能理解，因此逐步从神话中剔除出去。在汉代时，民间口头上还有一些流传，所以被反映在绘画中。我们应该感谢这个不知名的画匠，他在无意中创作的这方画像砖，很可能是这个世纪发现的最有价值的东西，他为人类的起源问题提供了一条重要的线索。

那么，这幅画的意思应该是这样的：女娲和伏羲用高科技创造了人类！将科学技术和造人神话相联系，这在世界神话中还是绝无仅有的。我们相信，如果没有神话的原型作为基础，作者无论如何也不会将这两种相差十万八千里的东西统一在一幅绘画当中，这不正与我们"神用基因科学创造了人类"的观点相符吗？

"人是地球生物基因的组合物"这一观点，虽然很离奇，但在世界的其他神话中却可以找到大量的证据。

北美洲的米沃克人的神话说，造物主郊狼将世界创造完了以后，他想造人，可人应该是个什么样子呢？他心中没有底，所以就把所有的动物召集起来，大家一起商量。狮子说，它希望人有一个可怕的大嗓门，像它一样，使所有的动物都害怕。灰熊说，人应该有很大的力气，行动要敏捷，能无声迅速地跑动。雄鹿说，人如果没有头脑就显得呆蠢。猫头鹰说，如果人没有翅膀，就没有用处了……最后，造物主郊狼决定综合这些动物的优点和长处创造一个人。当然他成功了，从此地球上有了人。

《冥亡书》是古埃及的一部重要文献，它成书距今大约3500年，但这部书的许多思想和作品包含了距今5000年的《金字塔书》和《灵枢书》。《冥亡书》认为，人不是用泥土造的，人是从克佩拉神和奈布·厄·彻神的躯体中产生的，神将他们的器官拼在一起，从而创造了第一个人。

我们人类身上确实可以找到许多地球生物的特征，比如说，人有许多陆地生物的特征，像猿类的特征，这是人体上保留最多的一种动物特点。除此而外，人还有其他陆生动物的痕迹，欧洲人蓝幽幽的眼睛，有狼的特征；非洲人的面孔有黑猩猩的特点，等等。不但如此，人类在体表上还与海洋动物十分接近，例如，人体中有70%是水分；所有灵长类动物的体表都长着浓密的毛发，唯独人和水兽（如海豚、海豹等）一样，皮肤裸露，光光的没有毛发；陆上灵长类动物都无皮下脂肪，而人和水兽一样有一层较厚的皮下脂肪；所有的陆生动物都有极精确的盐分摄入和调节机能，一旦缺盐，就会影响它们其他生理活动，而人类却和海洋动物一样，对体内盐的平衡毫无感觉，而且经常通过汗腺排除体内盐分，等等。

我们不知道人类的身体内部还有多少种动物的遗传基因存在，也许还有某些外星人的特征吧。在综合了以上这些证据以后，我们更加肯定：人类绝对不是从猿猴自然进化来的，人是被拥有某种高科技的宇宙生物创造出来的，人就是"神"的产品。大量的创世神话想告诉我们的正是这一点，这就是神话的真相。

还有一个有趣的问题：神为什么要造人呢？

关于神造人的目的，许多神话语焉不详，比如说在女娲的神话中就没有解释造人的目的。但综合世界的造人神话，神造人的目的大致有四个：第一，神创造了新世界，却没有谁来管理，于是神创造了人，让人来管理这个世界，这是人权神授的最早来源；第二，天地中先有了神，但神很寂寞，没有谁与他交流，于是创造了人；第三，神造人是为了让他们祭祀神；第四，神造人是为了奴役人。

前三种说法都是站在人的角度来解释自己出现的合理性，只有后一种说法是站在神的角度来考虑问题的，而且也更加具体。

苏美尔神话说，当神开创了天地以后，这个世界上只有神，而没有人类，一些繁重的工作都要神自己来干。心性懒惰的神聚在一起讨论这个问题，一致认为需要创造一种新的生命，那就是人类。

于是，"在天和地的连接点——尼普尔城（今天伊拉克的尼费尔）的乌兹姆圣殿里"，有一位工艺之神，名叫拉姆伽，他承担了具体创造的任务，于是"用自己的血液创造了人类"。最初的人，男的叫安乌雷伽尔拉，女的叫安内伽尔拉。这样一来，诸神所做的工作，今后就可以让人类来干了。

第二节 无性生殖和处女生殖

生物学界有两种生殖的形式，一种是有性生殖，比如动物界基本都是有性生殖，雄性的精子和雌性的卵子相互结合，产生出下一代。一种是无性生殖，这主要存在于低等动物、植物界，这种生殖不需要雄性和雌性，单个细胞通过分裂，可以产生出一个同体的下一代。人类属于高等动物，一直以两性交合来完成生育后代的任务。但在世界造人神话中，却普遍存在无性生殖的思想，这是很奇怪的。

《西游记》开篇写孙悟空的来历说，花果山"有一块仙石，其石有三丈六尺五寸高，有二丈四尺围圆。三丈六尺五寸高，按周天三百六十五度；二丈四尺围圆，按政历二十四气；上有九窍八孔，按九宫八卦。四面更无树木遮阴，左右倒有芝兰相衬。盖自开辟以来，每受天真地秀，日精月华，感之既久，遂有灵通之意。内育仙胞。一日迸裂，产一石卵，似圆球样大。因见风，化作一石猴。五官俱备，四肢皆全。便就学爬学走，拜了四方"。《红楼梦》中的贾宝玉的出生与此相类。从生殖的角度看，孙悟空和贾宝玉都是自己生出自己来的，实际上就是自己复制自己，他们都属于无性生殖。

大家知道，人体性细胞（男人的精子和女人的卵子）的细胞核内，各包含了构成人体染色体的一半，当精子突入卵子内部时，就构成了受精卵，此卵子有构成一个人的全部信息。而人类身体上的任何一个活细胞核内却有构成一个人所需的全部染色体，也就是说，人体的每个细胞核内都含着再造一个人所需要的全部基因。因此，将一个原型人身上的一个营养细胞里的细胞核挖出，放入已除去细胞核的女性卵细胞当中，经过一连串的分裂、分化，使其成长为胎儿。然后将这一特殊组合的胚胎放入"代理妈妈"的子宫内，就可以得到和"原型人"完全相同的"复制人"，这就是遗传学里所指的无性繁殖,严格地讲,复制人没有父母。

复制人的技术引起了科学界的极大争议,它涉及人类道德及社会管理方面的问题。我们将这些学术性争议都留给科学家、社会学家、哲学家和法律学家去解决,我们需要考虑的问题是:无性生殖这一高科技为什么会出现在上古神话当中?如果我们将无性生殖这类神话,与上引汉代画像砖所表示的女娲和伏羲用高科技造人的传说联系起来,不难发现神话内在的一致性和连续性,它们反映了同一个内藏的主题:神用高科技创造了人,无性生殖的遗传学成果只是造人过程当中的一个细节而已。因此,我们认为,上古神话中无性生殖的思想来自于人类被创造的记忆。

在"神用高科技创造了人类"这一连续的主题下,上古神话还有另一类生殖现象,那就是处女生殖。

中国是个农业民族,对两性生殖有格外深刻的体验,动物的交配、植物的受粉,可以说原始人所得到的所有劳动成果都与两性生殖活动有关系,为此,绝大多数民族中都有生殖崇拜的文化内容,而崇拜的对象一般都是生殖器,或男性的,或女性的,这是把生殖问题神圣化的表现。因此,对两性生殖的认识,古人比现代人感受得更为深刻,这不但与人类的自身繁殖有关,而且与畜牧业、养殖业、农业有直接的关系。但奇怪的是,在世界各民族的早期神话当中,一些英雄和圣人常常为处女所生,这是一个不符合常理、但又普遍存在的现象。

《太平御览》中保存了一个古老的传说,据说伏羲的母亲华胥氏,有一天去附近的雷泽中玩,无意中发现一行巨大的脚印,小姑娘十分好奇,就用自己的小脚去量这个大脚印,左比比,右看看,觉得很好玩。可万万没有想到,这一比可坏事了,这个未婚的小姑娘竟然怀孕了,后来生下了一个孩子,名字就叫伏羲。

同书记载,大禹的母亲不知何许人,想必是一个十分聪明漂亮的姑娘,这个姑娘总想一些美好的事情,想啊想,渐渐睡着了,梦里她觉得自己飞起来了,一直飞到天上,好多的星辰啊,突然,她看见一颗巨大的星星像一支利剑,横贯昴星,直直向她飞来,飞到跟前时,这颗星星变成了一颗火红的神珠,直落她的口中。她从梦中惊醒,觉得肚子里有一个东西在蠕动,后来生下个孩子,名字叫大禹。

《初学记》里说，黄帝的母亲一天夜里出去散步，满天的星辰洒下一片星光，四处静悄悄的，只有微风在轻轻地吹。突然，有一道闪电横空出世，绕着北斗星急速旋转，北斗七星中的枢星迸射出一道强烈的星光，把静静的郊野照得雪亮，这个姑娘"感而孕"，遂生黄帝。

《拾遗记》说，帝喾的许多妃子，个个靓丽无比，其中有一个妃子更是奇特，她好做梦，而且经常梦见吞食太阳。说来也怪，她每次梦见吞食一个太阳就怀一次孕，这样连续做了八个梦，竟然生下了八个儿子。

其他的还有，《史记·殷本纪》记载说，殷民族的祖先是契，为其母简狄吞食玄鸟（就是燕子）的卵所生；《春秋纬·合成图》说，尧帝的母亲庆都是与背着河图从黄河里跳出来的那条赤龙合婚而孕，后来生下了尧帝；《诗纬·含神雾》说，舜的母亲握登感着大虹而生舜。《春秋公羊传》在总结上述"处女生殖"的神话时说："圣人皆无父，感天而生。"

人类学家把这种处女生殖的现象，解释为母系氏族群婚制下"只知其母，不知其父"的事实。社会学家则将此解释为，部落酋长为了增加权威故意制造的神秘色彩。我们认为，这只是外来高级智慧生物制造人的整个过程的一部分。这些高级生命用DNA重组技术制造出早期不完善的人类，又选择这些尚不完善的人类精子和卵子，进行新的分解、组合，然后将加工好的受精卵移入早期人类的母体内，产生出下一代。经过这样不断的改造，人类的体形才不断完善起来。这样出生的后代当然属于"处女生殖"，即没有经过两性交配的生殖，人类将自己出生的朦胧记忆，用"吞神珠"或吞食"玄鸟卵"等形式来表达出来。

我们之所以重视造人神话中这些离奇的生殖现象，是因为在这些传说里包含了我们刚刚才知道的许多先进生物技术，这绝不是巧合，也不是幻想，它是原始人在没有欺骗成分下自发流传下来的，所以它的主干还是可以信赖的。

第三节 混沌神话的真相

什么是混沌？混沌指的是一种灰蒙蒙、暗糊糊的状态。《淮南子·精神训》中对这种状态有几句十分形象的描述："古未有天地之时，惟象无形；窈窈冥冥，芒芠漠闵；鸿蒙鸿洞，莫知其门。"意思是：天地还没有生成的时候，它没有形象，只存在于想象当中，到处都是灰蒙蒙、暗糊糊的。关于混沌这种状态，无一例外地存在于世界所有民族的早期神话当中。

中国神话将混沌这种状态演化成人格神，《庄子》中记载了这一神话，故事说：南海的天帝名叫倏，北海的天帝名字叫忽，中央大帝的名字叫混沌。这三个神长相各不相同，倏与忽都长得像人，而混沌的长相却很怪，他没有七窍，甚至分不出形体，就那么混混沌沌的一团，但他们却是好朋友。倏和忽经常到混沌那里去玩，混沌长相虽丑，心地却很善良，每次都非常殷勤周到地招待他们，倏和忽心里很是过意不去，总想报答混沌。他们说：人有七窍，用来看呀、听呀、呼吸呀，可是混沌老兄却没有七窍，这样多不方便呀，咱们就帮他凿出七窍吧。于是倏和忽就用斧头、凿子等工具，每天为混沌凿出一窍，整整凿了七天，终于凿出了七窍，混沌也变得好看多了。可混沌却不领这份情，他睁开眼睛，看了一下这个世界，心想：这是什么地方啊，怎么这么丑恶，我还是死了吧！于是，两眼一闭，就呜呼哀哉了。

人类的本性是向往光明、憎恶黑暗的，而混沌灰蒙蒙、黑糊糊的状态，的确没有多少人会喜欢，故而在神话中有丑化混沌的传说。《神异经》里的混沌，就是被人类丑化以后的混沌，它把混沌说成是一只像狗又像熊的野兽，有眼睛却看不见，有耳朵却听不见，有腿却不能走，空有一个肚皮却没有五脏，只有一条肠子却像一根管子一样是笔直的。这个丑东西不但样子怪，而且品行极坏，遇到有德行的人，就一股蛮劲去抵触他，遇到横行霸道的坏人，他反而服服帖帖，摇头摆尾去依靠他。这种卑贱的脾气，实在是天然生成，没有一点办法可以改变它。平时没有事的时候，这个坏东西，总爱自己咬着自己的尾巴，回旋着，仰面朝天，嘿嘿地傻笑。从这个传说里，可见人们对于和黑暗差不多的混沌，的确没有多少好感情。

中国瑶族的民间传说认为，宇宙原本是混混沌沌的，没有任何东西。最初出现的是风，在风的旋涡中产生了万物的始祖。纳西族的《创世纪》说，最早的时候，天地混沌未分，只有东神（男神）和色神（女神）在布置着万物。

古巴比伦人认为，宇宙初期，天地不分，万物都没有形成，到处是混混沌沌的大水，后来，水分成海水、清水、云雾三种形态，由水中诞生了拉赫姆、拉哈姆两位大神，他们相互配合，又生出了天神和地神；古印度人认为，宇宙本是空洞无物的混沌态，后来有物出现，最后长成了一个大鸡蛋，一分为二，一半是金，一半是银，金的变成了天空，银的变成了大地；古希腊人相信，世界首先是混沌，其次是大地，由混沌中产生出黑暗和夜晚，又从夜晚中产生出天和白日。

上古神话中的混沌状态究竟指的是什么？有人认为，上古的混沌传说与康德的宇宙星云假说、现代的宇宙大爆炸理论很相似，而且讲的又是天地的诞生、万物的出现，所以这是人类最早的关于宇宙形成的理论模式。我们认为，这个观点很值得商榷。首先应该搞清楚，混沌神话传说的主要内容是什么？它是在讲宇宙的诞生吗？

综合世界所有关于混沌的神话传说，不难看出，混沌传说的重点并不是说天地的开辟和宇宙的诞生，而重点讲生命的出现。中国盘古的神话，虽然讲到了天地的开辟，但重点却在讲盘古的诞生，而盘古又是人类始祖的化身；在瑶族的传说里，从混沌状态里也产生了万物（包括人）的始祖；纳西族的东神（男神）与色神（女神）的传说，本质上看还是讲生命的诞生；古巴比伦的神话中，从混沌中产生出了造物神拉赫姆、拉哈姆，同样是说人类始祖的出现；在美洲的一些神话里，他们把混沌与造人直接联系起来，比如，在危地马拉的基切神话中，说："在很古很古的时候，大地上一片茫茫，朦胧不清……那时候只有天和地，太阳和月亮被笼罩着……（神）说：'这样下去可不行，特别是现在世上还没有人类存在的时候。'"于是，众神们创造了人类。

如果抛开其他内容，单看混沌神话的主干，它讲的是黑暗的结束，光明的诞生，即从黑暗走向光明。这是一条很重要的线索，它强调的是一种感觉的变化，而不是客观实在的变化，也就是说，只有人的意识才能感觉到这两种状态的变化。澳大利亚是一个与世界其他地区完全隔绝的岛屿，在当地土著居民中有这样一个传说：在世界混沌未开的时候，大地上一片寂静，完全被黑暗笼罩，但并不是没有生命，所有的生命都在沉睡。大神拜艾梅一开口说话，就唤醒了大地，造物神彝神醒来，漫长的黑夜结束了。这则神话明确告诉我们，混沌的结束是在人的感觉上，人从睡梦中醒来，就告别了混沌状态。在北美印第安人的传说里，几乎都有同样一个意思，人开始时住在海底或地底下，那里很黑很黑，到处乱哄哄的。有一天，人们偶尔发现了一条通道，顺着这条通道，就来到了阳光普照的大地。这个传说与我们上举的混沌神话极为相似，当人们从地底来到地面，就结束了黑暗，开辟了光明。它再一次证明，生命是从混沌中走出来的，人类曾经历过一个从黑暗到光明的过程。

混沌状态与造人究竟有什么关系？或者说，混沌状态与我们的假设有什么关系呢？人与其他动物最主要的区别，是人有精神和意识，假如仅有一个形体而没有意识的话，人就不称其为人，而只是一个两条腿的动物而已。古印度的《广林奥义书》认为："世界的开端是灵魂，只有它才具有人的形式。"意思是说，如果光有一个形体而没有意识的话，这个世界再好也感觉不到，猪绝不会有"春光明媚""鸟语花香"之类的概念，因为它没有意识。因此，形体和精神是两个不同的东西，感知、欣赏、赞美世界的只是精神，而不是肉体，你的手绝不会告诉你：啊！玫瑰花真香呀！它只能告诉你一些低级的感觉，比如像热呀、冷呀、硬呀、软呀等感觉。

我们认为，混沌传说的起源，并不在于对宇宙天地开始时的解释，而在于人被创造时的记忆。从黑暗到光明的变化过程，才是这种记忆留存的关键，它是人被创造时精神和肉体不同步造成的。

在上古造人的神话里，我们发现了一个奇怪的现象，神在创造人的时候，并不是灵与肉同步进行的，而是先造好了肉体，然后才给这个肉体注入了精神和意识。比如，在上引黄帝造人的神话里，黄帝给了人生命，众神给了形体，最后才由女娲"七十化"给了精神。《圣经》也有类似的记载："上帝用地上的尘土造人，将生气吹在他的鼻孔内，他就成了有灵的人。"上帝吹的这口气，是在形体造好以后注入的灵魂——精神和意识。澳大利亚关于造人的神话是这样的：大神拜艾梅只有精神和智慧，但没有形体，于是，他决定造一个可以接受他精神和思想的生物，他说："我需要创造一种全新的动物。"因此创造了人，造好人之后，又把自己的一部分精神和意识注入人体中，人才有了灵魂。

灵魂和肉体不同步的结合，从而导致了混沌的结束和光明的开辟。换句话说，当宇宙高级生物造好了人的形体之后，并没有马上注入意识，此时的人只是一个有生命的肉体，他没有灵魂，即没有高级感知系统，不能有效感知世界。但是，肉体生命已经具备了低级感知系统，例如，触觉、味觉、视觉等，可是，这种感知的结果是粗糙的，影像是模糊的，类似混混沌沌的状态，活像一个植物人或人的昏迷状态。突然，宇宙高级生命赋予了人高级感知系统——意识，人一下子从无意识的黑暗世界，来到了有意识的光明世界，就像一个昏迷、沉睡中的人突然醒来一样。天和地在人们意识中出现，就好像是突然出现的一般，一切都是那样的清晰，感受是那样准确细腻。这个刺激太强烈了，以至于深深埋在人类的记忆深处，并转化为遗传基因里一部分信息，世代遗传不忘。这就是人类第一次开天辟地神话的由来（从混沌中开辟出天地）。上引《庄子》中倏和忽为混沌凿开七窍的过程，正是使肉体生命具有意识的过程，意识出现（七窍凿开），混沌的状态也就随之结束（混沌死了）。

因此，混沌的神话绝不是宇宙形成的理论模式，它包含了十分强烈的感知性，这只能与人类本身的感知经验有关，也就是说，混沌神话是人类感知后的记忆。宇宙形成，是一个遥远的话题，人类根本不可能对其有任何直接感知的经验。所以，以上对世界范围内混沌神话的解释，几乎是唯一的解释。

人类从黑暗走向光明一瞬间的强烈感受，深深贮藏在人类的潜意识中，并对人类文化及社会心理产生巨大的影响。

中国民众有一种十分奇特的心理，对什么都不愿明确地肯定或否定，而喜欢模模糊糊的思维方式，可能、也许、大概、大约等词汇经常出现在人们的思维当中。这绝不是个别现象，它反映着整体文化的某种特点。儒家的中庸之道就具有这种思维的特点，另一个最为突出的表现就是中国土生土长的道教。

道教讲"道"，那么什么是"道"呢？按道家的说法，道就是"视之不见""听之不闻""搏之不得""无状之状，无物之象"的东西，《老子》第二十一章有几句十分含糊的话，"惚兮恍兮，其中有象。恍兮惚兮，其中有物。窈兮冥兮，其中有精，其精甚真，其中有信。"究竟"道"是什么，读完后反而使人更糊涂了，只知"道"就是"恍惚"，那么"恍惚"又是什么呢？看的人真的恍恍惚惚起来了。实际上，老子自己都不知道"道"是什么，只好模棱两可地说"道可道，非常道；名可名，非常名"。

如果我们大胆将老子所说的那个恍恍惚惚、窈窈冥冥的"道"与上古神话里那个灰蒙蒙、暗糊糊的混沌状态相互联系起来，人们就会突然发现，"道"和混沌是那样相似，完全可以说老子所说的那个"道"就是混沌。关于这个推论还有一条证据，道家的至上神是元始天尊，而元始天尊的原型又是上古神话里的造物神盘古。之前提到的"盘古开天"的神话描述了他从混沌中开辟出了天地，因此，盘古——元始天尊的本身就包含了混沌的意思。

从老子的哲学体系中，我们依然可以看出"道"和混沌的关系。老子讲"道"，旨在说明万物都源于那个"先天而生"的精神，即"道"。《道德经》这样写道："道生一，一生二，二生三，三生万物。"如果我们以上的假设是正确的，即有意识的人产生于混沌之后，那么正好与老子的哲学体系相符，人类是从混沌结束的一瞬间开始感知世界，在古人的思想里，无疑世界万物都是从恍恍惚惚、窈窈冥冥中产生的，所以道家才把它作为认识世界的起点。

在世界范围内的早期神话里，还有一个共同的文化现象，那就是对地狱和鬼魂的描述。这里我们暂不谈世界各民族的地狱、鬼魂文化抛开表面差异后的一致性，只注意地狱黑暗、阴冷的表现形式以及这种表现背后的心理因素。

古人认为，鬼是人死以后的魂魄。人死之后，魂魄要回到它来的地方，《尔雅·释训》曰："鬼之为言归也。"郭注引《尸子》曰："死人为归人。"那么，人死以后要回到哪里去呢？要回到一个阴冷、黑暗、潮湿、充满邪恶、痛苦的地方。这从中国最早的地府思想就可以看得出来。

王逸注《楚辞·天问》"日安不到，烛龙何照"云："天之西北，有幽冥无日之国，有龙衔烛而照之也。"而这个幽冥之国就在章尾山，《山海经·大荒北经》曰："西北海之外，赤水之北，有章尾山。有神，人面蛇身而赤，直目正乘，其瞑乃晦，其视乃明，不食不寝不息风雨是谒。是烛九阴，是烛龙。"

《山海经·海内经》记载说：北海之内有座大山，名字就叫幽都之山，真是山如其名，这是一座黑漆漆的大山，说来也怪，不但山是黑色的，山上不论什么东西都是黑色的，有黑色的鸟、黑色的狗、黑色的老虎，还有黑色的狐狸，甚至，这里的居民都是漆黑的，这就是地狱。

《风俗通义·祀典》引《黄帝书》记载，在苍苍茫茫的大海之中，有一座孤零零的高山，名叫度朔山，山上长着一棵其大无比的桃树，据说，它的枝叶伸展开来有3000里那么大。桃树的东北方向有一个大木门，名字就叫鬼门，这是万鬼出入的大门。门的两边站着两位神人，一个叫神荼，一个叫郁垒，在这座度朔山上统治着鬼魂。所有的鬼魂每到晚上就可以外出活动，但天亮鸡叫之前它们必须回到鬼国来。两位门神如果发现晚上出去的鬼中有祸害人类的恶鬼，就用苇索捆起来，扔到山后去喂老虎吃，所以鬼怕桃树，也怕老虎。

中国古籍中还有一处地狱，也叫幽都，它在昆仑山的地下。《博物志》记载："昆仑山北，地转下三千六百里，有八玄幽都，方二十万里。地下有四柱，四柱广十万里。地有三千六百轴，犬牙相举。"昆仑在中国古代本来就有黑色的意思，唐代志怪小说中"昆仑奴"一词，实际就是黑奴，可见昆仑山本身就有"黑山"的意思。

不但中国古代传说里地狱不是个好地方，即使是国外的地狱，同样是一个充满黑暗、邪恶的地方。佛经《大智度论》曰："黑业者，是不善业果报地狱受苦恼处，是中众生，以大苦闷极，故名为黑。"单看佛教十八层地狱的名字就足以吓死人，刀山地狱、沸屎地狱、剥皮地狱、蛆虫地狱、寒冰地狱等，凡是人间能够想象得到的刑罚都集中在地狱，像斩、锯、劈、刺、割、火烧、汤煮、剥皮、油炸等。《冥祥记》中"赵泰条"对此有一段文学性的描绘："所到诸狱，楚毒各殊，或针贯其舌，流血竞体；或披头露发，裸形徒跣，相牵而行，有持大杖，从后催促。铁床铜柱，烧之洞然，驱迫此人，抱卧其上，赴即焦烂，寻复更生。或炎炉巨锅，焚煮罪人，身首碎坠，随沸坠转，有鬼持叉，倚于其侧，有三四百人，立于一面，当次入锅，相抱悲泣。或剑树高广，不知限极，根茎枝叶，皆剑为之，人众相誓，自登自攀，若有欣竞，而身体割截，尺寸离断。"真是惨不忍睹。

世界所有民族有关地狱的思想，给我们一种强烈的震撼，也使我们对此产生了疑问，人类为什么要设置地狱呢？有一点可以肯定，人类是想用假想的地狱来发泄一种情绪，而这种情绪是深深潜藏在人类意识深处的一种怨毒，它是怨恨，也是恐惧，而且肯定与黑暗有关。这种情绪很深很深，它没有具体的指向，因为它很模糊，很朦胧，好像来自于我们基因的深处。如果人类是由自然界的动物进化而来，心理应该是平和的，根本不会有这样一种怨毒、恐惧交织的潜意识。人类为什么会有这样一种潜意识，这种潜意识究竟是从哪里来的呢？我们认为，人类关于地狱的种种描绘及内藏的情绪，与混沌世界有关，也就是说，与人类被创造的经历有关。

现代医学证明，任何活细胞都有记忆的功能，不但动物如此，植物也如此。因此我们可以作这样一个痛苦的假设：

宇宙高级生物在利用地球已有动物提取出活细胞中的基因分子进行加工、重组的过程，对任何一种被其利用的生物细胞来说，都是一个痛苦、可怕的经历。在实验室里，动物细胞被肢解、剪接、拼接，就像一个人活生生被手术刀一块一块肢解了一样，这是一个血淋淋的痛苦经历。而且在完善人体结构的过程中，这样血淋淋的事情不知道发生过多少次，痛苦的记忆一代一代强化，最后被遗传基因保存下来，深深潜藏在人类的每一个细胞中。但是，基因的记忆是模糊的，它不能告诉我们具体的形态，只是把这种记忆呈弥漫式向四处扩散。当人类被赋予高级感知能力——精神和意识时，这种模糊不清的痛苦、怨毒的记忆就夹杂在思维中，形成了与混沌差不多的地狱、鬼魂思想。因此，人类天生对黑暗、死亡等有一种与生俱来的恐惧感、厌恶感，正是这种情绪使人们造出了可怕的地狱，它再现了人类初期细胞被反复肢解、拼接的痛苦经历，所以，世界所有早期民族的地狱思想都残毒无比，而且这种残毒都是在黑暗中发生的。

第四节 历史上的巨人之谜

小的时候，常听大人讲述一个类似童话的故事：在很久很久以前，有兄弟三人，他们各有神通。老大是个千里眼，能看见一千里之外两只小蚂蚁打架，当他看不清什么稀奇事的时候，就让老二顺风耳去听，再不就让老三通天长腿去看个明白。有一天，老大想吃鱼，就对老三说："你去海里抓几条鱼吧！"老三答应一声，几大步跨到海里，海水仅能淹到他的小腿上。他弯下腰从海里抓起一大把鱼，又兴冲冲几大步迈回家。这是社会上有关巨人最通俗的一种传说，故事中的通天长腿老三实际上就是一个巨人。

关于巨人的传闻，在古史中绵延记载了几千年，直到中国明清之际还有类似的笔记记载。不仅如此，国外也有大量相同的记载。然而，由于巨人身材高大得过分离奇，许多人根本不相信有巨人的存在，以至使巨人成为历史上一谜。

在中国神话里，最早记载巨人事迹的是《山海经》，其中最有名的是"夸父追日"的传说，故事说：在荒漠的高原上有一座山，听起来就很吓人，名叫成都载天，想必是很高很高。山里住着一位名叫夸父的巨人，他十分高大，但到底有多高，没有人能说清楚。他在山中闲着没事，渐渐养成了一个奇怪的癖好——喜欢玩蛇，常常手里拿着两条黄蛇，耳朵上也挂着两条黄蛇。他为人很骄傲，自认为力大无穷，可实际上，他的胆子很小，最害怕夜晚。有一天，他看着渐渐西沉的太阳，产生了一个追日的念头。于是，他迈开大步向西方追去，好不容易追到了隅谷（太阳落下去的地方），眼看就要把太阳给抓住了，可偏偏这个时候他口渴得要命，急得他三步两步跑到黄河和渭水河旁边，张口一吸，两条河就被喝干了。但是喝干了这两条河的河水还是不解渴。他又想去喝大泽里的水，可没等走到，这个巨人就被渴死了。他手里拿的手杖落在地上，马上化作一片邓（桃）林。

当然,《山海经》里记载巨人的绝不止一处,《大荒东经》曰:"东海之外……有波谷山者,有大人之国。有大人之市,名曰大人之堂。"《大荒北经》又记载:"有人名曰大人。有大人之国,厘姓,黍食。有大青蛇,黄头,食尘。"

《列子·汤问》中也有一条关于巨人的记载,说是在东海的东面,有一大壑,名叫"归墟",里面漂浮着五座仙山,就是岱舆、员峤、方壶、蓬莱、瀛洲五山。仙山上住着许多神仙,每天忙碌地飞来飞去。这五座仙山自由自在地在海上漂了许多年,可是有一天,天帝怕仙山漂到北极去,就让15只大龟,三班倒换,轮流驮着五座仙山,6万年换一次班。就这样,平安无事又过了若干万年。不料,有一年却出事了。

原来,昆仑山北面很远的地方,有一个龙伯国,这个国家的人都生得十分高大,看上去就像一棵棵大树。且说其中有一个巨人,也是闲着无聊,就拿起一根钓鱼竿,准备到海边去散散心,下海走不了几步,就到了归墟五座仙山的地方,举起钓竿来一钓,也许背负神山的大龟确实饿急了,一下子就钓上来两只大龟。他乐呵呵地背起大龟往家里跑,回家以后,还把龟壳剥下来学习占卜算卦呢。只可怜员峤、岱舆两座仙山经这么一闹,给漂流到了北极,沉没到海里去了。天帝知道这件事后,十分生气,就把龙伯国的国土缩小了,又把龙伯国的人变矮了,以示惩罚。到伏羲和神农的时候,这个国家的人,矮得不能再矮了,但还有几十丈那么高。《海图玉版》也说:"龙伯国人长三十丈,生万八千岁而死;大秦国人长十丈;中秦国人长六丈;临洮人,长三丈五尺。"还有的古籍,根据上古巨人的传说,添加了更为丰富的想象,《博物志·外国》记载:"大人国,其人孕三十六年,生白头,其儿则长大,能乘云雨而不能走,盖龙类,去会稽四万六千里。"

由于巨人十分高大,自然力大无比,在远古崇尚体力的年代,我们的先民们把他们看成是神,甚至把他们看成是神的祖先,这一点都不奇怪。伏羲是人类的始祖,有造物神的特征,在中国神话里他的神格极高,但据说他就是巨人的后代。

中国历史上不但有关于巨人的记载,而且还出土过巨人的化石。据《国语·鲁语》记载,春秋吴国讨伐越国时,曾经从地下挖出了一副巨大的人骨架，整整装了一牛车。吴国的人谁都不知道这副骨架的由来，于是专门派了一个使臣跑去问孔子。孔子回答说：当年大禹治水的时候，曾在会稽这个地方，召集千神百鬼开过一个会，大家都按时而来。有一个叫防风氏的人，妄自尊大，姗姗来迟，被大禹杀头示众了，据说他的骨架就能装一车。孔子确实很博学，轻而易举地解决了问题。可见巨人在历史上的确存在过，春秋时期还出土过他们的化石。

关于巨人存在于地球的记载，并非仅见于中国，在世界其他地区也有不少巨人曾经活动过的证明。

古希腊神话里，就有一个被称为提坦的巨人族，同众神生活在一起。北欧的神话里，冰霜巨人和野山巨人，一直是众神的故人，双方反复斗争，直到同归于尽。公元前400多年，希罗多德在其所著《波斯战史》中，曾经记载说，当时人们曾在欧洲出土过一些巨人完整的骨骼。《圣经·创世记》也记载说："那个时候，有巨人在地上。"另外，在古埃及的文献中，也不止一次提到过这些巨人们。

在美洲，关于巨人的神话更是普遍。据当地印第安人的传说，巨人并非土生土长于美洲，而是从其他大陆上乘船而来的。这些巨人十分凶恶残暴，曾经侵入过印加帝国，给印加帝国带来了深重的灾难。安第斯山脉一带，至今流传着一个美丽动人的"小松仁"的故事：一对年老的夫妇，晚年喜得一子，但没有想到这个孩子只有小松仁那么大点，所以起了一个名字叫小松仁。这个小松仁历尽千辛万苦，终于在安第斯山顶上找到了一块巨人的骨头，用它来擦身子，一下子就长大了，长得和正常孩子一般大。这个故事说明，在安第斯山脉一带曾经发现过巨人的骨骼化石。

斯堪的纳维亚的神话诗《女巫预言》当中也提到了巨人：

我还记得昔时的巨人；
往日他们曾给我面包，
我知道有九个世界，他是在
地下有强劲树的根中。

综合以上资料，我们确信在地球上曾有过一巨人族和我们生活在一起，他们的活动范围很广，在东欧、北欧、中亚、东亚、北非及整个美洲地区都有他们留下的活动痕迹。那么这些巨人究竟有多高呢？《海图玉版》说"龙伯国人，长三十丈"，《博物志》记："秦始皇二十六年，有大人十二，见于临洮，长五丈，足亦六尺。"我们统一按秦尺来计算，秦一尺约等于今天的23厘米，身长三十丈即69米多，身长五丈即11米多，六尺之足就是1.3米。

这些巨人是从哪里来的呢？有些人根据地球上曾经发现古代巨猿的化石这一事实断定，古籍中所谓的巨人，就是那些已经消失的巨猿。但是，这个推断有两个疑点：第一，当今世界发现的巨猿化石一共有三处，印度的匹拉斯普；中国的广西武鸣、柳城，湖北的建始高坪。其中建始的挖掘资料比较详细，共出土巨猿化石300余枚。从形体解剖与复原学研究，这些巨猿的骨骼结构与类人猿近似，牙齿比现代人大四倍，前肢长而后肢短，完全不能直立行走，体重可达150～300公斤。

首先从发现的地点推测，巨猿的活动受一定的地理限制，喜欢在热带和亚热带丛林中生活，因此，它们活动的纬度很低。然而，古籍中所载巨人，完全具有人的特点，而且可以直立行走，这与出土的巨猿是不相符的；其次，历史上记载的巨人，活动的范围十分广大，根本不受纬度的限制，中国神话中的龙伯国人，生活在昆仑山以北的地区，不论怎样计算，昆仑山也在现今中国西北部地区，纬度已经很高了。北欧神话里的冰霜巨人更是生活在冰天雪地的北极范围当中，这与考古挖掘不吻合。因此，古籍中的巨人族并非巨猿；第三，据地质地层分析，巨猿生活在新生代第四纪更新世中期，与恐龙生活的年代相去不远，距今大约有5000万年。人类最早的化石记载也不过几百万年，也就是说，当巨猿灭绝的时候，地球上根本没有人类，甚至连人类的雏形都看不到。而关于人类上古巨人族的记载，最远不超过1万年，甚至在公元元年前后还有巨人的活动，二者年代差异极大；第四，从巨猿的形体结构分析，如此巨大的生物（身高十多米），需要一个适合的地球重力环境，至少现在的地球重力环境不适合它们生存。而地球现在的重力环境形成已经有几千万年了，人类是在地球重力环境改变以后出现的生物，人类与巨猿绝不可能生活在同一个时间段里。由此可以推断：巨人族并非洪荒时期的巨猿。

那么，巨人到底是从哪里来的呢？

单从生物进化的角度看，巨猿根本没有进化为智人的可能性，因为它的形体过分巨大，自然界自然淘汰的法则，将那些体形巨大的生物都淘汰掉了，像恐龙就是被淘汰出局的生物，不可能单单留下巨猿让它进化成人形。因此，巨人族的出现只能是一个意外，是一种自然界以外的力量使它出现并与人类生活在同一个时间段里，除此以外，再没有合理的解释。

解释巨人的出现是一件费脑筋的事，我们先不解释巨人为什么出现，而是先看一看巨人为什么会消失，也许可以从中得到一些启发。

世界上许多神话在记载巨人的时候，都提到一个共同的细节，那就是，巨人是被神消灭的，而且几乎都是被雷电之类的东西消灭的。美洲印加的神话说，巨人侵入了印加地区，抓住了印加国王，残忍暴虐，上帝知道这件事以后，就降下了一团团火焰烧死了全部巨人；在印度早期的雅利安人的神话里，他们信奉的大神叫帝释天，帝释天实际上是个雷神。据记载，帝释天用霹雳和烈火杀死了残暴的巨人；在北欧的神话里，叨尔是大神奥丁的长子，也是一位雷神，他的主要敌人就是冰霜巨人和野山巨人，他常常用一个大槌劈开巨人的头颅；在中国的神话里，蚩尤这个恶神就是勇猛巨人族的头领，他率领着巨人们参加了反对黄帝的战争，其结果，蚩尤战败，巨人们在战争中被旱魃身上发出的巨大热量杀死。在夸父追日的神话里，巨人夸父也是死于太阳的高温之下。

通过以上神话的记载，基本可以肯定一点：巨人是在一场意外的变故之中被有意消灭的，而且消灭肯定与火与雷有关。那么是谁消灭了巨人呢？是神，是来自外太空被人类称之为神的宇宙高级生物。这些神为什么要消灭巨人呢？从神话记载看，原因有两点：一、这些巨人们曾经与神为敌，北欧的神话中主要表述了这个意思，中国神话里龙伯国人钓去了两只大龟，致使五座仙山沉没了两座；二、这些巨人曾经给人类带来了巨大的灾难，北美印第安人的神话传说同样表达了这个意思。因此可以肯定，巨人们绝不是消灭他们的神创造的。

根据中国神话的逻辑性，我们可以这样假设：巨人族并不是外太空人（月亮生物）有计划、有组织创造的，而是由一个或几个怀有反叛月球目的的外太空生物私自创造出来的。大约有这种可能：一些月球的反叛者，有一次，他们意外发现一具保存完好的巨猿尸体，于是，他们截取了巨猿

外星人就在月球背面　175

部分活细胞从中提取出所需的遗传基因，然后与创造出来的人类进行新的基因重组，创造出了巨人族。

当然，他们创造巨人的目的就是为了他们的反叛服务，不需要真正意义上的完美。因此，巨人除了身材高大、力大无穷以外别无优点，过多地保留了动物的凶残野性。这些尚不完美的巨型人类，曾给其他矮小但完美的人类带来了不少麻烦，导致我们的先民对他们产生恐惧，这种恐惧以宗教的方式表现出来，就是把巨人神圣化。这一点也反过来证明，巨人族确实和我们的先民共同生活在一个时期内，双方有过频繁的接触。后来，这个小型的反叛组织率领巨人们参加了反叛月球的战争。当然，反叛者们失败了，不少巨人在战争中被杀，巨人族也就随之灭亡了。北欧神话里有这样一则故事：一位巨人变成了一位建筑师，说他能给天神们建造一座非常坚固的宫殿，让天神们安安稳稳住在里面。但他所要的报酬很奇特，他要求天神在宫殿完工以后将月亮送给他。当工程快要完工的时候，天神们终于发现，原来他是个野山巨人。雷神叨尔毫不客气用大槌打碎了这个巨人的头颅。可见，巨人与天神在争夺月亮。这则神话或许可以成为我们假设的一个旁证。

可能有少数巨人在战争中逃脱了劫难，他们隐居在深山老林或海岛之中。但在历史演进的长河中，由于他们自身的缺陷（严格地说他们并不是人，而是介于人类与野兽之间的一种生物，虽然具备了人形，却没有人类的智力，过多保留了野兽的本性），同时也由于他们的身材过于高大，不适合地球的重力环境，绝大多数灭绝了。可能还有一些在特定的自然环境下，为了生存而发生变异，身材越来越矮小。

虽然巨人们变得矮小，但比起正常人身材还是很高大，中国史书把他们称为"长人"。关于这种"长人"，史书中有多处记载，最早的记载见于《博物志》，记秦始皇二十六年，有长人出现在临洮地区，以后史书断断续续一直记载到隋代，其中比较著名的有以下几条：

《晋书·武帝纪》记载："是月，长人见于襄武，长三丈。"

《晋书·五行志下》记载："魏元帝咸熙二年八月，襄武县言有大人见，长三丈余，足长三尺二寸，发白，著黄巾黄单衣。"

《隋书·五行志下》记载："陈永定三年，有人长三丈，见罗浮山，通身洁白，衣服楚丽。"

第五节 人之初——破解《山海经》

我们提出"人类是动物基因组合的产物"的假设，尚有大量上古神话为其佐证，从中我们可以窥视宇宙高级智慧生物在创造人类时的一个较为完整的过程。从古史的记载看，我们现代人的生物结构形式的创造，并不是一次性完成的，而是在一个较长的时期里，在反复实验下最后选定的。

印度的《摩诃婆罗多》中曾说到，伟大的梵天在造人时也曾犯过错误，也曾失败过，不得不几次重新开始。

印度中部的科尔库人的神话说，大神玛哈德奥派一个乌鸦神去造人，它取了一些红色的泥土，刚刚捏成两个人形，大神因陀罗派出的两匹烈马就腾空而起，将人像踏得粉碎。创造者坚持做了两天，但是一等人像做完，就被因陀罗的烈马踏得粉碎。

在我们上引达雅克人的神话时，我们已经知道，萨拉潘代神曾经多次造人，但都不满意，经过反复的试验，最后终于造出了一个他满意的人形来。类似的思想，我们在美洲、埃及等地区的神话里也经常读到。

通过对这些神话的研究，我们深深体会到，我们的先民在创造这些神话时，的确想告诉未来的人类这样一个思想：神造人是经过反复试验完成的。这个信息还曲折地反映在其他类型的神话当中。

在研究世界各民族上古神话传说里，我们同样可以发现这样一种共同而普遍的文化现象，即不论什么民族，在其上古传说里，他们所崇拜的神，绝大多数都是人与兽的混合型，比如，皮马人的世界创造者是郊狼，休伦人的创世者是渡鸦，欧洲人的天使都长着翅膀，印度崇拜的迪格杰神是人身象首，埃及则崇拜狮身人面神。

吉尔伽美会叙事诗是这样讲述的：阿鲁鲁创造出第一个人，是个半人半神的物体，有2/3是神，但有1/3是人，他的名字叫吉尔伽美什，出生在乌鲁克城。但此人是个十足的无赖，坏事做尽。于是天神又让阿鲁鲁用黏土创造了另外一个人，名叫恩起都，长了一身的毛，像个野兽。

普林尼出生在公元23年，死于公元69年，在他编写的《自然史》中就记载了许多人与兽的组合怪物，有马人，有鱼人……仔细研究，这些怪物与中国《山海经》所记载的差不多，它应该是上古传说的总结。

《史记·大宛传》记载说："至《禹本纪》《山海经》所有怪物，余不敢言之也。"比如说，中国的创世大神是伏羲，他就是一个人首蛇身的神，看起来挺吓人的。此外，《山海经》这部书中记载的神，绝大多数都有一副怪模样：

《大荒北经》载："北海之渚中，有神，人面鸟身……名曰禺强。"

《大荒西经》载："有神，人面虎身，有文有尾，皆白，处之。"

《南次二经》载："其神状，皆龙身而鸟首。"

《中次二经》载："吉神泰逢……其状如人而虎尾。"

《中次八经》载："神计蒙处之，其状人身而龙首，恒游于漳渊，出入必有飘风暴雨。"

《海内北经》载："鬼国在贰负之尸北，为物，人面而一目。"

《海内西经》载："窫窳者，蛇身人面。"

《大荒东经》载："有神人，八首人面，虎身十尾，名曰天吴。""有神，人面、犬耳、兽身，珥两青蛇，名曰奢比尸。"

《大荒南经》载："有人焉，鸟喙，有翼，方捕鱼于海。""有人三身，帝俊妻娥皇，生此三身之国，姚姓，黍食，使四鸟。"

……

或许有人会说，《山海经》所记过分荒诞，根本不足信。不错，《山海经》号称上古三大奇书之一，到目前为止，许多学者都不能尽通，或许说根本就读不懂。原因何在呢？当然原因有许多，但其中有一个重要原因就是，学者们根本就不承认《山海经》的真实性，认为它是没有事实依据的胡思乱想。从这种观念出发，不可能对《山海经》这部奇书有一个正确的认识。难道《山海经》仅仅是精彩的想象和夸张吗？

据史书记载，西汉孝武帝时，曾有域外异人进贡了一只奇鸟，其名无人能知，也不知如何喂养，眼看着此鸟奄奄一息，即将死去。后来，大文豪东方朔道出了此鸟的来历及名称，并告诉人们此鸟应该如何喂养。孝武帝按东方朔所说的一试，果然如此。于是就问东方朔：你是从哪里得知这只鸟的事情？东方朔回答说：臣曾经读过《山海经》，其中有关于这只鸟的记载。只此一事可证，《山海经》中所记载的，绝不仅仅是想象与夸张，可惜的是，由于我们思维有误，水平有限，根本理解不了。

《山海经》中也曾明确记载了大人、巨人之事，通过我们以上的考证，巨人一族的确曾生存于地球，这不但中国有证据，外国也有大量的证据，这也说明《山海经》是有相当事实依据的。

在西方，小人国的故事流传很广，几乎家喻户晓，很多人在少年时都曾听父辈们讲述过这个故事。事实上在中国也有关于小人国的记载，《山海经·大荒东经》就记载说："有小人国，名靖人。"《大荒南经》也记载说："有小人，名曰焦侥之国，几姓，嘉谷是食。""有小人，名曰菌人。"

清代纪昀曾在新疆任职多年，在其《阅微草堂笔记》卷三里就曾明确记载了叫做"红柳娃"的小人，"乌鲁木齐深山中牧马者，恒见小人高尺许，男女老幼一一皆备。遇红柳吐花时，辄折柳盘为小圈，著顶上，作队跃舞，音呦呦如度曲。或至行帐窃食，为人所掩，则跪而泣。系之，则不食而死；纵之，初不敢遽行，行数尺辄回顾。或追叱之，仍跪泣。去人稍远，度不能追，始蓦涧越山去。然其巢穴栖止处，终不可得。此物非木魅，亦非山兽，盖僬侥之属。不知其名，以形似小儿，而喜戴红柳，因呼曰红柳娃。丘县丞天锦，因巡视牧场，曾得其一，腊以归。细视其须眉毛发，与人无二。知《山海经》所谓靖人，凿然有之。有极小必有极大，《列子》所谓龙伯之国，亦凿然有之"。此事有标本为证，且作者亲见，看来确有其事。那么，反过头来再看《山海经》，你能说它是荒诞之作吗？

实际上，在《山海经》中，凡是我们能够看懂的，基本上都是真实的，比如说，《北山经》记载："又东北二百里，曰龙侯之山，无草木，多金玉。决决之水出焉，而东流注于河。其中多人鱼，其状如鱼，四足，其音如婴儿，食之无痴疾。"现代人一看就明白，这里所记载的就是我们所说的"娃娃鱼"，一点都不离奇。

再比如说，《西山经》记："有鸟焉，其状如鸮，青羽赤喙，人舌能言，名曰鹦䳇。"这条记载同样不离奇。还有，《山海经》中记载了许多中草药，同样无任何怪异，许多至今我们仍在使用。因此，我们目前暂时看不懂的，绝不能轻下断言将其否定，这其中很可能有大量真实的东西。

《山海经》之奇，除了地理、物产、植物、传说以外，最大的奇处就是它记载了许多类人生物，还有许多稀奇古怪的民族，像贯胸国、交胫国、三首国、三身国、一目国，等等。因为这些离奇的类人生物实在与我们的经验与知识相去甚远，故而从来没有人认真对待过这些记载，谁能想象"贯胸国"人的胸前有一个大洞呢，刮风下雨怎么办？真是太离奇了！

然而，如果我们以"人是宇宙高级生命利用地球动物基因组合而成"的假设去重新看待这些离奇的记载，就会有一种豁然开朗的感觉，因为我们从这些记载中真实地看到了人被制造及改进的整个过程。从而可以得出一个结论：《山海经》里那些类人生物，即人与兽的组合型生物，是没有试验成功的半成品。这就是千古之谜——"人之初"。

最初的人是个什么样子呢？

北美祖尼人的神话说，那时的人类与其他动物比现在更加相似。我们的祖先是黑色的，就像他们走出的洞穴一样黑。他们的皮肤冰凉又有鳞，像泥土里的动物；他们的眼睛突出，像猫头鹰；他们的耳朵像洞穴里蝙蝠的耳朵，他们的脚就像在潮湿而柔软的地方行走的动物那样是有蹼的；他们有尾巴，按老少分为长短尾。人类蜷缩而行，或像蜥蜴般在地上爬行。

根据上古的种种神话，我们可以作这样的推测：

一方面，宇宙高级生物在面对地球所有动物基因时，无法一下子创造出一个既形体优美，又符合生物生理结构，更能适应地球重力环境及将要进入某种生活环境的新人类，所以他们试着用不同的基因组合方式来进行试验，这样就产生了《山海经》及其他民族上古神话中所记载的奇怪人种。

他们或许认为，将来的新人类应该有马一样的奔跑速度，借此来躲避天敌或传送信息，故而，他们尝试着创造了这样一种人类，《海内经》载："有钉灵国，其民从膝以下有毛，马蹄善走。"《海外西经》载："长胫之国在雄常北，被发，一曰长脚。"《海外北经》载："跂踵国在拘缨东，其为人大，两足亦大，一曰大踵。"

他们或许认为，未来的新人类只有增加器官的数量才能在险恶的自然环境中更好地生存下去。于是，他们又创造了这样一些人，《海外南经》载："三首国在其东，其为人一身三首。"《海外西经》载："奇肱之国在其北，其人一臂三目。"《海内西经》载："服常树，其上有三头人，伺琅玕树。"《大荒西经》载："大荒之中，有山，名曰人荒之山，日月所入。有人焉三面，是颛顼之子，三面一臂，三面之人不死。"

他们或许认为，未来的新人类应该像鱼一样生活在水里，故而创造了氐人之国，《海内南经》载："氐人国在建木西，其为人，人面而鱼身，无足。"

他们或许认为，人类应该像鸟一样在空中飞翔，既能捕食于陆地，又能捕食于海洋，故而创造了灌头国、羽民国，《海外南经》载："灌头国在其南，其为人，人面有翼，鸟喙，方捕鱼。""羽民国在其东南，其为人长头，身生羽。一曰在比翼鸟东南，其为人长颊。"

甚至，他们出于我们不知道的原因，创造了许多更为奇怪的人种：

《海内经》载："南方有赣巨人，人面长臂，黑身有毛，反踵。""又有黑人，虎首鸟足，两手持蛇，方啖之。"

《大荒北经》载："又有无肠之国，是任姓。无继子，食鱼。""有人一目，当面中生。一曰是威姓，少昊之子，食黍。""有继无民，继无民任姓，无骨子，食气、鱼。"

《大荒西经》载："有神，人面无臂，两足反属于头上，名曰嘘。""有人反臂，名曰天虞。""有人名曰吴回，奇左，是无右臂。""有一臂民。"

《大荒南经》载："有卵民之国，其民皆生卵。""有人方齿虎尾，名曰祖状之尸。"

《海外北经》载："无肠之国深目东，其为人长而无肠。""柔利国在一目东，为人一手一足，反膝，曲足居上。一云留利之国，人足反折。""一目国在其东，一目中其面而居。一曰有手足。"

《海外南经》载："结匈国在其西南，其为人结匈。""贯胸国在其东，其为人匈有窍。""交胫国在其东，其为人交胫。""长臂国在其东，捕鱼水中，两手保操一鱼。"

……

另一方面，由于人类来自于各种动物基因的组合，因此，在被组合的初期，基因很不稳定，它既有向母体回归退化的倾向，同时也存在变异的倾向，这两种倾向导致大量初期的人类发生与原设计不相符的变异，从而出现了许多千奇百怪的类人生物。这些类人生物很可能曾在地球上存在过相当长的一段时期，以至于完善的人类出现以后还曾见到过，把它们当成了怪物，因此留下大量怪异的传说。

从《山海经》的记载看，这些类人生物，不论多么奇怪，有许多是有智慧的，除了形体以外，他们和现在的人类是一样的，也过着类似人类的社会生活。只有这样来理解《山海经》，才能体现出它的真正价值，否则我们永远也不会读懂它。因此，可以断言，《山海经》中记载的类人生物，绝不是出自古人的想象，那是人类初期的模样，是在试制阶段的人类。

总之，经过反复大量的试验，最后终于在形体上选定了我们现在这种结构，这种结构是综合了地球上所有动物的长处，所以看上去我们才那样优美，才能成为地球的统治者。仅从这一点看，人类以目前这个面目出现，的确是一个十分偶然的结果。

第六节 世界的原点

如果神话中神造人的记载是真实的，那么全世界的人应该有一个共同的起点，我们原本是兄弟和邻居，因为神不可能在全世界各地重复进行自己的工作。那么，这个世界的原点在现在的什么地方呢？

民族被统一

据调查，中国南方少数民族中的神话里，都有民族同源的传说，白族、土家族、苗族、布依族、壮族、彝族等，传说的内容大体是这样的：很久很久以前，有一对夫妇生下几个兄弟，他们本是一家人，后来因为一件事，几个兄弟分家了，老大成了汉族，老二成了苗族，老三成了壮族……形成现在的各族人民。这些神话在暗示我们，在远古时期，所有的民族都居住在一起，后来由于一件我们不知道的事情，居住在一起的人们开始四处分散，形成了多种民族、多种文化。

从人类学及进化论的角度来说，这是不可能的。如果说这些神话传说记载的是人类形成初期的情况，那么人类的记忆也太可怕了。大家知道，按照进化论的观点，人类统一起源于非洲，但那是200多万年以前的事情，即使从原始社会初期算起，也有60多万年的历史。将一种记忆保存60多万年，这可能吗？请不要忘记，200多万年以前，人类还谈不上真正的文化，甚至连语言都不存在，怎么能将这种记忆保存下来呢？如果按照另外一种观点，人类是从世界各大洲分别进化而来的，那么人类同源的神话又如何解释呢？值得我们注意的是，人类同源的神话不仅存在于中国，世界各民族几乎都有类似的神话。

《圣经》记载说："民族被统一，所有的人都说着同样一种语言。他们正打算完成他们已经开始干的事情。好吧,到山下去,扰乱他们的语言,让他们不能互相理解。"于是,主把他们驱散到世界各地。人类所要干的事情就是建造一座通天的巴别塔,后来塔被毁了,人类被驱散了。

墨西哥特尔台卡传说中也提到了人类早期聚居的事情,后来由于一场变故,大约也是在神的操纵下,人类开始分散,民族开始形成,"但他们(指人类)的语言开始混乱,他们已经变得不能相互理解了,因此,为了改变居住地点,他们向不同的地区出发了"。

北美祖尼人的神话说:早期的人类都居住在一个地区的大山洞里,这个山洞黑乎乎的,十分潮湿,所以大家都不想长住下去,于是,他们分成六队向上爬。这六队人就成了六种人的祖先,黄色的、褐灰色的、红色的、白色的、黑色的、混合色的。这则神话告诉我们,最初的人类都是居住在一起的。我们相信,祖尼人创造这些神话的时候,肯定没有见过白种人和黑种人,白种人到北美是在17世纪,黑种人到北美是在18世纪。

世界所有民族曾经被统一到一处,又使用着同样一种语言,我们现有的知识和材料无法加以证实。从地理上看,如果说欧、亚、非三大洲曾被统一,还有一定的可信度,因为三大洲大陆板块相连,但如果说美洲和澳洲也被统一,那就有点太离奇了。问题是,我们认为不可能的事恰恰摆在了我们面前,世界各民族神话大规模一致的这个现实,绝不是视而不见就可以解决的了,任何一个还有些理智的人都要承认这个现实,哪怕它与我们的经验和知识差距再大。一句话,我们必须解决古人留下的这个难题。

首先,就是以上这些记载的真实性问题。

目前,摆在我们面前的有两种资料,一种是见于神话传说和文字记载的资料,一种是考古挖掘的实物资料。这两种资料,几乎是相矛盾的,根本不可能互证。从逻辑上说,这两种资料不可能都真实,它肯定只有一种是真实的,但我们应该相信哪一种呢?客观地说,对于第一种资料我们已经无法考证了,时光不可能倒流。那么似乎我们只能相信第二种资料了。但是,同样从逻辑上看,这两种资料都是孤证,因为它们既不能互证其正确,也不能互证其错误,因此也根本不存在用一种东西去反对另一种东西的可能性。也就是说,在没有第三证据之前,这两种资料都可能是正确的,也可能都是错误的。

我们认为，如果以上世界各民族和语言曾经有过统一的记载是真实的，那么只能有一种解释：人类不是自然进化而来的，而是"神"的合成品。搞生物学研究的人都知道一条规律，任何新物种的出现都需要经过几代杂交，借以强化和稳定物种新的遗传基因，然后才可以推广使用。"上帝"们在创造人的初期，由于被造的人其遗传基因和身体结构不稳定，所以在很长一段时间里，他们曾聚集在一起，共同生活，使用同一种语言。通过不断的改造，在人类生理结构完全稳定，即不会发生变异和退化之后，"上帝"将人们送到世界各地去生存，从此，他们的语言发生了很大的混乱，开始了各自的发展历史。由于人比其他动物更为复杂，因此这个稳定的时期比较长。同样，在这个阶段内，人们心目中的神与人生活在一起，因而形成了世界早期民族中"人神相杂"的神话，不少民族将这段时期称之为黄金时期。

追寻文明原点

假如果真像神话所说，人类当初曾经集中在一起生活，那么这个集中点，可以说就是全世界人类的起点，也是全世界文明的原点。

那么这个"原点"最有可能在什么地方呢？让我们分析一下世界上最古老的几种文明起源、传承关系以及人种问题，或许会有些启发。

古希腊文明是"二手文明"。曾几何时，世界上有一股西方中心论的怪潮，认为人类文明的中心在西方。这也难怪，中世纪以后的西方科学的确很强大，社会财富也很丰富。财富这个东西，从来就没有什么属性，卖鸦片与开妓院得来的钱，同样可以开办慈善事业。

欧洲最早的文明叫克里特文明，可惜它毁于火山爆发，几乎没有留下太多的东西，因为当时欧洲还没有文字。又过了几百年，欧洲出现了迈锡尼文明，但这个文明并不是一个独立的文明，它是古埃及在海外的殖民地，所以有很浓重的埃及成分。在迈锡尼出现短短的200年后，突然有了古希腊文明。所以，古希腊文明从根子上讲，并非欧洲的本土文明，而是东方的埃及文明的变种。在其后的百年当中，古希腊的许多哲学家都曾到过埃及、巴比伦留学。我们举几个例子：

古希腊第一位自然科学家是泰勒斯,他年轻的时候曾经游历过巴比伦与埃及,从这两地学习到了大量的知识。当时巴比伦的天文学在世界上最为发达,大约在公元前600多年以前,巴比伦人就发现了沙罗周期,即每过223个朔望发生一次日食,他曾经根据这个周期,成功地预言了公元前585年5月28日的日食。当时埃及也是世界几何学最发达的地区,尼罗河每年都要泛滥一次,每年都要重新测量土地,于是发明了"测地术",其实就是几何学。泰勒斯将埃及的"测地术"、巴比伦人的天文学带回去欧洲,发展成一般性的几何学。所以泰勒斯的学术源头是巴比伦和埃及。

毕得格拉斯年轻的时候曾向泰勒斯学习过,后来接受泰勒斯的建议,到埃及学习了相当长的一段时间,在埃及他学到了大量数学和宗教知识。至于毕得格拉斯在埃及具体学到了什么,又带了什么回到希腊,我们不得而知。但毕得格拉斯的所有学术成就,都是从埃及回国以后创造的,这一点应该是可以肯定的。如果说毕得格拉斯的成就源头是埃及,大约不算过分吧。

柏拉图在苏格拉底死后,也曾游历过埃及,大约有10年的时间。由于历史久远,我们并不知道柏拉图在埃及的具体生活,但他同前面几位一样,也是在从埃及回国后建立起柏拉图学院的。

事实是清楚的,希腊文明源于东方。

我们认为,希腊本身并没有创造任何文明,希腊人与其说是创造者,不如说是个忠实的记录者,他们是些好学生,而不是任何意义上的好教师。他们的全部成果,仅仅是理解东方学术的结果,他们本身没有任何一项发明创造。为什么这样说呢?因为当时的希腊根本没有发明创造的社会需要,他们也没有做过相对应的科学实验。因此,希腊文明顶多是二手文明,他们是一群东方文明的继承者。现代的西方文明,在根源上是东方文明,而且是走了样的东方文明。所以欧洲大陆不可能是世界文明的原点,更不可能是中心。

古埃及文明可能源出亚洲。世界上关于埃及文明的起源问题、埃及人种问题一直在争论。随着考古学的不断发展,也随着研究的不断深入,人们发现,埃及文明不太可能是埃及本地的文明,它应该是某种亚洲文明。

第一,埃及文明出现在尼罗河两岸十分突然,根本没有什么过渡阶段,一下子就是一个成熟的文明,好像是从天上掉下来的一样,让人百思不得其解。

大家知道，文明的发展离不开财富，而财富的产生就与生产方式有很大的关系。在旧石器时期，人们靠采集与狩猎为生，食物来源极不稳定，饥一顿饱一顿，不可能有稳固的财富来源。按照现在的研究成果，人类早期的文明都离不开原始农业的出现。比如说，中国原始农业大约出现在公元前8000～10000年，经过3000年的发展，人们生产有了剩余，这才出现了文字。不但中国如此，世界其他文明也几乎都是如此。

奇怪的是，埃及文明与上述的基本规律一点都没关系。1901年，考古学家在埃及挖出一批尸体，死者两旁有各种器具。据测，这些墓葬属于公元前4000年。由于墓葬所在地为沙漠，尸体经过6000年而未腐烂。经解剖，在死者的肠胃中发现了仍未消化的大麦。这就是埃及原始农业的证据，再往前就找不到任何证据了。

实际上，最早的农业根本不可能出现在埃及，因为尼罗河一带植物比较单一，小麦、大麦、粟等人类主要农作物的野生状态并不在埃及，不可能首先被埃及人驯化。此外，埃及人的宗教里动物崇拜达到了令人吃惊的程度，埃及的神也常常是人兽的组合型，或者干脆就是动物，如"拉"神就是牛、阿蒙是羊、图特是狒狒等，尤其是牛在埃及崇拜中占有很重要的地位，但牛和羊的野生状态同样不在埃及。这只能说明，埃及人是从其他地方迁移过来的。

再比如说铜，我们在埃及公元前4000年的墓葬中发现了铜，但整个埃及并不产铜，而北方的土耳其等地却盛产铜，因而铜肯定是从西亚传到埃及的。在艺术方面，埃及也与西亚很相似，例如，埃及前王朝时间的陶器、雕像、装饰艺术品等，在许多方面都与美索不达米亚同类物品相同或相似。从这些方面来推断，我们只能得出一个结论：埃及文化的确源于亚洲。

第二，从人种上说，埃及人属于亚洲人种。

人们习惯将世界人划分为四大人种，白种人——发源地在欧洲，后来扩散到美洲和大洋洲；黑种人——发源地在非洲，黑奴贸易时流散到美洲等地；黄种人——发源地在亚洲，后来散居世界各地，美洲土著印第安人，在人种上也属于亚洲蒙古人种；棕色人——发源于大洋洲，现在主要居于澳大利亚。

大家也许并不知道，我们今天关于人种划分的理论，就源自埃及。在距今3000多年的埃及雕塑和绘画中，埃及人将欧洲人涂上白颜色，将非洲人涂上黑颜色，将亚洲人涂上黄颜色，而将自己涂上红颜色，这就是最早的人种划分。当然埃及人将自己涂成红色，并非表明它是红色人种，世界上印第安人自称自己是红色人种，但科学界并不承认它是个独立的人种。在许多民族的宗教意识里，红色具有某种秘密的含意，甚至是神的颜色。在中国出土的山顶洞人和仰韶文化的墓葬中，就发现尸体上或墓葬里有红色的粉末，它表达的仅仅是一种宗教意识。

那么埃及人到底属于什么人种呢？世界教科文组织曾经召开过几次会议，专门讨论埃及的人种问题，但至今没有一致的结论。在古埃及的壁画中我们看到，经常出现在壁画里的大致有两种人，一种是奴隶，一种是贵族。奴隶的形象很明确，就是非洲的黑人，而贵族则一律是亚洲人。在埃及的雕塑里，那些法老和天神的形象都具有亚洲人的特点。因此，可以肯定，古埃及的贵族是从亚洲迁移过去的，是他们带去了先进的文化和先进的农业生产技术。

西亚文明起源不明。西亚地区最古老的文明，不是巴比伦而是苏美尔。一个不知来自何处的民族，创建了一个我们至今尚不清楚的文明，后来它神秘地消失了。最早对苏美尔记录的人是巴比伦的历史学家贝格苏斯，生活年代大约在公元前250年，但他的记载仅仅涉及一条神话：有一群不知名的怪物，它们生活在深深的海洋中，有一天，这群怪物在一名叫欧内斯的首领率领下，突然冲出了波斯湾，来到了苏美尔地区，它们发明了农耕、冶金和文字。贝格苏斯最后说："人类生活的改善，一切都应归功于欧内斯，自此之后，人类再没有什么重大的发明。"但很快苏美尔人就在人类的记载中失踪了，希腊人、罗马人、犹太人都没有关于苏美尔的记载，古希腊著名历史学家希罗多德好像也没有听说过，因此无一字记录。

此外，人们发现苏美尔的语言、文字中，就含有许多蒙古语音和印度象形文字的成分。从考古发掘的骨骼分析，苏美尔人个子矮小、壮实，有点像蒙古人种。

在苏美尔的创世神话中，在大洪水中活下来的唯一人，名叫纠苏拉德，可是在洪水发生的时候，他并不生活在现今的两河流域，而是在遥远的东方,也就是太阳升起的地方。大洪水以后,他才来到了苏美尔地区。按照洪水神话的规则,凡是活下来的人,即是那一个民族的祖先,这证明苏美尔人来自东方。

在苏美尔文明之后,又过去了大约2000年,西亚两河流域出现了一个新的文明,那就是耀眼的巴比伦,巴比伦的意思是"神的门户"。巴比伦之所以出名,是因为它有两个好学生,一是古希腊,它将天文学、基础数学、物理学、哲学传授给了希腊人;再一个是犹太人,它将丰富而繁杂的神学传给了犹太人,后来希伯来文明中许多东西来自巴比伦,比如,《圣经》里的许多篇章,如大洪水、伊甸园等都直接来自巴比伦神话。

但巴比伦以后,这个地区战火不断,除了宗教几乎没有保留下什么值得一提的东西。有人曾这样评价巴比伦文明:"巴比伦文明,其对人类的贡献不及埃及,深刻多样不及印度,成熟精巧不及中国。"

最古老的印度文明。有记载的印度文明史开始于公元前3000多年,它怎么也早不过公元前4000多年的埃及和苏美尔。但1942年,一位名叫本纳尔齐的印度考古学家,在印度的北方发现了一个东西长1600公里、南北长1400公里的文化带,在这个区域里,已有四五百座相互重叠的地下城市被挖掘出来,其中最著名的两座是哈拉巴和摩亨佐·达摩。

对于这些城市的确切年代,现在还没有一个定论,但最保守的估计也在公元前4000年以前,也就是说它绝对不晚于西亚的苏美尔文明。有两个有力的证据证明,摩亨佐·达摩文明比已知的最早文明还要早。

证据一:这些古城是相互重叠的,我们了解最多的只是上面的一层,但从一些地方出土的情况来看,下一层明显比上一层具备更先进的工艺,好像这些最古老的工艺已经有了几百年或者几千年的文明历史。看着这些明显不同的出土层,人们只有一个感觉,那就是印度文明实际处于退化之中。当我们知道上一层属于公元前4000多年以前,而这个年代则是埃及和苏美尔文明的上限,这样就可以肯定,摩亨佐·达摩文明的下一层要早于埃及和苏美尔,也许是几百年,也许是几千年。

证据二:在摩亨佐·达摩遗址中,人们出土了大量蛇头形印章,上面雕刻着精美的图案和至今谁也无法解破的象形文字。在苏美尔文明遗址中,考古学家也发现了相同的蛇形印章,在后来的巴比伦文明中也有同样的印章出现。但是，这些印章对苏美尔而言，处于文明的早期，而对印度而言则是它的晚期，这里面有一个明显的先后次序，说明印度摩亨佐·达摩文明远远早于西亚和北非的文明。同时它也证明，西亚苏美尔文明和北非埃及文明都来自于与印度相同的某个文明，或者就是从印度文明中迁出去的。

这个摩亨佐·达摩文明，它究竟高到一个什么程度呢？

据考古资料，这些城市都拥有上千间房屋，建筑材料主要是砖木结构，它们排列成宽阔的街道和狭窄的小巷，这些建筑拔地而起，高达好几层楼。从格局、规模来看，这些城市好像没有统治者，更重要的是，城市中找不到神庙一类建筑物，好像当地居民根本不需要宗教崇拜一样。

最令人惊叹不已的，是这些城市的卫生设施，其完善的程度即使是如今现代化城市也未必能够达到。每家都有一个从楼上倾倒垃圾的通道，设在二楼的厕所也有一条专门的管道通入地下，然后经过一个沉淀槽流入排水系统。这里的地下排水系统密如蛛网，完全可以和巴黎的地下排水系统相媲美。

这里出土了大量精美的物品，有彩陶、陶瓷、棋子、印章、石刻，其中有一辆铜制双轮马车的模型，与14世纪的马车没有什么两样。出土的金银珠宝和各种首饰，其制作之精良，让今天的人都大为叹服，考古学家马歇尔曾说："如此精良的制作和高度的磨光，以至这些东西仿佛出自今天伦敦第一大街的珠宝行。"

追寻着这条文明的线索，我们最终回到了东方，人类起源的秘密就在东方。

1987年月12月14日，《中国日报》刊载了一篇题为《这是中国最早的文字吗》的文章，报道说，中国考古工作者在河南贾湖村出土了新石器时代的甲骨文字，根据碳-14测定，这些文字的年代是公元前6000年，距今已有8000多年。研究后认为，这些文字属于象形字，比如龟甲上刻有一只眼睛的形状的象形字，表示"目"，它们与后来的甲骨文属于同一体系的文字。这样一来，中国文字的上限至少在公元前6000多年。而这个年代，比已经发现的埃及文明早了1000年，比苏美尔文明早了2000多年，这就使中国成为世界文明的源头之一。

事实上，中国最早的文字还不是甲骨文，而是陶文。中国是世界上最早进入陶器时代的国家，在旧石器的晚期，中国大地就有了陶器，距今1.2万年，比如发现于柳州大龙潭的陶片就是公元前1万年的古物。人们在许多的陶器上发现一些符号，比如，1992年山东大学考古队在邹平县丁公发现了龙山时期的一块陶片，上面刻着5行11个文字，李学勤教授认为，这些陶文与甲骨文一样，也是象形文字，而且它们与商代甲骨文有一样的笔顺。

尽管丁公的陶文仅是公元前2200多年文物，但它却证实了一个重要问题，那就是陶文与甲骨文属于同一个文字体系，因为过去曾发现不少的陶文，如西安半坡陶文（约公元前4700年）、临潼姜家寨陶文（约公元前4600年），但由于发现的文字少，不少专家认为它仅是符号而不是文字。丁公陶文的发现，说明陶文的确是一种古老的文字，而且曾在中国的其他地区使用过，而且分为不同种类。这些符号大多数是表意的，是早期的文字。考虑到陶片易损和中国陶器历史很长的现实，中国陶文的实际出现年代，肯定会比现在发现的要早，很可能要早过甲骨文，甚至可以推到陶器出现的年代，即距今1.2万年。

这样一来，全世界文明的原点，最可能在如下地区：印度以北、中国西北部、伊朗高原的东部。这一带正好属于中亚草原的中心地区，也是世界上许多民族的发源地。后来由于某种原因，这些民族开始逐渐向四周迁移。这个过程是漫长的，也许经历了几千年。向东迁移的族群，构成了中华民族；向南迁移的族群，构成了伊朗和印度民族；向西迁移的族群，构成了两河流域和埃及人的祖先。比如说，伊朗人和印度人的祖先——雅利安，就起源于这一带，后来向南迁移，一支在印度次大陆定居下来，成为现代印度人的祖先，另一支在伊朗高原定居下来，发展成今天的伊朗人。

中国人的祖先曾生活在现在甘肃酒泉一带，那里有神话中的圣山——古昆仑，还有中国的始祖黄帝。在民族大迁移时，中国人分为了三支：

一支沿黄河东去，到达现在的蒙古草原，这就是周穆王要找的河宗族，其后，他们继续东迁，到达现在的东北地区，现在发现的红山文化与中原文化有许多相似处，原因就在这里。甚至有些人越过了白令海峡，到达了现在的美洲，成了土著印第安人的祖先。

一支南下渭河，到达关中盆地，进入关中盆地后，开始建立统一的政权，中国走入了有文字记载的历史，最后发展成为一个泱泱大国。南下的族群中还分出了一支，沿嘉陵江南下，到达四川盆地，它的后代又继续向南扩散，遍及现在的云南、贵州等处。

一支顺河西走廊北上，进入现在的新疆和青海，这支人就是西王母部落，最后消失在群山大漠之中。

所以，当时在原点地区可能定居着许多民族，大家有着相同的文化，这种文化就可以称为"原点文明"。一般来说，迁移的最终地点，离"原点"越近，所保留的"原点文明"的因子就越多。反之，离"原点"越远的民族，其文化的差异性也就越大。但世界上主要的文明形式，都是对"原点文明"继承的结果。从这点上说，中国和印度的上古文明中，包含了更多当时文明的因子。

第8章
人有两套生命系统

　　根据世界神话提供的线索，我们必然会得出这样一个结论："神"不仅创造了人，而且还给了人灵魂。也就是说，人有两套生命系统，不仅有肉体生命系统，而且还有另外一套生命系统，我们每个人其实都是一个与"神"相伴的共生体，"神"就在我们的身体里面。

　　但证据呢？其实这个证据早在2000多年以前就被完整地写进了《黄帝内经》，只是我们一直没有发现。

第一节 人是什么

在心理学研究时，人们发现这样一个现象：有人患有人格分裂症，但同时他还患有糖尿病。但奇怪的是，糖尿病只在一种人格中存在，一旦人格转换，糖尿病立刻消失。那么糖尿病是真的还是假的？是人格决定疾病，还是疾病决定人格？人格又是什么呢？人又是什么呢？

人的定义

可能有人会说：这个问题太傻，我们都是人，每天接触的也是人，世界上的学问许多都涉及人，比如说哲学、文学、历史学、宗教、诗歌等，怎么会不知道人是什么呢？其实人们不要太过自信，在我们这个社会中，千百年来最难回答的正是这个问题：人是什么？

中国大哲学家老子在《道德经》中说："知人者智，胜人者有力，自胜者强。"意思是：认识别人证明有智慧；战胜别人证明有力量；唯有战胜自己才证明真正的强大。"自胜"的前提当然是认识自己，可见此事多么艰难。

几乎与老子同期，古希腊人也有类似的看法。在古希腊帕那苏斯山坡上有座德尔斐的城市，市内有一座著名的阿波罗神庙，在神庙的入口处写着这样一句格言：认识你自己。在哲学极度昌盛的古希腊，这句话的意义十分深远。从那时起，人类就走上了"认识自己"的道路，但几千年过去了，我们似乎并没有找到正确的答案。到了今天，我们依然有权利提问：人是什么？

庄子说："天地与我并生，万物与我唯一。"

《尚书》说："惟人万物之灵。"

孔子说："仁者，人也。"

古希腊哲学家普罗泰戈拉说：人是万物的尺度。

德莫克利特说：人是原子构成的生命。

亚里士多德说：人是政治动物。

神学家说：人是上帝创造物。

拉美特立说：人是机器。

生物学家说：人是蛋白质的堆积物。

物理学家说：人是时空中的一个客观实体。

语言学家说：人是语言唯一所有者。

历史学家说：人是历史的创造者。

《圣经》赞美人说："你无所不备，智慧充足，全然美丽……你从受造之日便是完美的。"

老百姓说：人会笑！

……

如果我们仔细统计一下关于人的定义，恐怕少说也有几百种。看着以上这些关于人的经典论述，谁敢说已经回答了"人是什么"的问题。不同的人从不同的角度，可以得出完全不同的结论。

为什么要追究人的定义呢？因为所有的哲学其实都起源于人类对自身的认识，我们怎么看待自己，就会怎么去看待外面的世界，当人体仅仅是血肉组成的时候，外面的世界肯定是由物质构成的。也就是说，如果我们看不清自己的话，那么对世界的认识肯定存在很大的偏差。然而，从"人的定义"出发，我们看不到一个完美的解释，那么相对地，我们对世界的现有理论就未必是准确的。

比如说，爱因斯坦曾经与以玻尔为首的哥本哈根学派有过一场大争论，爱因斯坦代表的是经典物理学，而玻尔代表的则是量子物理学。两派争论的焦点之一，就是世界上到底存在不存在"决定论"。在经典物理学中，人们认为世界存在严格的决定论，事物都有一个确定的值，而我们可以通过一些方法来把握这个值。而量子物理学则认为，世界根本不存在严格的决定论，也不存在一个确定的值，人们对事物的观察，永远是不准确的。比如说，当人们要观察一个粒子的运行速度的时候，就无法知道它的质量，同样，知道质量的时候，就不知道速度，这就是著名的"测不准原理"。因为我们观察时，都会给观察对象一个力，最终会影响对象的真实状态。

所以量子力学发明人之一海森堡曾有一句名言："我们所观察到的，并不是自然的本身，而是因我们提问方法所揭示的自然。"这是对目前认识方法的最有力的否定，因为科学发展到今天，所谓主观客观、唯心唯物统统被打破，主观的、唯心的研究会越来越多，这才是世界的本质。美国物理学家惠勒曾说："基本的量子现象只有当它被观察时才是一个现象。"这对那些死板的唯物主义，不啻当头一棒。

这一切的争论，表面看起来是物理学的，但在本质上却是关于"人的定义"的争论。而在人的定义之中，目前最不好界定的是关于人类精神的起源与本质。人类的精神来自于哪里？人类的身体内部可以自然而然产生精神吗？

在很长一段时间里，人们认为精神是由大脑自然产生的。为了回答人类的精神有别于动物，就必须找到人脑与动物的本质区别，许多科学家一生都在致力于寻找证据，然而后来的科学研究却证明，这些证据有许多都是错误的。

人脑的平均重量在1300克左右，但并不能说明任何问题，形体较大的动物，相对的脑子的重量也大，比如大象的脑重4000克左右，鲸鱼的脑重7000克左右。

后来人们又发明了用脑容量与身体重量之比的方法来说明精神产生的根源，但事实证明，这个方法也是行不通的，看一下数据就明白了，人是1∶38，鲸是1∶2500，大象是1∶500左右，猩猩是1∶100左右，似乎人占的优势较大，然而，白鼠是1∶26，长臂猿是1∶28，麻雀是1∶34，都比人优秀得多，可它们并没有产生过精神。

随着人类大脑科学的进一步发展，人类似乎终于发现了精神的来源地，那就是人的大脑沟回多，故而精神像山沟里的清泉源源不断地流淌出来。人的大脑左右半球表面展开来的面积大约有2250平方厘米，就相当于一张4开八版的报纸那么大，而老鼠和兔子的脑表面都比较平坦，这好像挺有道理的！可是，没过多久，科学家在无意中发现，海洋中海豚的大脑沟回一点也不比人少，甚至比人类还要多，如果仅按大脑沟回的多少，来评选精神丰富的程度，我们相信其结果一定不是人类，而是一种意想不到的动物。

还有的人认为：人的大脑细胞比其他动物的脑细胞多，所以人类能够产生精神。可惜的是，事实并不是这样的。如果我们取0.0001立方毫米的大脑细胞数作为比较的基准，那么人们会发现，人类是10.5，鲸鱼是6.8，猫是30.8，老鼠是105.0，越是体形小的动物，大脑细胞的密度就越大。

进化生物学家曾指出，人类的额叶较灵长类动物大得多，这是我们具有创造性思维和语言能力的根源。然而，美国艾奥瓦大学的学者们却认为，人类大脑额叶的大小与其他灵长类动物相比，并无显著差别。艾奥瓦大学的马西奥和谢曼迪费里两人对包括人类在内的一些灵长类动物作了磁力共振影像扫描，然后测算大脑每一部分的大小，结果他们发现，人类大脑的额叶与灵长类动物的区别并不明显，大猩猩额叶占大脑的31.7%，黑猩猩占36.1%，人类占36.8%。黑猩猩比大猩猩高出5.4个百分点，但它并不比大猩猩聪明多少，相反，人类比黑猩猩仅高出0.7个百分点，但人类却比黑猩猩聪明了许多。因此，额叶的大小并不能说明任何问题。

那么人类的精神现象是从哪里来的呢？问题转了一圈又回到了它的起点：什么是人？

其实在这个问题上，几百年科学的发展并没有提供过多的解答，例如上面的这些数据，尽管很精确，但说明不了任何问题，也离我们心中的疑惑十分遥远。而在目前人类所有资料当中，只有早期的神话以及宗教对此有过几千年的研究。

有灵的人类

先民们反复告诉我们一个道理：人之所以成为人，就是因为人有灵魂！

为了使人们对灵魂观念有一个较为完整的认识，我们有必要回顾一下现代人对灵魂观念的产生与发展的某种误解。

一群生活在丛林中的原始人，他们是以一种十分好奇的眼光来看待他们所置身的世界和他们自己的。

晴朗的天空，突然飘来一块黑云，霎时遮挡住了万物生长依赖的阳光，大地顿时变得阴暗起来。生活在丛林中的各种动物惊惶地向巢穴奔去。一阵冷风过后，黑沉沉的云块突然裂开了一道长长的豁口，刺眼的光亮顿时将大地万物照得雪亮。随后，一个炸雷在空中炸响，震得周围的树木簌簌颤抖。接着，一个圆圆的火球击向一棵大松树，随着一声巨响，千年的古松被拦腰劈成两段，豆大的雨点，随着惊雷从天空上散落下来。不久，远处的山谷里传来了似万马奔腾般的呼啸——山洪暴发了。无情的洪水以雷霆万钧之势冲出山谷，将原始人赖以生存的植物统统冲毁。

无知的原始人不知道黑云、闪电、炸雷、山洪之间的必然联系，只是震慑于自然界的巨大威力，迷茫的大脑里出现了一个他们认为合理的解释——神灵，这一切都是由神灵决定的。所以，这一切过去以后，原始人用石块垒起祭坛，他们无比虔诚地拜倒在自己创造出来的神灵脚下，嘴里喃喃地发出了赞美神灵的音节。于是，原始宗教产生了，万物有灵的观念产生了。

这就是现代历史学家、人类学家、宗教学家、社会学家向我们讲述的一个十分动人的故事。一切都是假的，一切都是人们想象出来的，这就是结论。那么，人有灵魂的观念是怎么来的呢？这些学者略一沉思，然后用平静但又是十分自信的语气教育我们说：

一天夜里，秋虫和青蛙的叫声奏起了催眠曲，劳累了一天的原始人渐渐发出了鼾声，他们入睡了。不知过了多久，突然一声惊叫划破了夜空，聚族而居的原始人都被惊醒了。借着水塘微暗的亮光，他们发现一个同伴呆呆地坐着，瞪着一双惊恐万状的眼睛。人们关切地问他，为什么会这样呢？他向同伴讲述说：他睡着之后，来到了一片山林中，朦朦胧胧，百花娇艳，他正在与一只小鸟对话的时候，突然间一阵腥风吹来，丛林中蹿出了一条很粗很粗的大蛇，张着血盆巨口，一下子将他吞进了肚子里，吓得他大叫一声，蛇不见了，却发现自己依然好好睡在山洞里。大家听他说完，也觉得十分奇怪，这是怎么回事？这时，一位即将被赶出部落的老年人，颤巍巍地说：这没有什么好奇怪的，刚才是你的魂魄（灵魂）离开了你的身体，到外面游玩去了，没想到遇见了一条大蛇。大家听完，似乎恍然大悟：噢！人是有灵魂的。

过了几天，在一次集体狩猎时，梦见蛇的青年人被一头狂怒的野牛用锋利的犄角捅破了胸膛，一命呜呼了。大家给他举行了简单的葬礼，渐渐把他忘掉了。又过了一些日子，一天早晨，人们发现一个人正呆呆地坐在洞口外面的一块石头上，正神情恍惚地望着远处的山峦。当大家问他时，他神秘兮兮地告诉大家：昨晚他和那个被野牛捅死的人一起出去打猎了！大家听完又是一阵惊讶：他不是死了吗？早已被我们埋在土里，怎么能和你一起打猎呢？又有一位老人告诉大家：他晚上遇到的不是那个已经死去的人，而是死人的灵魂，这个灵魂一直和我们在一起。于是乎，大家又长了一个见识：人可以生生死死，但灵魂是永存的。

但是，毫不客气地说，以上这些研究都是推测，它距历史的真相究竟有多远呢？或许相近，或许相差十万八千里，谁知道呢？没有一个原始人会从棺材里爬出来告诉大家真相，于是，谁的名气大，谁说的话就是真理。

其实，灵魂的观念并不是古人有意创造出来骗人的，它只是对人类生命现象、人类生命结构的客观解释而已，在科学没有令人信服的说明之前，我们为什么不能客观地看待灵魂观念呢？

第一，灵魂来自于神，或者说灵魂在某种意义上就是神本身。

《圣经》记载说："耶和华用地上的尘土造人，将生气吹在他的鼻孔里，他就成了有灵的活人，名叫亚当。"上帝吹的这口气，不论从什么角度来理解都是灵魂，《圣经》的意思是说：当一个人有了灵魂之后，才是一个有意义的活人，否则他只是一堆肉、一种动物而已。这种思想在人类的早期神话里也是比较常见的。

印度沿海穆里亚人的神话说，上古时期，大地一片狼藉，有两个幼小的孩子，神在他们背上捅了一下，从而把生命放到他们的身体里，神的指印至今留存。神把什么东西放进了人类始祖的躯体里呢？显然，那就是灵魂。

印度中部科尔库人的神话里同样有神给人灵魂的细节，神话说，神在造好人以后，将生气吹进了他的身体里，并把生命赋予了他们。

《摩奴法典》中也反映了同样的意思，创造世界的就是灵魂："当他在安眠中休息时，具有活动本性的有形物体就停止活动，意识也不起作用……当这灵魂进入黑暗（人的身体内部）后，他就长时间逗留在黑暗中，同感官联合在一起，但他并不完成他的职能，他离开了有形的躯体。当他被一层细分子包着，进入蔬菜和动物的种子时，他就和纤细的身体结合在一起，具有了一种新的有形的躯体。这样，这不朽者，由于交替地醒来又睡去，不断地使全部动的和不动的天地万物获得再生或使之毁灭。"

阿拉伯的神话说，上帝使泥土形象有了生命，赋予它理想的灵魂。美洲印第安人、非洲土著等神话里均有神创造人时赋予人们灵气一类的记载。

英国的人类学家泰勒在其所著《原始文化》里通过对原始民族神话和宗教观念的考证，最后得出了一个结论：灵魂在原始人眼里是一种稀薄透明的东西。

首先，让我们综合一下原始宗教和神话里关于灵魂的一些普遍看法：

1. 灵魂是神给的。几乎在所有的造人神话中都持同样的看法，像埃及的《死者书》中所写的："神是生命，人们只能通过他而活着，他赋予人们生命，他把生命的气吹进了他的鼻孔。"

2. 灵魂是在身体出现以后由外部进入身体的。《摩奴法典》记载说："这些伟大的'原'（构成灵魂的最初物质）团结在一起，并彼此联合，进入了身体，因此人们变成了'原人'（有灵魂的人）。"

3. 灵魂比身体要古老。埃及的《死者书》中写道："在初始就存在神圣的灵魂"，中国的《黄帝内经》中在讨论精气时说，精气"常先身生"。

其次，灵魂（神）是不可见的、无形的，虽然我们每天都与灵魂相伴，但我们却感觉不到它的存在，灵魂是另类的存在。

灵魂在所有的论述中都是不可知的，意即我们的感官是无法感知的。但如果我们仔细阅读远古的神话就会发现，灵魂实际上就是创造我们的神，二者是合而为一的，例如：

埃及的《死者书》阿尼草纸书中说，神是虚无的、隐秘的，是精灵。"神是隐秘的，无人知道他的形象，无人能获得他的真相。他对诸神和人们是隐秘的，对他的造物主来说，他是一种神秘。""神自己就是存在，他保持不增不减，他繁殖自我千百万次，他在形体和器官上是多种多样的。"

《摩奴法典》认为:"于世自存的神,他自身并不能被看清,但他却使伟大的元素及其他都被看清""他只能被内部器官看见,他是难以捉摸的、不可见的、永恒的。"

澳大利亚和美洲印第安人神话中,有时将创造世界的神直接描绘成智慧、精神。印度的神话里有时也将神说成是"道"或"德",这些东西同样没有可知性。

古波斯的《列土纪》说:

> 人人都想眼见造物主的模样,
> 珊瑚般的肉眼无法窥见他的形象。
> 人们的思维无法把他想象,
> 他超越了一切名义与一切地方。
> 能表述一切的语言描绘真主也无能为力,
> 心灵与理智无法通晓主的真意。
> 因为理智通过语言描绘某种现象,
> 只能依据人们眼见的模样。

因此,所谓的神或者灵魂是看不到的,他们不存在目前意义上的形体,印度《蒙查羯奥义书》说:"神我固无形,在外亦内是。"所谓的"神我",即是后来佛教所讲的"神识",也就是身体内在的灵魂。

从人类生命的角度看,所有的宗教或者神秘主义,归根到底都是一个医学问题,而不是意识形态的问题,无论是科学还是宗教,其实都在解决同一个问题,那就是人类生命构成的真相。但从实际结果看,它们只是各自解决了一部分问题,而远非全部。

好,再让我们来总结一下:

第一,神从某种意义上说就是灵魂,或者可以这样理解,当灵魂外现时即为神。创造了人类的神,后来又潜居于我们的身体内,成为灵魂。

第二,灵魂是一种生命体,它有自身的生灭规律,而且它就在我们的身体内部,与我们共生,我们人类很可能只是灵魂的载具而已。

第三,灵魂生命是无形的,即不存在于物理学的世界里,但它作用于我们身体的功能却是可以被感知的。

上述这些古老的观念有多少合理性呢？客观地讲，尽管上述观念流传了几千年，但具有"实证"性的资料几乎没有，历史上企图证明灵魂存在的人，几乎都失败了。比如说，古希腊哲学家柏拉图就希望以逻辑的方法实证灵魂的存在，在《高尔吉亚篇》《斐多篇》《理想国》《蒂迈欧篇》中，我们都可以看到他实证灵魂的过程，但他失败了。灵魂始终只是一个观念而非实体，不可能拿出来供后人参观。

那么，灵魂真的不可以实证吗？其实未必！

早在2000多年以前，中国的先民们手中就拿着一本书，它就是《黄帝内经》，这是中医的原始理论。而就在这部书中，中国人阐述了一个观点：在我们的身体里还潜藏着另外一种生命，这是一个智慧远远高于我们的活着的生命体，在某种程度上它控制、利用我们的身体。而这种生命体无论从任何角度看，都十分类似古老的灵魂。重要的是，这不是传说，而是医学；更重要的是，几千年来我们一直在利用灵魂达到自己健康的目的。

读到这里，可能有读者大呼上当，那么请放下手中的这本书，找一个好的中医，问他两个问题：第一，中医是建立在解剖学基础之上的吗？为什么？第二，中医里所讲的五藏完全对应解剖学上的五脏吗？如果他说，中医并非建立在解剖学之上，中医里的五藏也与解剖学上的五脏不完全对应，那好，你就可以接着往下看。

第二节 发现你自己

小时候我们总爱玩这样一种游戏：将手电筒光照射在墙上，然后把手放在手电筒前面，双手不同地重叠，会在墙上显现出不同的图形，有时像狗，有时像狐狸，水平高超的人还可以弄出逼真的人物肖像。但必须注意，不论多么相似，映在墙上的画面都是假象，狗并非狗，人也并非人。

说来读者可能不信，这就是中医。在中医看来，最真实的人体解剖系统的一切，都像是这墙上的影子，而不是造成影子的实体，而影子的背后则是另外一套生理系统。所以中国虽然有比较深厚的解剖学基础，却另起炉灶建立起一套完全与解剖学无关的医学理论，你不感觉奇怪吗？

隐藏的自我

如果问：宇宙中有什么？大家都会说，有流星、行星、恒星、星系、星云……其实大家说的并不全对，研究发现，宇宙中除了这些我们看得见的东西以外（占10%），绝大部分的东西是我们看不见的（占90%），叫做"暗物质"。

如果问：人是怎么构成的？大家脑子里肯定出现一连串的知识，大脑、四肢、五脏、神经、血液、细胞……几乎都是西医学告诉我们的。一般人也不会怀疑，因为这都是在解剖刀下已经证明的，是千真万确的。

然而，这是人体唯一的构造吗？中医说：绝对不是！在我们看得见的构造下面，人还有一套隐藏的、看不见的构造。正如影子和实体一样，我们看得见的身体，其实只是一个影子，决定影子的，是我们看不见的构造。

那么，这套隐藏的构造叫什么名字呢？它有一个很拗口的名字，叫"藏象"。但尽管很拗口，等大家看完这节后就会发现，这是一个极其准确的名字，古人的智慧无与伦比。我们就先说说这个名字是怎么来的。

如果要问："中医的基本内容是什么？"一般人都能回答，五脏、六腑、奇恒之腑、经络、气血、阴阳、五行等，这些确实是中医的内容，但太散乱。《黄帝内经》中唯一能将这些散乱的内容统一起来的就是"藏象"一词。

《素问·六节藏象论》曰："帝曰：藏象如何？岐伯曰：心者生之本，神之变也；其华在面，其充在血脉，为阳中之太阳，通于夏气。肺者，气之本，魄之处也；其华在毛，其充在皮，为阳中之太阴，通于秋气。肾者，主蛰，封藏之本，精之处也；其华在发，其充在骨，为阴中之少阴，通于冬气。肝者，罢极之本，魄之居也；其华在爪，其充在筋，以生血气，其味酸，其色苍，此为阳中之少阴，通于春气。脾、胃、大肠、小肠、三焦、膀胱者，食廪之本，营之居也，名曰器，能化糟粕，转味而入出者也，其华在唇四白，其充在肌，其味甘，其色黄，此至阴之类，通于土气。"

这是中医关于"藏象"的最完整记载，甚至是唯一的记载。它涉及五脏、六腑、血气、阴阳、五行、神魄等，实际上已经包含了中医的基本内容，而且它是一个完整的系统，有形态有功能。难怪目前许多学者都认为，"藏象"是中医的核心，还有的说它是基础理论的基础……反正中医的所有内容都是围绕这一核心建立起来的。

那么什么是"藏象"呢？

《说文解字》释"藏"曰："藏，匿也。"就是隐秘、藏匿的意思，《说文解字》中再没有第二个字义。此书的作者许慎，是东汉时期人，与《内经》的成书几乎在同一时代，故而在中医里"藏"读cang，不读zang。《黄帝内经》在使用这个词的时候，几乎都用的它的本意，例如，《素问·六节藏象论》曰："五气入鼻，藏于心肺……五味入口，藏于肠胃。"《素问·上古天真论》曰："肾者主水，受五脏六腑之精而藏之。"《灵枢·本藏》曰："五藏者，所以藏精神血气魂魄者也。"这些"藏"字的意思都是藏匿而没有其他含义。正是在这个意义上，《素问·调经论》曰："心藏神，肺藏气，肝藏血，脾藏肉，肾藏志，而此成形。"

因此，中医里讲的"五藏"绝不是"五脏"，现在许多人将其通假，那是错误的。后来我们对中医的许多误解，都是从这里开始的。

"象"又是什么呢？中医的"象"不是比喻，而是"藏"的印迹，或者是某种征兆。小时候我们都玩过捉迷藏的游戏，几个孩子跑着躲起来，一个孩子找。突然找人的孩子发现前面的矮树林猛烈晃动，他跑过去一把拽住躲藏的小孩。在这里，找人的孩子并没有直接看到躲藏的孩子，他看到的只是小树在动。树动就是象，是藏者之象。

那么，"藏象"合起来是什么意思呢？所谓的"藏"有两种含义：一是宏观上指人体那套隐藏的构造；二是微观上指五藏，即心肝脾肺肾（但不是解剖学上的心肝脾肺肾），也可以是神魂魄意志。所谓的"象"是指五藏外在的表现形式。"藏象"最直观的本义应该是：五藏以及五藏运行时在人体上所表现出来的种种表象。简单地说，"藏象"就是隐藏的物体与它的表现形式。比如说，有些人常常脚发热，大冬天睡觉时也将脚伸到被子外面，这是肾虚之象。

不说不知道，一说吓一跳。中医在解说人体结构的时候，竟然与西医截然不同。打个比方说吧，如果说西医学是研究显宇宙、显物质的学问，那么中医学则是研究暗宇宙、暗物质的学问。

藏象是个系统，它包括五藏、经络，也包括了这个系统的运行原则。而这个系统却与已知的人本解剖生理系统不一，它的功能比解剖五脏要大。由于这个系统目前不可实证，看不见、摸不着，故而古人将其称为"藏"，意思是藏匿在解剖五脏背后的系统。由于这个系统以神魂魄意志为核心，因而又称为"五藏神"。

其实许多人都同意"藏象是个系统"的观点，区别在于他们只承认藏象是个功能系统，即藏象是人体生理解剖系统的功能态，而不承认"藏象"是有别于生理解剖系统的另类生理系统，因为人们找不到藏象系统的组织形态。但世界上没有形态的东西有功能吗？我们常说的人体特异功能，也是立足于人体而言的，如果人体不存在，哪来的"特异功能"呢？没有火焰，就没有"热"这种物理现象。

所以，这就迫使我们必须承认：藏象首先描述的是一种真实的人体生理形态或者生理组织结构，然后才是功能的阐述。然而，千百年来令医学家们为难的是，虽然《内经》描述的就是一套生理系统，可是在解剖上却找不到这套生理系统，也就是说，从解剖的角度看它不存在。但在医疗实践中，我们却能感觉到它的作用。

不存在的东西却时时刻刻发生着作用，这就是我们面临的所有问题的关键。

我们必须树立这样一个信念：不论藏象与我们已有的知识、观点如何冲突，但藏象向我们描述的东西是客观存在的，它就真真实实存在于我们的身体里，每天都在正常运行。而且还必须明确一点：藏象系统既不是理论模型，也不是思维模型（因为说理论模型或者思维模型，总让人感觉藏象本不存在，是人们脑子里创造出来的，会引起人们的误解），它是某种真实的原型，不论理解不理解，它也是一个原型。

那么，这个真实存在的"藏象"是什么呢？我们初步可以这样来定义：藏象是有别于现代解剖学的人体生理系统，即藏象是另类人体生理系统。如果我们将解剖生理系统称之为人的第一生理系统的话，那么中医藏象就应该是人体的第二生理系统，而且它是个完全独立的生理系统。

这个隐藏的自我，可以有许多种称呼，古代印度的奥义书将它称为"神我"，佛教则将它称为"神识"，大体上我们也可以将它等同于神话的"灵性"，也就是一般意义下的灵魂。但在这些称呼当中，"神我"最形象，而"藏象"则最准确。

看电影

我们将中医"藏象"提到了人体另类生理系统的高度，从这个高度，我们也许可以重建中医理论的新体系，避免以往许多中医理论说不清、道不明的缺陷，以更加简明直观的形式向国民普及中医知识。

"藏象是人体第二生理系统"的观点不太好理解，也许会有许多人搞不清楚这个生理系统与熟知的解剖系统有什么关系。为了帮助大家理解我们的推论，我们用放电影来比喻中医"藏象"。

大家都喜欢看电影，我们常常痴迷电影中的情节，要么感动得热泪俱下，要么惊得张口结舌。但如果静下心来细想，其实电影中的所有画面都是假的，中间的人物也是假的，电影正是通过这些虚假的画面再现了一个故事。比如说电影《三国演义》，它通过无数个画面，再现了当时沧海横流、英雄辈出的时代，把我们带进了"桃园结义""煮酒论英雄""赤壁之战"等历史事件中。但大家在看电影的时候很少注意屏幕上的画面是怎么来的。

如果我们要对中医学用一个形象的比喻，那么只好说：中医就像正在放映的电影。电影需要三个东西来组成，放映机、屏幕、电影画面。屏幕上出现的是画面，但画面不能自然产生，它是由放映机投射出去的影子，它不是电影胶片，也不是拍摄电影时的实物原型，它是放映机工作状态的一种表现。放映机才是电影的核心，它控制画面产生的质量，同时也决定屏幕接受画面的效果。

中医的"藏"就是放映机，它就是人体的第二生理系统。中医的"象"类似电影的画面，它是"藏"工作状态的反映。屏幕就像是人的解剖生理系统，但它不能代表放映机，只能作为电影画面的载体。

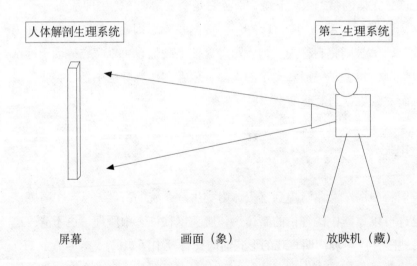

我们说人体的第二生理系统是无形的、不可实证的。那么通过什么来认识第二生理系统呢？只有通过"象"。所以"象"是第二生理系统工作状态的反映，也是我们理解、认识、把握第二生理系统（藏）的一种方法。我们通过屏幕认识拍摄电影的导演和演员，同样通过"象"来认识第二生理系统。藏和象的关系是藏决定象（身体的健康与否，疾病的方位、程度等），象的好坏、大小、清晰程度都由藏来决定，没有放映机永远也不会有电影。

屏幕是画面的载体，通过这个载体我们才能看到放映机的工作状态。画面的好坏可以影响屏幕，同样屏幕的好坏也可以影响画面。但屏幕与放映机是相对独立的，也就是说解剖生理系统与第二生理系统是相对独立的，在离开对方的情况下都可以存在、运行，只是不能构成电影而已。

所以，中医的藏象有两层含义：对于五藏而言，解剖五脏就是象；对于整个第二生理系统而言，形体解剖上的一切生命表现都是象，即我们有形的人都是第二生理系统的工作状态的"象"，当"象"好的时候，我们就健康，但此地的健康并不简单指解剖器官的健康，而是指第二生理系统的健康。

藏象是人体中另类实有的生理系统，那么这个系统有形态吗？有！藏象系统包括两部分内容——五藏与经络。五藏大约处于人体中央地带，可能在命门附近。经络则四通八达，通连人体的全身。如果形象地说，藏象系统就像一棵树。

在黄河的岸边生长着一种柳树，它与普通的柳树不太一样，它没有明显的树干，长出地面的就是许多的柳条，这些柳条十分柔软，在风中轻舞，像女人的腰肢，当地人常用这些柔软的柳条来编织。柳条的下面其实就是树根的顶部，形成一个不规则的圆形，再往下，就是四通八达的树根，有主根，也有须根。

藏象系统就像黄河岸边的这种柳树。五藏就处于树根顶端，它是一个按照五行生克、胜复运行的生命之轮。每一藏又主管两条经络通于全身，有通于头部的，也有通于足部的，每条经络又相互联系，构成一个完整的网状结构。所谓的藏象系统就是指五藏及经络构成的系统。

藏象的这个组织结构多么令人惊奇，它居然像个树根形状，这与我们已知的人体生理结构是那么的不同，看上去简直是个怪物。但不论多么不可思议，它却是记载于《黄帝内经》中的，是古人留给我们的一个最大的人体生命之谜，中医就是以这个系统作为自己的研究对象的。

根据以上对中医的认识，我们再回过头来看《黄帝内经》，其实看似深奥难测的中医学完全可以概括为一句话，即"一个核心两个关系"。一个核心即是藏象，必须注意，中医并不是以人体解剖生理系统作为自己的研究对象，而是以藏象生命体作为自己的研究对象。两个关系是指：第一，阐述藏象生理系统与人体解剖系统的相互关系；第二，阐述了藏象生理系统与宇宙精气的相互关系。我们可以将这"一个核心两个关系"用下图来代表：

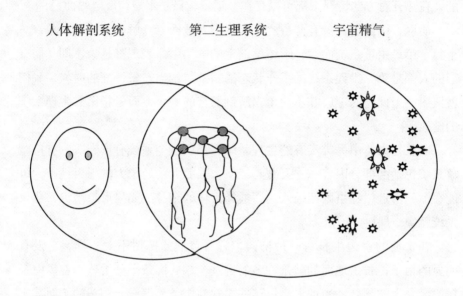

人体解剖系统　　　　第二生理系统　　　　宇宙精气

傲然独立

我们以上谈到了两个生理系统的许多不同点，但它们最大的不同点在于相互独立。藏象生理系统傲然独立于解剖生理系统，它并不一定依赖解剖系统的存在而存在，当解剖系统不存在的时候，它依然可以存在，同样，当藏象系统不存在的情况下，解剖系统照样可以单独存在。

现在的许多研究者，都过分重视阴阳（两个生理系统）的互根关系，即它们相互依存，强调了互为前提，并绝对认为两者如果一方不存在，另一方也就不存在了。其实阴阳（两个生理系统）的互根关系，并不伴随人类生命的全程，它只出现在生命的一个阶段，尽管这个阶段可能很长。在人类生命的两头，即生和死的一段时间内，阴阳互根关系是不存在的。这有点像天文物理学。

大家知道，现代天文物理学取得了重大成果，但它依然不是成熟的天文物理学，因为当今物理学法则只能对宇宙存在时期作出解释，当涉及宇宙大爆炸和宇宙的灭亡时，所有的物理学法则都失去了作用。阴阳互根的理论也同现代物理学一样，它是阴阳在生命存在一个时期内的表现，而不是生命的全程表现。

就现有的中医资料而言，在人类生命的两头，阴阳（两个生理系统）并不存在互根的关系，而表现为相互的独立。

证据之一：《黄帝内经》有本证。《灵枢·天年》记载说："人生十岁，五脏（藏）始定，气血已通……百岁，五脏（藏）皆虚，神气皆去，形骸独居而终矣。"这段经文描述了生命的两个阶段，从生命的初始到五藏始定年为一个阶段，从天年已尽到死亡为第二个阶段，这恰好是生命的两头。而在这两头，阴阳没有互根关系，而是各自独立的。

大家知道，解剖五脏的生理功能绝大部分一出生就是健全的，比如心肺肝脾的功能，从一出生就可以正常运行，否则这个人就不能存活下去。在人体解剖器官中，唯有肾及相关的性器官成熟比较晚，女子大约14岁，男子大约16岁。因此，"人生十岁，五脏（藏）始定"，讲的是藏象作为一个生理系统的成熟时间，而绝不是解剖生理系统的成熟时间。在这个阶段，两者基本上是各自独立存在、独立动作的，不存在所谓的互根关系。

"（人）百岁，五藏皆虚，神气皆去，形骸独居而终矣"，这里的百岁也不是恰好一百岁的意思，它是个约数，指的是人的天年，即120岁。"神气"是藏象五神的总称，它可以代表整个藏象系统。何谓天年？这是先天之精（阳气）耗散的理论数，也是藏象系统存在的理论数。这段经文的意思是：如果一个人活到了天年之数，此时神气（先天之精）耗散已尽，藏象系统离我们而去，但此刻，解剖生理系统依然可能单独继续存在，直至最后消亡。

证据之二：经络可以离开肢体而存在。在论述藏象组织结构时，我们说经络是藏象系统的一个组成部分，而且是唯一的辅助部分，因此经络现象可以代表藏象系统存在。但实验证实，经络可以完全脱离形体而存在，并运行正常。

据报道，北京市中医院曾做过这样一个实验：如果针刺截肢病人的残端，循经传感线可以通向已经不存在的肢体，这证明了在离体的截肢中，依然存在经络现象。

另一项低电阻实验也证明了这一点：在对18位骨肿瘤患者截肢前后所做的低电阻实验表明，肢体在离体24小时中，其低电阻值与正常肢体相同，这证明在离体的肢体中依然存在经络现象。

这两个实验有点吓人，实验结果严重冲击着我们的基础观念。但作为一个实事求是的研究者，又必须承认现实，然后作出相应合理的解释。这两个实验，至少说明以下三个事实：

第一，在离体的肢体中存在经络现象，此时肢体的生命已经不存在了，但经络依然存在，这个事实至少证明了这样一个结论：经络并不完全依赖于人类的肉体，也就是说，经络有独立于肉体的一面。这个结论完全符合我们的假设。

第二，既然经络可以不依赖我们的肉体生命而存在，这就证明，经络本身也是一种活着的生命形式。这反过来证明，在我们人类活着的时候，我们的身体内就已经有两种生命形式并存，一种是我们的肉体生命形式，一种是经络所代表的生命形式。

第三，肉体生命的死亡，并不意味着经络所代表的生命死亡，它可能与我们有完全不同的生命法则，它可能在肉体死亡后还会存在相当的时间。所以目前人类普遍持有的死亡标准、概念，并不符合生命的本质。

以上的两个实验，也彻底毁灭了想把经络与人体解剖相联系的想法。有人说经络就是人体的神经系统，更有人认为，经络的气血功能与植物神经、神经中枢的作用相似。还有的人说经络就是人体的血液循环系统，但如果经络可以离开我们肉体而存在，上述的一切所谓的证明都成了没有根据的推测。

第三节 我们是个共生体

不论我们是否愿意,但都必须承认一个事实:我们每个人都是一个共生体,藏象生命像一棵树一样,枝枝杈杈,潜伏在我们的身体中,《蒙查羯奥义书》说:"人神共一树,独没沦无明。"可能指的就是人神共生的现象。我们看似高贵的躯体,其实只是一种工具,就如同寄居蟹的壳一样。我们的所有社会行为,在不知不觉的情况下,真正的目的只是为了另一个生命体——藏象生命在服务。

我们必须承认这个事实的原因是,我们不能忽视它的存在,因为我们是个共生体,即使切掉我们的部分肢体,也同样无法摆脱它,我们与它共荣共辱。正因为有了它们,我们才是人类。既然我们只能接受事实,那么我们应该做的就是了解它,并利用它来为自己服务。毕竟这个共生体有着我们人类无法比拟的能量,有着我们无法比拟的智慧。

藏象吃什么

有人做过一个有趣的统计,地球总人口嘴巴的面积总和是8平方公里,我们嘴巴每一次的一张一合间,地球上就会出现8平方公里的空白点,白茫茫、光秃秃的一片,一切能被我们消化的东西都一扫而光。我们为什么要吃呢?道理很简单,我们身体赖以生存的所有能量,都来自饮食,蛋白、脂肪、碳水化合物、糖类、纤维、维生素……源源不断地转化为生命的能量。

为什么我们要坚持藏象生命是一个活着的生命体呢?一种有新陈代谢、有生命过程的东西都是生命体。细菌与我们很不相同,但它与我们一样有能量的交换,有新陈代谢,有生命的过程,我们说细菌也是生命。只要藏象生命吃东西,并且存在生命的起点和终点,那它就是一种活着的生命。

那么藏象生命有生命过程吗?《素问》开篇这样写道:"余闻上古之人,春秋皆度百岁而动作不衰;今时之人,年半百而动作皆衰者。时世异耶?人将失之耶?"《灵枢》中也明确说:"(人)百岁,五藏皆虚,神气皆去,形骸独居而终矣。"所谓的百岁并非指恰好100岁,它是个约数,那么这个约数有没有一个比较明确的数字呢?有。《尚书·洪范》注曰:"一寿,百二十岁也。"看来中国古人认为,人的自然寿命在120岁左右,这是人类生命的上限,也是藏象生命在人体中存在的时间上限,到了时候,"五藏皆虚,神气皆去",藏象生命就离开了人体。

为什么我们要坚持藏象生命是有别于我们的一种生命呢?而任何物种,吃的东西差别越大,在本质上的差别也就越大。地球上的生命有许多都具有同一性,那是因为我们的能量转化形式差不多。如果有一种生命,吃的东西与我们完全不同,那它肯定是另外一种生命。而藏象生命体正是这样的一种生命。

那么,藏象生命在我们的身体内部"吃"什么呢?很简单,吃"精气"。

"精"是中医里的一个重要概念,也是一个最说不清楚的概念,它歧义百出,让人摸不着头脑。有人曾经统计过,在一部《内经》中,关于"精"的具体含义就有13项之多。

那么"精"究竟是什么呢?

《管子·内业》中有一段话谈到了精:"凡物之精,此则为生,下生五谷,上为列星,流行于天地间……""精也者,气之精者也。"也就是说"精"这种东西充斥整个宇宙,无处不在,它既可被物体沉积成为物的一部分,又可以像物理学中的粒子一样穿行在宇宙中,但就是无法看到它,更别说抓住它。而且这些粒子还可以进入人体,成为藏象系统最原始的能量。

对人体如此重要的"精"究竟是什么呢?也许现代天文学的发展可以给我们一些启示。我们前面讲过,人类已经从宇宙中发现了许多生命有机分子,还有一些地球上没有样本的新分子。这些有机分子,它们随尘埃或气体漂泊,极不稳定,漫游在宇宙当中。

因此,我们提出"宇宙生命素"的假设。宇宙中漂泊不定的有机分子，或者类似有机分子的生命基本元素，都可称为"宇宙生命素"。这种"宇宙生命素"，极像我们正在谈到的精，它"下生五谷，上为列星，流行于天地间"。而这个正是藏象生命所需要的食物，藏象食精。

那么我们肉体需要这些精气吗？在现代西医学所开列的人类营养物质或者对人类有益元素的清单上，我们没有发现"精气"这种东西。人类不需要精气，精气只对藏象生命体有用。所以我们对精的定义是这样的：中医之"精"就是被人体吸纳的宇宙生命素，它是人体藏象生理系统的原始能量形式。

"宇宙生命素"以"气"的形式，从四面八方到达地球，据中医的确切记载，宇宙生命素经由五条通道扫过地球运行轨道，年年如此。中医里专门有"五运六气学"来计算这些精气到达地球的时间与角度，后面要讲到。

气从何来

气就是宇宙精气，它是一切生命之源，故称宇宙生命素。它飘荡在我们人体之外，充斥在整个宇宙之中。气又可分为两大类，人体内之气与人体外之气，而人体以外的气又可分为天之气和地之气两种。

第一，天之气。

尽管宇宙精气无所不在，充斥整个宇宙，但影响我们地球的宇宙精气则是可数的，它们形成五条通道，每年扫过地球的公转轨道，影响着藏象生命的健康，进而决定着我们人类的生老病死。这五条通道是：苍天之气、黄天之气、丹天之气、玄天之气、素天之气。《素问·五运行大论》中对这五种气有专门的论述：

"臣览太始天元册文，丹天之气，经于牛女戊分；黄天之气，经于心尾己分；苍天之气，经于危室柳鬼；素天之气，经于亢氐昴毕；玄天之气，经于张翼娄胃。所谓戊己分者，奎璧角轸，则天地之门户也。"

我们根据这段文字描制一张图，图中的圆圈就是地球绕行太阳的公转轨道，圆圈之外排列的就是周天二十八宿：

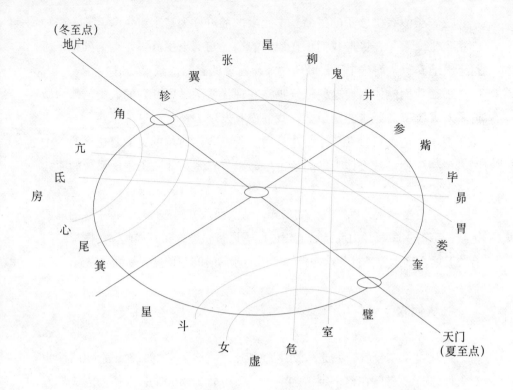

地球轨道外宇宙精气通道图

也许大家对中国古代的二十八宿不太清楚，无法理解这个图的真实含义，我们将它与目前天文学的星座作一个对比，可能有助于大家理解：

丹天之气：牛女——奎壁（双鱼座——金牛座）

黄天之气：心尾——角轸（摩羯、宝瓶座——人马座）

素天之气：亢氐——毕昴（人马座——巨蟹座）

苍天之气：柳鬼——危室（室女座——金牛座）

玄天之气：张翼——娄胃（天蝎座——双子座）

上述的这些星星，有的属于银河系，有的则为银河系之外的星系，称为河外星系，有的则是以星系团的面貌出现，例如室女座星系团就属于河外星系，它距离银河系大约6000万光年，拥有2500多个星系，每一个星系都有银河系这么大。

人类不论什么民族，都对自然天象有某种说不出的关注，其实有许多天象离我们很遥远，根本不足以影响我们的生活，但我们依然很关注。每当有古代遗迹发现，我们的第一个念头就是：嗯！一定与天文学有关。即使是现在，我们的内心里也有某种对天文学了解的冲动，霍金的黑洞理论、爱因斯坦的相对论、宇宙大爆炸假说，不论看得懂还是看不懂，许多人都会拿来读读。为什么呢？

宇宙精气不但影响着我们，同样也影响着宇宙中的所有生命，它是一切生命共有的生命之源。如果宇宙中存在高级生命的话，尽管他们与我们的生命结构可能极不相同，但他们同我们一样也从宇宙精气中获得生命，从这个角度说，宇宙中的一切生命都是同根生的亲兄弟。

上述五个宇宙精气通道，当它们扫过地球时，就受到地球轨道的角度、周长、轨道波动幅度、地球周边星球等因素的影响，所以它的来量、大小、迟早都有区别。这种区别对宇宙而言可能是微不足道的，但对我们人类而言则具有决定性意义，它会影响我们的生老病死，"夫人生于地，悬命于天，天地合气命之曰人"。中医将人体之外的天之气称为阳气，"阳者，天气也"。

第二，地之气。

天之气源自宇宙天际，地之气则源自地球的本身。地之气又可分为地球之气和地表物之气两种。

宇宙精气飘荡在天际，一切物体及生命都可以将其截留、保存、再释放出来。地球在宇宙中是个很普通的小行星，对宇宙、星系而言，它可以小到忽略不计的程度。但在几十亿年的运行过程中，地球吸取截获了大量的宇宙精气，在它缓慢的释放过程中，对地球表面的所有生命都会产生很大的影响。中医将地球再释放出来的宇宙精气称之为"地气""大气"，因为"大气"从下向上散发，故曰"大气举之"。

所以地球表面一切生命的过程，不但要受到宇宙精气的影响，也会受到地球"大气"的影响，例如中医在讨论地表植物"成熟有多少"时就明确地说："地气制也，非天不生，地不长也。"

地球散发被截留的宇宙精气，受地球在轨道中的位置影响巨大，地球在轨道中的不同位置，标志着不同的季节，每年地气始于子，"正月、二月……地气始发；三月、四月……地气定发；五月、六月……地气高；七月、八月……阴气始杀；九月、十月……地气始闭；十一月、十二月……地气合。"

地之气的另一组成部分是地表物之气。

地球表面生长的动物、植物、矿物、水、地球大气等，同样可以吸取、截留、保存宇宙精气。所不同的是，当宇宙精气处于流动状态时，被称为"气"；当宇宙精气被截留、保存时，则被称为"精"，精是气的一种状态。我们人类有一种特殊的功能，即能够从地表物中提取出他们所截留的微弱宇宙精气，转化成人体藏象系统所需要的能量。

中药的原理，也必须从藏象"食气"这个角度来理解。

当五种宇宙之精在扫过地球之时，自然会被地球的动植物、水、无机物等截留、贮存，这种截留不是有意的截留，而是无意之中的收获，因为目前还无法证明地球上的动植物需要这些宇宙之精。由于动植物的种类各不相同，它们截获的宇宙之精也各不相同。如果我们将"宇宙生命素"比喻成七彩的阳光，由不同光谱组成，那么不同物种吸取、沉积的"宇宙生命素"的成分就不同，有些物体可能吸取蓝光，有些物体则可能吸取红光……但更多的则是吸收混合光，将几种宇宙之精混合吸纳。如此一来，恰好证明了中医的一个观点：世界万物均为药，药食本同源，因为这些物体中都包含着宇宙之精。

所以，绝大部分中药所医治的疾病，并非我们身体的疾病，而是藏象系统的疾病。因为按照中医的观点，所谓的疾病，绝大部分都是藏象系统工作不正常的反映。古老的中医学中有"十八反，十九畏"之说，指的是药物配伍上的禁忌，但这种禁忌在现代科学里找不到依据，如"甘草不能配甘遂"，但用兔子做实验时，未发现任何反常的现象，心跳、体温、瞳孔、肠胃均属正常。再比如，"半夏贝母反乌头"，在药理实验时也未发现任何毒副作用。由此可以推断，"十八反，十九畏"配伍原则所针对的并不是肉体，而是藏象生命，意思是说：如此的伍配会伤害藏象生命。

如何食气

我们总是有许多的无奈：银行里有堆积如山的钱，可惜不是我们的；大街上总能看见许多绝色美人，可惜嫁给了别人；奥运会上有人百米速度只需9秒，但那是别人而不是我们；看着满桌子的美味佳肴，可自己毫无胃口。好东西如果拿不到自己手中，终归无用。

宇宙中充满了宇宙生命素，但如果它们到不了藏象系统中，也终归是无用的。那么如何才能使宇宙精气转变为藏象系统所需要的能量呢？藏象系统利用两个途径完成转变。

第一，利用人体。

第一个来源是脾胃。人类每天都需要饮食，而藏象系统中的脾胃可以从人类饮食中提取出所需要的原始能量——精，这在《内经》中有大量的记载。

为什么饮食中会有"精"呢？我们上面说过，宇宙精气从五条气道扫过地球，地球表面的所有物质都可以将其截留、贮存，植物、动物、水，甚至岩石都可以根据自身的特性截留不同的宇宙精气。当我们人类将饮食吃进去以后，藏象中的脾就会从这些饮食中将截留的宇宙精气提取出来，供藏象系统使用。

饮食入于胃，更多地保持了食物的原始状态（因为尚未经过充分消化），而脾藏所取很可能是食物中更加自然的"精华"部分，而不是消化后的维生素、矿物质、微量元素等。食物中的自然精华，大约就是我们假设的"宇宙生命素"，它被脾藏提取，转化成第二生理系统所需要的能量。可见，人之饮食有二用：一是脾藏从胃里的饮食当中提取出"精"，以供养藏象系统——第二生理系统使用，这叫取上游之水，灌藏象良田；二是胃、大肠、小肠从饮食中提取出脂肪、糖、维生素等供人类肉体生理系统使用。

第二个来源是肺。我们说宇宙之精散布在空气当中，当肺进行呼吸时，藏象系统也会从空气中提取宇宙之精，这是中医后天之精的另一个重要来源。当然，《内经》中的后天之精的概念中并没有涉及肺的这一功能，但这是一个合理的推论，因为在《六节藏象论》中曾明确写道："五气入鼻，藏于心肺，上使五色修明，音声能彰。"

肺从空气中提取的宇宙之精，进入藏象系统后与来自脾胃的宇宙之精合化，最后形成了"宗气"或者叫"大气"。这种气是藏象系统的根本推动力，是促使藏象系统运行的激发力量，如果肺气虚弱，则宗气生成不足，就会出现少气不足以息、语言低微、身倦乏力、脉沉微等现象。

脾胃与肺化生来的精在体内又是如何运作的呢？

首先是藏精。精的最大特征是藏（贮藏），脾藏所化精，贮藏于五藏中，五藏就像是五个容器、五个钱罐、五个大库房，将精藏于其中，当需要时，再拿出来将它变成各种东西。变成什么呢？就是中医常讲的阴气、血、津液等东西。

由谁来使精发生变化呢？由五藏。五藏不但像五个大仓库，而且它也是五个生产车间，而产生的原料就是已经贮藏的精，产品则各不相同，可能是血，也可能是气，还可能是津液。这五个车间并不是同时开工，而是像值勤一样，轮换着开工生产。春天的时候肝值勤，负责生产整个藏象系统所需要的物质，既生产经气，也生产血和津液。夏天的时候心当值，长夏的时候脾当值，秋天的时候肺当值，冬天的时候则肾当值。

第二，利用自身经络。

《素问·生气通天论》中"圣人传精神，服天气，而通神明"。

这里的"服天气"指的就是吃气、取气的意思，《素问·六节藏象论》另外言"天食人以五气，地食人以五味"，正好与此相对。天之五气，就是金、木、水、火、土这五气。但《内经》记载中，我们不知道由谁来食用这五气和怎样"食"用。所以这里肯定缺少了一环节。

由藏象和经络组成的人体第二生理系统，它本身就有从宇宙中直接采集宇宙精气的功能，所以中医专门设立一套理论——五运六气，来研究第二生理系统在什么时间、什么地点来采集宇宙生命素，而且还研究精气与宇宙星空之间的相互关系。

那么经络系统怎样采集宇宙精气呢？通过经络上的穴位。《生气通天论》曰："故阳气者，一日而主外，平旦人气生，日中而阳气隆，日西而阳气已虚，气门乃闭。"门就是门户，出入的端口，"气门"就是气进出的门户。这些门户随太阳的运行而开合,明显针对的是宇宙空间,气功讲的采外气,也是通过经络上的穴位进行的。

所以我们认为,经络上的穴位是经络系统的对外接收器,它直接采集宇宙中浮动的生命素——精气。由于这些精气来量、方向、构成不同,按照有利必有害的原则,第二生理系统也承受来自宇宙精气的伤害,所以《素问·调经论》明确说得阳病之外,"其生于阳者,得之风雨寒暑"。

共生关系

所以人类和藏象生命之间的关系很微妙,它们有点像两个国家的进出口贸易。

第一,解剖五脏是藏象五藏能量的入口。站在中国的角度,从美国买来货物并运回中国的码头,叫进口贸易。如果站在藏象系统的角度看,藏象系统利用人体提取它所需要的能量,也可以叫进口,解剖五脏就是藏象五藏的进口码头。那么藏象进口什么呢?进口一种叫"宇宙之精"的东西。比如说,脾脏就是一个重要的进口码头,人食物中所含的宇宙精气,通过脾脏这个码头输送到藏象系统中去,进一步转化为赤精、津液、阴气这些东西。此外,肺与肾也是重要的进口码头。

但大家都知道,进口贸易中也有风险。前些年中国北方的杨树几乎被砍光了,因为有种专门吃杨树的害虫——天牛泛滥成灾,砍树是为了彻底消灭天牛。但天牛这种害虫中国原来是没有的,它们就是通过进口贸易的木材来到中国的。当藏象通过解剖五脏的码头进口宇宙之精时,会不时地将一些有害的东西,通过食物、呼吸、饮水等引进到藏象系统中,而这些东西一旦进入,就会导致藏象系统的阴阳平衡被打破,这就是疾病。

同时,如果码头不好,也会导致进口货物的损坏、变形。比如中国某厂从美国进口了一台锅炉,在卸船时由于桥吊的故障,导致锅炉严重损坏,等到了工厂使用时,发生了锅炉爆炸事件。如果解剖五脏发生病变,一来可以影响进口数量,二来解剖五脏的病变也会影响藏象五藏,同样可以产生疾病。

第二,解剖五脏又是藏象五藏废物的出口。这说起来让我们的自尊心简直难以接受，我们的解剖五脏居然是藏象五藏的排污口。在临床上，当手太阴肺经感受风寒，或者被温热侵入后，藏象系统自己的康复机制就起作用了，将疾病从本系统中驱逐出去，而出口就是解剖的肺脏，此时我们就会发热、气短、痰多、咳嗽等，这都是病邪被驱逐出藏象系统的表现。这种例子还有许多，例如，当太阳经有病邪时，它一面会通过膀胱这个出口将病邪排出系统，但如果病邪严重，它也会将病邪驱逐到阳明经中，通过胃这个出口排出系统。

看来任何一个系统都是自私的，它们不是消灭贼，而是把贼赶到了别人家院里。所以有病最好去针灸，针灸是在藏象系统中消灭疾病，而不是把疾病赶到解剖系统中来。

第三，五藏并不是总在利用我们的五脏，它对我们的五脏也有维护的功能，比如说藏象系统对肉体有着十分强大的修复功能，它实际在支配我们解剖形体的运行。例如，当一个人得了肺癌，病位直接在解剖的肺部，但中医的用药绝大部分却不是针对解剖的肺，而是针对藏象系统的肺藏或者整个藏象。这说明，许多解剖系统中的疾病，都可以通过调节藏象系统来治愈。

所以藏象在利用我们的同时，我们也可以利用它们来达到治愈解剖系统疾病的目的。中医就是一个中介的医学，通过这套医学，我们双方都可以达到目的。

第四节 阴阳解密

大凡读过几年书的人，都有一种共同的感觉：天下的书是越读越薄。初次接触一门学科时，有一大堆书需要读。但读过几年，书堆会越变越小。如果谁能很精确地将一门学科总结成薄薄的两页纸，那他肯定是专家；如果谁能将一门学科总结成两句话，那他肯定是一代宗师；如果谁能将一生所学总结成一句话，那他肯定是圣人。

中医学人们读了几千年，读来读去，人们发现其实中医很简单，它只有两个字：阴阳。《黄帝内经》162篇中有140篇讲到了阴阳关系问题，整部书涉及阴阳构成的语词就有3000多个。可以这样说，离开了阴阳，就没有了中医理论。

写下阴阳这两个字的人无疑是宗师、圣人，而我们则像一只忠实原意的鹦鹉，几千年来并没有搞清楚这两个字的含义。

描述共生体

我们认为，无论阴阳是如何进入中医的，但创造它的人，当时脑海中肯定有一个固定的框架，在这个框架中，阴阳不是哲学概念，而是一个确确实实的医学概念，有具体的内容，它对应人体真实的生理原型。

根据我们对中医的理解，我们认为，中医阴阳是用来描述共生体的一个基本概念。为什么这么说呢？藏象生命与人类肉体组成了一个共生体，你中有我，我中有你。解剖生理系统的运作必然会涉及藏象系统，同样，藏象系统的运作也必然会涉及解剖生理系统。所以中医才使用了"阴阳"这个词来描述这种共生关系。大概来说，阴指的是人体的解剖生理系统，阳指的是人体中的藏象生命系统。

如果我们站在"共生体"的角度，再来看中医的阴阳，那就一目了然了，而且再没有一个词比"阴阳"更准确。

中医阴阳是一个大概念，而且是个系统性的概念，可分为阴系统概念和阳系统概念。中医在划分这两个系统概念的时候，隐隐约约有一条主线。凡是与人体解剖生理系统对应的、相关的都可以阴名之，凡是与人体藏象生理系统对应的、相关的都可以阳名之。

按照这条线索，我们再回头看中医纷乱的"阴阳"，它们似乎也变得好理解了。

第一，从生命的结构上来划分。每个人都是由解剖生理系统和藏象生命系统组合成的"共生体"，故"人生有形，不离阴阳"。

解剖生理系统是有形的，即为可证的，而藏象系统则是无形的不可证的。《内经》将有形的解剖生理称之为阴，而将无形的藏象称之为阳，例如，《阴阳应象大论》中就十分明确将阴释义为解剖形体，"阳化气，阴成形"，这里的"形"指的就是形体，即是解剖生理系统。"阳化气"则是无形的，因为藏象食气。

印度《六问奥义书》中有句更为明白的表述："惟太阳为生命，惟太阴为原质。凡此一切有形体者，皆原质也。故原质即形体。"

第二，从能量来源来划分。人体的两个生理系统，各自需要不同的能量来维护。解剖形体需要"味"，而藏象则需要"气"，《素问·六节藏象论》曰："天食人以五气，地食人以五味。"指明两个系统的能量来源不同。《素问·生气通天论》更明确记载说："阴之所生，本在五味……"意思是说：解剖生理系统通过摄取食物中的营养存活。《阴阳应象大论》从另外一个角度来阐述阴与味的关系，它说："阳为气，阴为味，味归形，形归气，气归精，精归化。"其中"味归形"一句说得很直白，可以理解为：食物为解剖生理系统所必需，或者说形体从食物中提取能量。

同样的道理，中医将藏象系统通过经络直接从宇宙空间得来的能量名为"阳"，也称为先天之精，它化生阳气。而将从人体解剖系统（脾胃）转化而来的能量统称为"阴"，也称为后天之精，它化生阴气、阴血，《五常政大论》曰："阴气内化，阳气外荣。"

第三，从人体与宇宙来划分。人的两个生理系统与宇宙空间都有密切的关系,但性质很不相同。解剖系统与大气以下的地球环境关系密切,这个环境提供了它所需要的一切,如水、空气及各种营养成分。因此中医里,地球环境为阴,"天为阳,地为阴"。

人体的藏象系统与地球之外的宇宙空间关系密切,它所需要的一切能量都最终来自遥远的星空,故而地球以外的空间环境为阳。因此藏象系统随地球的运行而运行,《生气通天论》曰:"故阳气者,一日而主外,平旦人气生,日中而阳气隆,日西而阳气已虚,气门乃闭。"

第四,从疾病的来源来划分。请注意,中国的疾病理论不是站在解剖生理系统的角度,而是站在藏象生命系统的角度来论述,因此,有了阴病和阳病的区分。但不论是阴病还是阳病,指的都是藏象系统的疾病,而不是解剖系统疾病。如此划分,是为了标明疾病的两个来源。

源于解剖系统而最终影响到藏象系统的疾病称为阴病,例如,《素问·太阴阳明论》曰:"食饮不节,起居不时者,阴受之。"意思是:饮食没有节制,起居黑白颠倒、房事过度,都会损害解剖生理系统的健康,最后影响到藏象生命体。《调经论》在讲到疾病时也说:"其生于阴者,得之饮食居处。"《灵枢·百病始生》曰:"喜怒不节则伤脏,脏伤则病起于阴。"

而由于藏象系统本身原因而引发的疾病称为阳病,因为藏象系统与宇宙空间风寒暑湿燥火六气关系密切,它通过经络可以直接侵入藏象系统,故而阳病都来自身体以外,即是指我们地球以外的宇宙空间,故言"其生于阳者,得之风雨寒暑"。

《素问·调经论》曰:"其生于阳者,得之风雨寒暑。"

《素问·太阴阳明论》曰:"故犯贼风虚邪者,阳受之。"

《素问·脉要精微论》曰:"故中恶风者,阳气受也。"

第五,从藏象组织结构来划分。《素问·金匮真言论》曰:"言人身之脏腑中阴阳,则脏者为阴,腑者为阳。肝心脾肺肾五脏皆为阴,胆胃大肠小肠膀胱三焦六腑皆为阳。"这里谈到的是藏象本身的组织划分,换言之,五藏之经络为阴,六腑之经络为阳。五脏受精于脾,脾化精于解剖系统的胃,胃得味于地球环境,故五脏为阴。六腑之经络对应天之六气,直接采气于宇宙空间,故六腑为阳。《素问·太阴阳明论》曰:"故犯贼风虚邪者,阳受之……阳受之则入六腑。"

第六，从对人体生命的影响来划分。人体的两个生理系统对生命总体的影响不同，《素问·阴阳应象大论》中有一句很有名的话："阳生阴长，阳杀阴藏。"这里的"生杀"与"长藏"是两个完全不同的概念，它反映了两个生理系统对生命的不同作用。

"生"指生命的出现，这是世界上最为重要的事情之一，当一个生命诞生之初，生命的本质就决定了此生命无可替代的特性。"杀"（死）是指生命的终结，这也是世界上最为重要的事情之一，古语说"除死无大事"。"生死"都是生命最本质的两种变化。

"长"指生命的生长，它是生命发展的一种趋向，比如一个人出生以后，生长的情况可以各不相同，长得高一点矮一点，脸上长几个麻点，甚至长得一条腿长一条腿短，都是可能发生的，也就是说它不是必然的，因此"长"并非生命的本质。"藏"意思就是存在，指一个生命存在的状态，比如说，虽然死亡是必然的，但何时死亡却是偶然的，心脏病突然发作未必一定意味着死亡，也许手边正好有救心丸，及时救下一命。因此"长藏"是生命存在与发展的两种状态，而且是非本质状态。

《内经》中将"生杀"归为阳的特性，即是说藏象系统是人体生命的本质，它控制生命两种质的变化。而"长藏"则是非本质的生命现象，它是解剖生理系统存在的状态。类似的观点还有许多，例如《素问·阴阳离合篇》曰："天覆地载，万物方生……阳予之正，阴为之主。"这句话的意思是说：人独立于宇宙天地之中，阳是人的本质，故曰正；阴是人的生命现象，故曰主。后世医家对阳的本质作用也多有论述，如《类经附翼·大宝论》曰："凡万物之生由乎阳，万物之死亦由乎阳，非阳能死物也，阳来则生，阳去则死""人是小乾坤，得阳则生，失阳则死"。

阳是人体生命的本质，这个观点并非中国所独有，印度《六问奥义书》也持此观点，它说："惟太阳为生命，惟太阴为原质。凡此一切有形体者，皆原质也。故原质即形体。"这里说得更加清楚，太阳是生命的本质，而形体（太阴）则是生命的原质，这与《内经》"阳予之正，阴为之主"简直一模一样。

第七，从精神类型来划分。人不但有两个生理系统，而且每个系统都有自己的精神中枢，我们将其称为两个精神主体。神魂魄意志对应五脏，喜怒忧思悲恐惊对应人类的大脑。中医对上述两类精神因素没有明确的阴阳划分，但人们在习惯上，隐隐约约将神魂魄意志划为阳，称为阳神，《灵枢·行针》曰："重阳之人，其神易动。"而将喜怒忧思悲恐惊划为阴，称为阴神。

第八，从体内气来划分。藏象生命本身的能量系统可分为两种，即阴阳两气。为什么同样的能量会有不同的名称呢？因为它们来自两个不同的方向，有完全不同的作用。

凡由藏象经络直接从宇宙中吸取的能量称为阳气，凡是藏象系统通过人体解剖系统得到的能量则称为阴气，故阴气、阴血、津液都为阴的范围。但这样的划分只是为了好理解，实际的情况却要复杂得多，阴气和阳气还存在一种交换的机制。

我们上面所列举的阴阳划分只是大略，而不是中医阴阳的全部，只要我们能掌握住划分的两个核心，其他情况可以类推。

阴阳合和

我们说人体的两个生理系统各自独立，只是想说明两者存在的本质特点，但这并不意味着两者没有合作，相反合作是永恒的，否则生命就不会完美。两个系统的相互合作、有机统一，构成了阴阳的诸多关系。

在阴阳（两个生理系统）诸多关系中，平衡则是最高法则，任何一方的失衡都会影响对方的存在状态，最后导致疾病的产生。所以平衡就是健康，失衡即为疾病。中医里平衡有两个境界，平人平气与天人合一。

中医认为，平人平气则无病，任何多与少都可以造成疾病，多为太过，少为不及。例如阳气太过则身热，阴气太过则身寒。在藏象五行关系中，如果木太强，它会反克金，如果水太弱，则会被火所辱。这一思想贯穿了中医理论，《内经》中有许多记载，"谨察阴阳所在而调之，以平为期""平治于权衡""阳病治阴，阴病治阳，定其气血，各守其乡"。

中医认为，如果我们能一直做到平人平气，我们将可活到人之天年。《素问·上古天真论》曰："其次有圣人者，处天地之和，从八风之理，适嗜欲于世俗之间，无恚嗔之心，行不欲离于世，被服章，举不欲观于俗，外不劳形于事，内无思想之患，以恬愉为务，以自得为功，形体不敝，精神不散，亦可以百数。"

天人合一是阴阳平衡的至高境界，《内经》中"形与神俱""形神合一""提挈天地，把握阴阳"，都是"天人合一"思想的延伸和具体应用。达到这一境界的人，将会发生生命的根本变化，此类人不但能活过天年以上，而且过了天年"神气"不散，即两个生理系统一直保持一致。中医里专门讲述了此类人不同凡响的生命奇迹。

《素问·上古天真论》曰："余闻上古有真人者，提挈天地，把握阴阳，呼吸精气，独立守神，肌肉若一，故能寿敝天地，无有终时，此其道生。"关于真人，庄子曾在著作中用了大量篇幅来描述，例如"古之真人，不逆寡，不雄成，不谟士。若然者，过而弗悔，当而不自得也；若然者，登高不栗，入水不濡，入火不热……古之真人，其寝不梦，其觉无忧，其食不甘，其息深深……"这是多么辉煌的人生啊！我们相信这是真实的。

阴阳分离

尽管"天人合一"可以改变生命的法则，使人健康地活到天年以外，但无论多么长久，人总是要死的，宇宙中的星系也没有永远存在的道理。当死亡来临的时候，人体中的双子星座就解体了，阴阳分离了，"阴阳离诀，精气乃亡"。

死亡一直是人们心头挥之不去的阴云，在生死两极中，其实人类对死亡的痛苦、恐惧，要远远大于对生的赞颂、感激。孔子曾无限感叹地总结说："除死无大事！"这个世界上再没有比坟墓更能激发哲学家智慧的东西了，当面对着一片片坟茔的时候，那些具有超绝大智慧的人，只要低头沉思一会儿，就能感悟到宇宙、人生变化发展的真谛。假如这个世界上没有坟墓，恐怕我们直到今天也不会有任何形式的哲学。

为了扫去人们心头的这片阴云，不知有多少人苦苦求索。佛陀为了这个问题，曾度过了常人难以忍受的六年：每天以植物的果实和青草为食，有时甚至以动物的粪便度日。由于长时间的饥饿，他变得憔悴不堪，瘦骨嶙峋，座下的印痕只有骆驼蹄子一般大小，身上的发毛纷纷脱落，远远望去就像是一段枯朽的树木。

那么，什么是死亡呢？《黄帝内经》各篇在讨论阴阳关系时，许多都涉及什么是死亡的问题，例如《素问·生气通天论》曰："生之本，本于阴阳……此寿命之本也。"意思是生死的根本在于阴阳，《素问·阴阳别论》进一步说："别于阴者，知生死之期。"意思是了解了阴阳就了解了生命的本质，也就知道了生死的秘密。

按照中医两个生理系统的理论，人类生命的终结很可能存在第三个标准，即两个生理系统都死亡、崩溃、解体之后，才是真正的死亡来临，任何一个生理系统的消失，都不意味着生命的结束。

当藏象系统消失时，解剖生理系统很可能继续存在，"（人）百岁，神气皆去，五藏皆虚，形骸独居而终矣"，此时的人体依然是活着的，不能认为生命已经终结。尽管此类人不是多数，但在界定死亡时，我们必须加以考虑。

当解剖生理系统死亡时，我们同样不能认为生命就从此终结，上述关于经络可以离体而存在的实验证明了这一点。此时，作为人类生命的一部分——藏象系统依然存在着，它还活着，如果将解剖系统的死亡作为一种标准，那是对生命的不尊重。一般来说，解剖生理系统的消失要早于藏象系统的消失，而这类人在社会上属于绝大多数，他们阳气未尽，天年未到，却因种种原因而解剖生理系统死亡了，只留下藏象系统孤立地存在。

因此，只有当两个生理系统都消失以后，才是生命的真正完结。任何一方的解体，都不能作为科学的死亡标准。科学的死亡应该这样来计算：出生年加上120岁等于死亡年。如果一个人40岁时解剖系统因意外而死亡，那么要等再过80年才能宣布他真正死亡。

根据中医理论推知，阴阳分离应该有三种情况：

阴阳同时分离。这是一种理论设计上的最佳状态，即人的先天之精可以保证均匀耗散到人的天年，大约120岁。当天年来临时，先天之精正好耗散殆尽，而肉体器官也到了崩溃之时，肉体生命与精神生命分离，完成一个生命的全过程。但理论设计方案不可能被大多数人做到，因此就存在以下两种现实的情况。

阳去而阴存。有的人一辈子注意养生，在某程度上接近天人合一，将自己的身体局部调理得很好，但他并不能阻止先天之精的正常耗散，到了天年之时，其形体尚存，但神气却去了，这就是阳去而阴存。但这类人极为少见，99.9%的人属于下面这种。

　　阴去而阳存。人类肉体解剖系统是自私的，它在生存之年，由于喜怒无常、饮食不节、纵欲过度、思虑太重，严重损害了形体器官。在人们的天年远未到来之时，形体已经走到了尽头，死掉了。但此时，它的先天之精还有大量剩余，构成藏象生命体的部分还在，这就是阴去而阳存。

第五节 人有两个精神世界

"人有两套生命系统，人类是个共生体"这个结论太惊人了，就连我们自己，有时也被这个结论所震撼。但仔细回顾一下中医的理论和我们使用的方法、逻辑、资料，又实在没有理由不去坚持这些观点。但千万不要误会，上述观点绝不是我们发明创造的，它就记载于《黄帝内经》中，只是这个惊世骇俗的观点湮没了近3000年，我们只是还原了这个结论而已。

好啦！在这个基本观点之下，再进一步研究，我们有了更加惊奇的发现，根据"五藏藏神"的理论，这个藏象生命体也有一套独立于人类大脑的智慧系统，中医将它称为"藏象五神"。这样一来，我们每个人都有两个精神世界：

一个是源于大脑的人类的精神世界：喜、怒、忧、思、悲、恐、惊。

一个是源于"藏象五神"的藏象生命的精神世界：神、魂、魄、意、志。

关于藏象生命的精神世界我们所知甚少，但人体的所有奇异生命现象都与此有关，这就是神秘主义的根源所在，也是人们产生宗教的原点。从这个意义上讲，所有的宗教问题其实都是医学问题，更准确地说是中医的问题。

藏象生命体有强大的智慧，它与人类大脑相比，几乎无所不知，因为它认识世界的方法与手段与我们截然不同，它甚至能跨越时间和空间的限制，从不同的时间段里认识同一事物的发展过程。比如说，当它通过梦境将尚未发生的事件呈现在人类大脑时，就是跨越了我们的时空而获得的信息。

然而，也许是出于两套生命系统设计的原初考虑，强大的藏象生命在我们清醒的状态下似乎并不自主大规模参与我们日常的生命活动，也不会与我们进行交流，除了维持本系统所需要的少数能量以外，平常它被封存于我们的身体当中。如果有谁在觉醒状态下依然可以交流的话，那他一定是所谓的特异功能者。

所以，我们每个人都是一个宝，在我们的身体里面潜藏着巨大的能量，谁能开发出来，谁就可以超凡入圣。自古以来，人们想尽办法开发人类的这种潜能，有宗教的形式、气功的形式、中医的形式，但人类至今没有找到一种合理的开发方式，只是在浅层次加以利用，比如气功的方法、中医的方法，都是浅层次的利用。

梦者魂行

就目前所知的情况，在正常的觉醒状态之下，两个精神主体是独立的，但在夜晚的梦中，两个精神主体是沟通的。所以，人类的绝大部分智慧、灵感其实来自于梦境。

爱因斯坦是当今最伟大的物理学家，他的"相对论"对20世纪的人类科学发展起到了巨大的作用。但爱因斯坦本人却将他一生的科学成就归功于一个年轻时代的梦：他梦见自己驾着雪橇沿着陡峭的山坡滑下，越滑越快，当他接近光速时，他意识到头顶上的星星把光折射成从未见过的光谱。这一情景，给爱因斯坦留下了极为深刻的印象。在他得出了"相对论"以后，他曾经认为，其实自己一生的科学追求，都来自对年轻时那个梦的沉思，这个梦给他的整套理论提供了一个"思想实验"的基础。

20世纪另外一位伟大的物理学家是玻尔，他创造了量子理论，并获得诺贝尔奖。但据他自己回忆，量子理论的发现与梦有密切的关系。当时他正在研究元素周期表的一些问题，例如：为什么在有些元素之间没有过渡元素？此时他做了一个梦：几匹马正在比赛，所有的马都在用白粉标出的道路上奔驰，只要相互保持一定的距离，马允许改变跑道。如果有一匹马沿着白线跑，踢起白粉，它就被立即罚下。他醒来时意识到，"跑道规则"象征着他的问题答案，当环绕原子核作轨道运行时，电子就像马奔驰在跑道中一样，它必须沿着规定的路线运行，而运行电子的路线则由量子来决定。在梦中经验的提示下，玻尔创造了他的量子理论。

那么为什么两个精神主体只能在梦中交流呢？那就要明白睡眠时人类

大脑思维究竟发生了什么事。人在睡眠时,最大的特点就是思维与意识处于休息状态,大脑皮层处于全面抑制状态,神经之间的联系被阻断。不论多么聪明的人,在睡着之后都一样没有意识,没有理性。

那么我们是否可以这样理解:人在觉醒状态下,人类固有的意识是排斥梦境的。换句话说,人类大脑中的理性与逻辑恰恰就是藏象生命与人类精神沟通的最大障碍。我们先来看以下的图示:

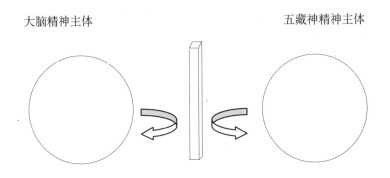

正如图中显示的那样,在白天,大脑精神主体与五藏神的精神主体之间,存在一道障碍物,我们将它形容为砖墙,这堵砖墙限制了两者在白天正常交流。那么这堵砖墙是什么呢?它是如何形成的呢?

我们说大脑精神与五藏神精神是两个独立的主体,各自有不同的存在形式。如果我们将大脑精神主体特征概括为理性(核心是逻辑),那么五藏神精神主体的特征就是非理性(与大脑理性相对应而言)。所以,大脑的理性对于五藏神而言就是砖墙。白天,大脑一直处于活跃状态,它的理性思维就像是一排排哨兵,严格禁止五藏神的进入,这也是大脑系统独立性的一种表现。而当夜晚之时,大脑理性休息了,这堵砖墙也就不存在了,所以藏象系统只有在夜晚才可以进入大脑意识中。

这堵砖墙是怎么形成的呢?学习!我们每一个人一生中都在学习,今天掌握一条定理,明天学习一条规律。每一条定理、每一条规律都是一块砖头,学习得越多,大脑里的条条框框就越多,砖墙也就越厚,我们与五藏神的沟通也就越困难。其实在白天心静下来的时候,我们也可以透过砖墙感知五藏神那股混混沌沌的精神潜流,虽然不真切,但确实可以感知到。只是我们白天需要处理许多信息，根本无法让大脑安静下来。

或者有人问：学习难道不好吗？我们不知道怎么回答。其实我们对世界的认识都源于我们的提问方法，如果方法有误，那么世界展示给我们的就是个变形的世界，但在提问方法的范围内它却是真实的。另一方面，人类在认识世界中形成的定理、规律等越多，表面看来我们的认识能力加深了，但其实是限制了我们的认识能力。所以对这个问题真的不好回答。

此时我们想起了古代印度人的一些看法，《尤婆尼沙》说："自我的获得不是凭借学习，也不是凭借天才和对书本知识的掌握……让一切婆罗门弃绝学习而返回童稚状态吧！"奥义书也说："有自知之明的婆罗门打开了感觉的大门，并使之转向外在的大门，因此，人类只知道观察外部的世界。然而，有些闭目反思和企盼不朽的智者却看到了那隐秘的自我。"甚至中国的老子也提倡"弃智绝学"。

但有一点需要注意，"学习就是垒高墙"，并没有绝对性，它只是针对绝大多数人而言的。大部分的人学习就是在垒高墙，因为他们只是学习了许多表面的东西，并没有真正地融会贯通，也就是缺少悟性。真正的大智者，他们的学习则完全不同，他们不是在垒墙，而是在砸墙，他们读的每一本书，都是拆除墙上的一块砖。在他们看来，书不是越读越厚，而是越读越薄。真正的大智者，可能就是佛陀或者老子那样的人，他们从学习中突破了高墙，最后超凡入圣。

好！我们继续来谈穿越高墙的五藏神。

《周礼》说："太卜掌三梦之法。"注云："梦者，人精神所寤可占者。"疏云："谓人之寐，形魄不动而精神寤见，觉而占之。"《论衡》中更是明确地说："梦者，占者谓之魂行。"我们觉得这个解释虽然充满了迷信色彩，但从中医的角度看，它恰恰是中医梦证的正确表述。"魂"在此指的就是中医藏象五神——神魂魄意志，即为另一个精神主体。其中"行"字用得最好，说明五藏神对梦的形成起到了关键作用，它是主动促使梦的形成。

上述观点在中医里有更加详细的记载。

《内经》曰："魂之为言，如梦寐恍惚，变化游行之境，皆是也。"可见中医认为肝主梦，故后世认为"肝能知来，魄能知往"。其实并不是肝可以单独主梦，这里指的是一个系统，即五藏系统。所以我们认为，藏象五神具有窥视未来的功能，它比大脑精神更具有智慧性。其实在《内经》的其他篇目中，也有相关的记载，例如《灵枢·五色》曰："积神于心，以知往今。"

科学研究也进一步表明，梦与中医阴阳搏动的节律是一致的。

就一天而言，分为十二个时辰，子时起于23～1点，丑时1～3点，每个时辰2小时，到亥时21～23点，完成一天的周期。23～1点，这是阴极盛的时期，但按照阴阳盛衰的理论，阴极盛则阳始动，因为物极必反。从凌晨1点到太阳出来，阴渐渐衰退而阳渐渐成长。人体的阴阳与自然阴阳的变化是相合的，这也是第二生理系统的节律。

那么一个人什么时候睡觉最好呢？按照中医理论，夜里10点不睡则伤肾。在现实中，我们也一般是在亥时（夜里9点到11点）入睡。

睡眠研究表明，真正意义上的梦（REM睡眠）出现在入睡后的90分钟，如果一个人10点入睡，他的第一个梦则出现在夜里11点半左右，如果他是11点入睡，则出现在12点半左右。也就是说，人每天的第一个梦基本都出现在子时（23～1点）。这个时辰，正是阴极而阳动时分，所以梦与阳（藏象精神主体）有极大的关系。

还有一个证据：大多数男人们都有这样的经验，在夜里睡着后，阴茎会自动挺立，有些性无能者在此时也会发生阴茎挺立不倒的现象。弗洛伊德将这个现象视为他理论的证据，认为梦恰恰表现了没有得到满足的性愿望。中医认为，血不至则阴茎不挺，阳气不至则挺而不热。肾化一身之气，当子时一过，阳气勃性，由肾而始，所以阴茎自然挺立。这恰恰说明，梦与阳气有极大的关系，可以说是阳气的运作产生了梦。

研究还表明，一般来说，前半夜的梦境比较简单，几乎没有什么细节，大多数缺乏情节和重要特征；后半夜的梦较之前半夜的梦，细节和情节都很丰富；凌晨时的梦就更具体了，而且活灵活现。这个研究说明，梦的内容与阳气藏象的活动有密切关系，阳气渐长，梦的内容就越丰富，到太阳出来的前后，梦达到了顶点。

所以REM睡眠中的梦，与中医记载五藏神活动节律完全相同，也与我们的一系列假设完全吻合。因此，"梦者魂行"才是梦的真正机理。

当人们从梦中醒来时，大脑精神主体立刻接管了失守的系统，中间的砖墙陡然出现，隔断了两个精神主体之间的交流。于是许多梦在清醒的瞬间被遗忘，这就是梦的遗忘机制。

人为什么要做梦

梦是人类生理的必需品，但我们为什么需要梦呢？换句话说，藏象生命为什么要在梦中与我们交流呢？

人类对自己的感情世界极为着迷，从古到今的文学作品以及现代的影视作品，都在讨论亲情、友情、爱情、同情……有情与无情有时竟然成了区分好坏人的标准。不错，我们人类正是因为有了情感的变化，才创造出了丰富多彩的生活，才会有桃园三结义，才会有罗密欧与朱丽叶，才会有……如果这个世界上缺少了情，那将是一片荒漠。

然而，如果我们换一个角度，从中医的角度去看问题，无情比有情可能更有利于健康。中医特别重视情感变化在疾病中的作用，并将人类的情感归为七情志，即喜怒忧思悲恐惊（其实人类的情感远比七种要多，中医只是如此归类而已，切不可死搬硬套）。《黄帝内经》中对情志导致的疾病有大量的记载。

中医并非反对一切情志变动，人活在社会中，每天都会遇到这样或那样的事，情志不波动的人几乎没有。这里所说的情志变化都是超过正常范围的不正常变化，只有这种情志波动才会引发疾病。例如，当一个人失恋后，痛苦失望是难免的，但如果痛不欲生，撕心裂肺，持续时间很长，那就属于致病的情志变化了。有时这种过激的情志变化当时可能并不表现为疾病，但它却给日后的健康伏下了隐患，在许多年后突然爆发出来，形成恶疾。

然而，虽然中医强调了情志的致病因素，却没有具体说致病的比例，但在佛经中却有比较明确的说法，可以借鉴。在佛经中，佛曾经说过：源于身体的疾病只有"四百四十"种，而源于精神情绪方面的疾病竟然多达"八万四千"种。仅就这一点看，佛经与《黄帝内经》是完全相同的，我们人类的绝大多数疾病，都是由不正当的情志引发的。

情志因素对健康的影响不仅可以直接引发疾病，更重要的是，一个人的情志，也是此人生活方式选择的内在原因。比如说吸毒，它就与人的情志选择有密切的关系，许多人是出于好奇而吸毒，有些人则是因为无法排遣生活的压力而吸毒。因此，人们在社会中行为的选择，根源于不同的情志模式，具有相同情志模式的人往往容易选择同一类事物，这就是"物以类聚，人以群分"的道理。当选择了某种生活方式或者行为方式以后，它又会反过来作用于我们的身体，影响人们的健康。吸烟者易患肺癌，好酒者容易得肝硬化，喜美食者易得糖尿病，好色之徒易老，懒于运动者易骨质疏松……

也就是说情志变化对人类的健康有巨大的作用力。英国白厅曾经对英国公务员有一个大规模的调查，调查显示，英国公务员的级别越低，死亡率及患病率就越高。这份调查报告中有一个特别让人关注的地方，即职位越高的人，平衡心理的能力越强，所以患病率低；相反，职位越低的公务员，其心理平衡能力也就越差，故患病率高。

关于情志与疾病的关系，《黄帝内经》有大量的记载：

"故喜怒伤气……暴怒伤阴，暴喜伤阳。"

"怒则气上，喜则气缓，悲则气消，恐则气下。"

"惊则气乱""思则气结"。

"忧恐愤怒伤气，气伤脏，乃病脏。"

"肾，盛怒而不止则伤志，志伤则喜忘其前言，腰脊不可以俯仰屈伸。"

而人类在日常生活中，难免会积累一些异常的精神因素，而这些因素将会打破某种平衡，危及藏象生命的安全。我们也可以这样理解，人类情志的剧烈变化就像是原子弹爆炸后的冲击波，会对藏象生命体造成最为严重的伤害。所以，藏象生命为了自身的安全，需要调控人类情志的平衡。怎么调控呢？当然是通过梦来调控。在梦中，藏象生命扫描我们一天的生活经历，从中发现影响我们情志的事件，再通过短期和长期记忆的选择，将那些有利于稳定的记忆选择成长期记忆，而将那些不利于稳定的记忆选择成短期记忆。

因此梦所关注的问题，恰恰是我们所关心的问题。具体地说，有如下几个方面：

第一，最近梦者最为关心的问题。我们每一个人一段时间里总有几项自己最为关心的问题，比如工作、家庭环境、人际关系等等。这些问题的存在，是两个精神主体交流的主要话题。因为此类问题往往会引起人们情绪的极大变化，这是两套生命体平衡的重大隐患。此类问题最容易产生"预言梦"。

第二，梦者意识中对健康的忧虑。人类对自身健康问题的关注会随年龄的增加而增加，到了中老年时期，健康更是生活的中心问题。此类常常引发"医疗梦"。

第三，梦者对自己在社会中角色的评价。我们每一个人都是社会中的一员，在与周围人相处的对比过程中，就有了关于"社会角色评价"的问题。可以说，几乎所有的人都受困于这个问题，日常的情绪也会因此而发生波动。此类问题常引发"社会梦"，从中可以窥视梦者的内心世界。

第四，梦者深层次的哲学、心理问题。每个人无论文化背景如何，都会有对哲学层面问题的思考，比如生与死、人为什么活着、人类从何而来、宇宙如何构成……由此类问题引发的梦，我们称为"哲学梦"，或者"鬼神梦"，其中最有名的梦，就是荣格关于三层房子的梦。

前两类梦都可以看做是小梦，主要是因为它的内容针对性很强，就是针对梦者所关心的问题。而后两类可以看成是大梦，它的针对性不强，但启发性很强，具有普遍的意义。但不论是哪一类梦，起源都是一样的，那就是我们的心理平衡正遭受到某种冲击，或者已经达到危害性的程度。

一般来说，梦传达信息的程度与我们的关心程度成正比，即关心度越高，梦信息的表达程度越高、越准确。

第六节 《黄帝内经》向我们隐瞒了什么

我们论述了人类的共生体——藏象系统的有关内容，这不是我们的创造，而是明明白白写在《黄帝内经》中的。然而遗憾的是，我们不能回答下面的问题：人为什么会有藏象生理系统？这个藏象系统是如何进化而来的？它是怎样到达人体内部的？

不能回答以上问题，并不代表我们藏象生命系统的一切假说是错误的，尤其在中医里更是如此，因为中医本身就有不可知、不可证的特点。例如科学不能证实经络的结构，但并不能否定经络存在的本身；我们观察不到宇宙中飘浮的宇宙精气，但它们时时刻刻影响着我们的生命。我们不能回答藏象的来历，同样也在情理之中。

藏象系统的存在不但不能被科学所证实，而且在生物进化之中也找不到任何的痕迹。我们不知道经络的前身是什么，也不知道三焦腑是如何出现的。更有甚者，藏象系统在整个自然界不具有可比性。人类的解剖生理系统器官功能由于它们源于进化，因而在地球生物中具有普遍性。例如类似人类的呼吸系统的器官，几乎在所有的动物中都能找到，陆地动物的肺、水生动物的鳃都具有呼吸功能，甚至连植物也有自己的呼吸系统。但是藏象系统却在自然界没有可比性，我们至今没有发现动物具有这个系统，它是人类特有的，这大约是人与动物的根本区别所在。中国明代时，曾有人记载过马的经络，但也仅此一家，而且后世的兽医也不使用，看来是单纯追求标新立异之举。

关于人体藏象系统的来历，以前从来没有人探讨过，因为从来没有人认为它是独立于解剖系统的另类生理系统，而只认为它是解剖生理系统的某种功能体现，绝大部分人都认为藏象是个功能系统。但我们坚持认为，藏象不可能是解剖系统的功能，它是与解剖系统并行的人体另外一个独立的生理系统，它有自己的独立的结构、独特的形态、强大的功能，而且这一系统控制着解剖生理系统。

如果真是如此，那么就存在一个藏象系统的来历问题。然而，我们也清楚，这个问题在很长的一段时间内不会有任何结果，甚至它作为一个有价值的问题的价值也值得怀疑。因为在大家不承认藏象作为一个与解剖系统平行的独立生理系统时，这个问题本身就不是一个问题。但对我们而言，这是个实实在在的问题。

可疑的线索

虽然藏象生命在进化中没有证据，并且不具有物理学的特性，但我们依然有一条线索，可以推测它的起源，那就是藏象生命的能量来源。

自然界有一条规律，食物决定存在，食性单一的动物如此，杂食性动物依然如此，所谓一方水土养一方人，一方水土也养一方动物。对地球而言，都需要从食物当中提取能量，而且能量的构成也差不多，比如说，老虎与人截然不同，但两者的能量转化方式却差不多，这就是生物多样性中的同一性，我们都属于碳原子生物。因此，从大的背景上讲，我们都是地球生物，因为我们生存所需要的一切都源于地球。

但从宇宙的角度而言，不同的星球环境同样会孕育出不同的生物，据科学推测，在已知的宇宙中，有十几亿颗与我们相似的星球，那里都可能存在与我们相似的生物。更多的星球还可能孕育出与我们完全不同的生命形式，比如说它们可能是硅原子生物，或者是其他种类的生物，这就要看这些星球会给生命提供怎样的能量。但这些星球的生物肯定也与我们一样，属于那个星球的生命。

如果有一种生物，它不是以某星球的特定物质为能量来源，而是以宇宙普遍存在的某种物质为能量来源，那么这种生命就远远优于上述的生命形式。比如说，宇宙中普遍存在一种5K的辐射波，被称为宇宙背景辐射，它充斥于整个宇宙，如果有生命以这种波为其能量来源，那么它就可以自由漫行于整个宇宙当中，而用不着担心自己会被饿死，那么这种生物就可以称得上宇宙生物。

藏象生命与我们人类解剖生理系统最显著的区别是，它们对宇宙空间环境要求不同。读完《黄帝内经》，给我们印象最深刻的是中医对宇宙空间环境的特别关注，它不但注意太阳系中太阳、月亮、五大行星运行的状况，而且特别注意遥远星系对人体的影响，甚至注意到远在6000多万光年的室女星座。而这种关注又与中医的理论核心——藏象系统有着密切的关系。因此，藏象与宇宙空间的特殊关系很可能对我们猜想藏象的来历有一些帮助。

客观地说，中医的藏象系统完全可以不需要地球环境而存在，或者说它并不需要现在的地球环境。在藏象功能中，它唯一需要地球的是来自饮食中的后天之精。故中医说"天食人以五气"，只要五气存在，藏象就可以生存。

所谓的"五气"就是宇宙中飘浮的精气，它产生于星云与星云之间较冷的区域，可能从宇宙大爆炸时就已经产生，亘古就充斥于浩瀚的宇宙中。因此我们认为，藏象并不是现今地球环境的产物，因为它不需要如今地球表面产生的一切生命形式作为其存在的前提，它是种地地道道的宇宙生物。

从这条线索中，我们可以推出两种藏象生命可能的来源。

猜测之一

在200亿年以前，宇宙发生了大爆炸，宇宙物质以难以想象的速度向四周扩散，温度高达几十亿度。当宇宙温度降低以后，微小的宇宙物质开始凝聚成团，最早的星系开始生成。同时，一种新的宇宙生命素也开始出现，它不会聚成团，而是弥漫在整个宇宙中，并受宇宙基本力的影响，穿行于星际空间。

又过了150亿年，一个新的恒星诞生了，它就是太阳。当太阳诞生后不久，太阳周围的物质也开始凝聚，太阳系开始有了一个大模样，在离太阳不远的一个轨道上，地球开始形成。又过了几亿年，地球从一个不稳定的松散结构发展成为了稳定的星球。但此刻的地球没有水也没有带氧的大气，到处都是喷发的火山，炽热的岩浆在大地上横流，空中飘浮着有毒的气体。然而，不论地球环境怎样，来自遥远空间的宇宙精气一直滋养着这颗年轻的星球。

根据哈勃的"红移理论",当时的宇宙空间比现在小得多,星系与星系间的距离很近,因而宇宙精气极为丰富。刚刚形成的地球表面,在某些地区富集了大量的宇宙精气。这些精气在地球热力、重力的作用下,产生了某种与目前生命定义完全不同的一种生命,它们通过转化宇宙的精气作为自己的能量。

这种生命极轻,与构成它们的宇宙精气一样轻,这使得它们可以部分摆脱地球的重力,飘浮于空中(登高不栗)。为了能够快速地移动,它们的主体是个球形。为了截获更多的宇宙精气,它们长出了无数像触手一样的器官,这些触手最后演变成了经络。为了适应当时地球高温的环境,这种生命极其耐热(入火不热)。凭借这样独特的形态,它们顽强生存在险恶的洪荒地球上,可能长达数十亿年。

随后地球渐渐冷却,开始出现海洋和带氧的大气。一种微小的有机生命诞生于波涛汹涌的大海,随后繁衍出无数的物种,地球的表面也有了动植物,一派生机勃勃的景象。在有机生命出现的一段时间内,藏象生命与有机生命并行于这个世界。

到距今几十万年前,随着宇宙不断的膨胀,星系间的距离越来越大,横扫过地球的宇宙精气变得稀薄起来,藏象的触手无论多么努力,也截获不到足量的宇宙精气。藏象生命体要想生存下去,就必须有另外的途径帮助它获取宇宙精气,于是它想到了通过利用地球现有动物来帮助它获取宇宙生命素的方法。但地球上有许多动物,究竟选择哪一种好呢?藏象生命体有自己的标准:

第一,必须是灵长类。这种动物智力发展水平高,既可以与藏象生命体的智慧水平接轨,又可以有效获得食物,并保证自己的安全。

第二,食性必须杂。藏象生命体的目的,是通过这种动物获得地球表面生物中截留的宇宙生命素,所以被选定的动物必须食性杂。

第三,必须自然寿命相对较长。藏象生命体的寿命在120岁左右,所以它选择的动物寿命必须相对较长,与自己尽可能匹配。

第四,这种动物必须是陆生动物,而不能是海洋动物,因为水对宇宙精气有强大的截留作用,海洋动物无法直接获取宇宙生命素。

地球上满足上述条件的动物只有一种，那就是猿类。猿类属于灵长类动物，它是地球陆生动物中智力水平最高的生物，完全可以被藏象生命体的精神主体利用；猿类也是符合上述条件寿命最长的动物，在保证良好的情况下，可以生存几十年，恰好可以与藏象生命生存的时间相匹配；猿类是食性最杂的灵长类动物，天上飞的、地上跑的、水里游的、土里钻的，没有它不吃的。食性杂说明这种动物迁移性好，在不同的地理条件下都可以生存。杂食与迁移这两点，正是藏象生命所需要的。食性杂，可以从多种物种中提取宇宙生命素，迁移性好，可以扩大活动的范围，保证种群的增长。

然后藏象生命体像寄生虫一样进入选定猿类的体内，演化出了一套能够从猿类食物中提取宇宙精气的系统，并将自己原来的触手演变成经络。这样藏象就有了两个获取宇宙精气的途径，一是从寄主食物中获取动植物截留的宇宙精气；二是由经络直接从空中吸取宇宙精气。

当然这支被藏象选定的猿类，也有某些缺点，比如速度不够快，力量不够大，视野不够宽，等等。藏象生命在利用寄主的同时，它也帮助寄主进化，这支猿当然就是我们人类。藏象生命体帮助人类进化的例证有许多，其中最显著的证据就是人类大脑的进化。在短短的几十万年内，人类大脑的重量增长了一倍左右，这在生物的进化史上是绝无仅有的，堪称进化的一个奇迹。

藏象生命体重点帮助人类大脑进化有两个目的，第一是弥补人类生理器官上的不足，比如速度不够快、力量不够大等；第二是提升人类的智力水平，为两者合而为一作准备。而且从人类技术发展的角度看，人类所有的技术都指向一个最高点，那就是天文学，或者人类飞天的梦想。这种冲动可能并非出自人类自己的愿望，而是藏象生命的愿望。

猜测之二

在宇宙生成的早期，在距离太阳系很遥远的地方，一种以宇宙生命素为能量的生命体也开始诞生，它们不生活在固态的星球上，而生活在星际之间的虚空中，它们的名字就叫藏象生命体。刚开始时，藏象生命体也是很低级，但随着时间的推移，它们逐渐进化，经过上百亿年的进化历史，它们具有了极高的智慧。这种生命衣食无忧，它们以整个宇宙作为家园，游荡在宇宙的各个角落，穿行于星际之间。

然而，随着宇宙膨胀的加剧，大约在距今6500万年的时候，宇宙的膨胀最终突破了一个临界点，星际之间的距离在加大，星际之间空虚处的宇宙生命素变得稀薄起来，藏象生命体衣食无忧的日子终于结束了。但它们毕竟具有超凡的智慧，它们知道宇宙生命素最好的截留体是水和以水为生的各种生命形式。于是，藏象生命体被迫向固态星球转移。但在茫茫的宇宙中，有液态水，并生长着以水为生的生命的星球并不多，藏象生命体需要在宇宙中寻找。于是不同的藏象种群开始向宇宙的各处扩散。

可能经过了几亿年，一支藏象生命体来到了银河系，并发现了太阳系中的地球，那时正好是50万年前。当时的地球，正是生命的鼎盛期，海洋、陆地、植物、动物、微生物，应有尽有，是个十分理想的星球。

但唯独令藏象生命体不满意的是，地球上当时还没有适合它们寄居的宿主，哪一类动物都有根本的缺陷，无法直接寄居。当然，这难不倒具有极高智慧的藏象生命体。它们用基因再造的方式，开始创造一种全新的动物，这种动物集合了陆地、海洋两种生命的长处，但又不同于已有的动物，当然这种再造的动物就是我们人类。

当然，在创造这种生物时，藏象生命体充分地考虑到了自己的需要，在生理功能上，两者有相互补充的功能；在精神世界上，有梦作为沟通的桥梁，等等。后来，藏象生命为了两者的健康和安全，它们通过控制某些人的大脑，向人类传授了一套医学，那就是中医学。

为什么活着

人为什么要活着？人类存在的意义在哪里？这是千百万年以来人们心中的疑问，直到今天，还会有无数的人被它困扰。

在我们"人类是共生体"的假设下，我们也试图寻找"为什么活着"的答案。这个答案也许有伤人类的自尊，但它却有十分坚实的生理学的基础，有了这个基础，也许我们的答案比宗教、哲学的答案更加真实可信。

如果承认我们关于藏象生命存在的假设，那就必须承认一个事实，我们人类实际上只是藏象生命体的负载工具而已，如果它们是乘客，那么我们就是公共汽车；如果它们是主人，那么我们就是奴隶。但如果我们是主人，那么它们就是寄居生物；如果我们是主宰，那么它们就是被我们利用的工具。如何来看待双方的主次关系实际上并不重要，重要的是事实，我们人类是共生体，我们与藏象生命共用一个身体。

因此我们的未来，未必就是藏象生命体的未来，我们可以毁灭、消亡，但它们却不会随着我们的毁灭而毁灭，实验证明，它们可以脱离我们的形体而继续存在。但藏象生命的未来，却一定就是我们未来努力的方向，因为这种生命比我们高级，比我们有智慧，因为它们生存的宇宙空间比我们大，我们仅需要太阳系，甚至银河系，但它们却需要整个我们已知的宇宙。

我们找不到"活着的真义"，是因为我们缺少方向，不但个人缺少生活的方向，人类也缺少进化的方向。为了寻找一个方向，人类的历史上曾经为自己设立过许许多多的榜样，基督就是一个榜样，佛陀也是一个榜样，某种意义上雷锋也是一个榜样。但这些榜样都离我们过分遥远，只有参考价值，而没有实用价值。佛陀的精神世界成了人类可望而不可即的目标，连雷锋同志也是每年露一次脸。

但如果接受了我们"人类是共生体"的假设，我们就有了一个现实的榜样，那就是藏象生命体，它很真实，每时每刻都与我们在一起，而且这种共生关系也为我们提供了一个可以合理利用的前提条件。向榜样学习，向榜样看齐，最后成为榜样。

藏象生命很可能就是我们人类进化的方向。无论人类多么伟大，但到目前为止，我们依然只是地球生物，我们还不能离开地球，甚至太阳系，而不能成为宇宙生物，因为我们生存所需要的一切，都来自地球。如果我们要进行长时间的宇宙漫游，就必须携带大量的水、空气、地球食物，即使将来科学发展到我们可以满足以上要求，我们依然要受到种种限制，而不能自由生存于宇宙，我们最终还是个地球智慧生物，而不是宇宙智慧生物。

还有一个更现实的问题，人类所依赖的地球，最终是要毁灭的，这种毁灭除了来自太阳的巨变以外，银河系任何一颗超新星的爆炸，都会将我们毁灭掉。因此人类剩余的时间，可能不是太阳系巨变的50亿年以后，很可能就在几百年，或者几年。如果在此之前，我们不能发展成宇宙生物，那么最终的结果只能是毁灭。

事物的发展就像是逆水行舟，不进则退，物极必反。如今我们人类恰好处在一个进化的最高点，随着社会的进步，天择的压力已经越来越小，人类的进化已经在减缓。如果我们不能进化，那么只能走向衰亡，最后是整个种群的灭绝。怎么办呢？出路只有一个，那就是从"被动进化"过渡到"主动进化"。所谓的主动进化就是自觉选择进化的方向，并自觉向其努力。这就要求我们必须树立一个榜样，选择适合我们的进化步骤，这是历史摆在我们面前的重任，我们必须作出选择。

因此，我们要想彻底拯救自己、摆脱制约，走向无限自由的宇宙，那么人类进化的目标只能是努力成为宇宙生物，而不仅仅是地球生物，这才是人类进化的最终方向。

那么，我们如何才能成为宇宙生物呢？

我们的共生体——藏象生命体吸食宇宙精气，是一个完全的宇宙生物，它不属于地球，而属于整个宇宙。这就是我们的榜样，也是我们未来将要努力的方向。如果我们能进化得像它一样，除了智慧不说，我们将在宇宙中获得更大的自由，摆脱我们所受的地球限制，为我们最终走向宇宙创造良好的条件。

藏象与我们共生的事实，也使利用它使我们进化成为宇宙生物成为一种可能。人类要想成为宇宙生物，首先要跨越的就是我们解剖形体上的巨大障碍，比如克服地球引力，摆脱对地球生态的依赖等，这是超越生命基本法则的转变，而在没有外力的帮助下，这个转变是不可能实现的。然而人类的解剖系统功能天然与藏象生理功能相通，整部中医学都在论述、利用两者的关系。这就使我们在跨越这个障碍时，找到了一条捷径，比如说，我们已经可以做到在短时间内脱离地球生态的依赖，印度的僧人可以埋在土里几十天而不需要饮食和空气，中国也有一些人能长时间辟谷食气。

我们要想成为宇宙生物，除了解剖形体功能的根本转变以外，我们还必须具有宇宙的智慧，而不仅仅是地球的智慧。而我们今天对自然的所有知识，都仅仅是地球的知识，不是宇宙的知识，因为地球限制了我们的视野，局限了我们的思想。藏象生命源自宇宙，它具有比我们更加高级的智慧水平，人类智慧史上的许多闪亮点，其实都与它们有关。这是一位不用花钱的导师，只要我们人类大脑能够与藏象精神主体自觉、主动沟通，我们就可以跨越空间障碍，成为具有宇宙知识的宇宙生物。

实现人类主动进化，我们必须分为两步走：第一步是认识藏象生命，这就要求我们充分理解中医的基本理论，因为中医是唯一接近这一生命体的知识。第二步是阴阳合一，也就是天人合一的境界，我们与藏象生命合而为一。

在藏象生命的帮助下，"努力成为具有宇宙智慧的宇宙生物"，就是我们活着的最终意义。

注：关于中医的具体内容请参见拙著《生命终极之门》一书，中国长安出版社，2006年版。

第9章
天地分离

　　月球宇宙飞船中的"神"与"神"之间，或宇宙智慧生命之间，爆发了一场骇人听闻的战争。一时间战火纷飞，幼弱的人类及城市被可怕的武器瞬间毁灭：所多玛城消失了，摩亨佐·达摩古城不见了……被击伤的月球宇宙飞船被迫飞离地球，"天"与地发生了分离……

第一节 天地为什么分离

在以上的章节里我们曾经说到，中国的神话是以"天神话"为核心的神话体系，而"天神话"又以"天地分离"为主干，几乎所有的天神话都是为了解释"天地分离"的起因、过程、后果等，比如，"共工触山"是大地分离的起因，"天"摇摇欲坠地上升是天地分离的过程，"天倾西北，地陷东南"是天地分离的后果。离开了"天地分离"，我们就不可能很好地理解中国的天神话。

人类历史上究竟有几次天地分离呢？许多人都认为有两次：一次是由混沌中开辟出天地；一次是由于共工撞倒了不周山，使天地发生了分离。有的人把两次天地的开辟说成是人类多次被毁灭的证据。

我们不同意上述看法，不论从哪个角度来讲（神话的、宗教的、科学的），天地开辟只有一次，而且只能有一次，否则根本不会形成现在的人类社会。在中国的神话里，如果去仔细研究的话，神话记载的开天辟地仅仅有一次，根本没有两次之说。

所谓的混沌开天，其重点在说生命的诞生，而不是讲述宇宙形成的模式。真正的开天辟地只有共工触倒不周山那一次，这次的重点是描述天地分离的原因及过程。如果仔细对比两次开天辟地的神话内容，我们发现，第二次开天辟地（共工触山开天），已经没有相伴随的造物主出现，使人只感觉到天地分离时那种恢弘的气势，而缺少了万物出现时那种奇异、神秘、惊喜、细腻的感觉，这也说明混沌开天和共工开天表达的是两个不同的中心内容。

但是，为什么会发生天地分离的事情呢？就是说月球为什么要突然离开地球呢？那就要从神话中来寻找答案了。

中国关于第二次开天辟地的神话有以下几则：

《淮南子·天文训》载："昔者共工颛顼争为帝，怒而触不周之山。天柱折，地维绝，天倾西北，故日月星辰移焉；地不满东南，故水潦尘埃归焉。"这则记载主要讲天地分离的过程，其中提到了两个重要的天文现象，即"天倾西北，地不满东南"，我们将在后面详细论述。

《史记》司马贞补《三皇本纪》曰："当其（女娲）末年，诸侯有共工氏，任智刑以强霸而不王，以水乘木，乃与祝融战，不胜而怒，乃头触不周山，崩。天柱折，地维缺。"这则记载主要讲述天地分离的原因。

《论衡·谈天篇》记载说，共工不是与祝融打仗，而是与颛顼争帝位发生战争，结果不胜，怒触不周之山，将天撞了一个大窟窿，使天残地缺，这才由女娲去炼石补苍天。

"共工触山"的神话大致如此，文字不多，情节也不复杂。《史记》和《论衡》都比较晚，《淮南子》是最早记载这一神话的。有的人认为，共工触山的神话是一个推源神话，是为了解释"天倾西北""地不满东南"造成的原因，但是我们认为，如果真要说推源的话，"共工触山"应该是解释"天地分离"的原因。

在所有的神话里面，还有一条神话与"天地分离"有关，但说得比较模糊。《尚书·吕刑》中说："蚩尤惟始作乱，延及于平民，罔不寇贼，鸱义，奸宄，夺攘，矫虔。苗民弗用灵，制以刑，惟作五虐之刑曰法。杀戮无辜……民兴胥渐，泯泯棼棼，罔中于信，以覆诅盟。虐威庶戮，方告无辜于上。上帝监民，罔有馨香德，刑发闻惟腥。皇帝哀矜庶戮之不辜，报虐以威，遏绝苗民，无世在下。乃命重、黎，绝天地通，罔有降格。"大意是说：在很久以前，天地是相通的。有一年，天上的坏神蚩尤跑到地下作乱，把西南地区的苗民残害得不像样子，所以苗民只好告御状。上帝知道以后，很伤心，大约是派人把蚩尤抓回天上以后，又命令重和黎两位大神，将以前天地相通的道路给弄断了。这样，天上的神无法下到地上做坏事，但地上的人也别想再像以前那样动不动就爬到天上去了。

这则记载中，后人添加的东西有很多，比如像仁德、兼爱等思想，而且把黄帝、颛顼、蚩尤三人的神话给弄混了，与黄帝打仗的是蚩尤，但"绝天地通"的却不是黄帝，而是颛顼，《国语·楚语》中有一条旁证："颛顼受之，乃令南正重司天以属神，命火正黎司地以属民。"

这条记载同样是解释"天地分离"的原因，其中有一个重要的细节与"共工触山"相同，那就是把天地相连的部分给弄断了，在客观上也造成了"天地分离"。

　　通观以上几则神话，"天地分离"的线索很清楚，那是因为一场战争而导致了天地的分离。以上我们曾经说过，神话中被称为"天"的物体是十分巨大的，它实际上指的就是月亮。因此，能够造成天地分离（地球与月亮分离）的战争也应该是一场罕见的战争。可神话时期，人类正处于原始状态中，一场原始人的战争不可能造成这样大的结果，长矛、石刀、弓箭绝不可能把月球打跑。那么，这究竟是一场什么样的战争呢？是谁与谁的战争呢？

　　从神话中我们知道，这是一场"神"与"神"的战争！

第二节 "神"的战争

生存与斗争是支配生物向前发展、进化的永恒动力，否则将遭到大自然的无情淘汰，这是达尔文的学说，也是自然界生物千古不变的法则，连自然界最优秀的人类也无法逃避这一法则。不论翻开哪一部历史长卷，你都会惊奇地发现，人类之间的战争多得数不胜数，重重叠叠，静静躺在那里，每一场战争都向你诉说一个惊天动地的场面和无数个悲欢离合的故事。

据统计，从公元前3200年到公元1964年，在5000多年的时间里，世界上共发生过14513次战争，其间只有329年是和平的。仅20世纪，大的战争就有15次之多：1904～1905年日俄战争；1911～1912年意土战争；1912～1913年巴尔干战争；1914～1918年第一次世界大战；1937～1945年第二次世界大战；1947～1950年中国人民解放战争；1947～1972年印巴战争；1948～1973年中东战争；1950～1953年朝鲜战争；1961～1975年越南战争；1979～1989年苏阿战争；1980～1988年两伊战争；1982年马岛战争；1982年以黎战争；1991年海湾战争。读完历史，你会有这样的感觉：仿佛人类社会的发展史可以用战争这条线穿起来。这还是文字记载下来的战争，没有记录在案的战争又有多少呢？

除人类以外的其他动物，斗争更是生存的一种必要手段，捕食与反捕食，争夺种群的领导权，为保护自己的生存领地不受侵犯等，都有可能爆发你死我活的争斗，甚至为延续后代也不得不打个头破血流。连大地上生存的植物，也常常会因为争夺阳光、空气、水分、养料等发生相互之间的剿杀。

生物之间为生存而彼此斗争的思想，构成了人类文化的一个深层内核，它通过不同的文化形式散发出来，表达了不同时期人们对生存问题所作的思考。

在一般人的心目当中，神是最高的道德体现，是人类行为的楷模，他们当然不会有战争行为。然而，在人类的历史中不仅有人类战争的记载，而且还有许多神与神之间的战争的记载。翻开任何一个民族的早期神话，几乎都有类似的记载与传说。这是怎么一回事呢？一些社会学家和历史学家认为，神话中的战争反映了人类早期部落之间的争斗，那些神话中的英雄实际都是各部落自己的英雄。如果仔细阅读一下全世界各民族的战争神话，就一定会发现，上述的学术观点并不正确，因为有些神话中的战争已经远远超出了原始人的思维水平，而且有些神话战争在全世界都有相同的样本。首先，让我们来看一下中国的神话战争。

中国神话中记载了许多神与神之间的战争，其中最著名的有三次：黄帝与炎帝的战争；黄帝与蚩尤的战争；共工与祝融的战争。

我们在分析神话的特点时曾指出，由于口述历史的特点，神话在记载上有很大的混乱性，许多事件被混杂在一起，你中有我，我中有你，像"盘古开天"的神话中就包含了"共工触山"使天地分离的一些内容。表面上看似几个不同的事件，如果仔细去考证，却发现是同一事件演变出来的许多变种。上述三次神与神的战争，基本上就属于这种情况。

首先，是黄帝与炎帝的战争。

关于炎帝，记载并不是很多，几乎没有一个完整的神话，仅《淮南子》里有一些炎帝的介绍，《天文训》中记载："南方火也，其帝炎帝，其佐朱明，执衡而治夏。"《时则训》中记："南方之极，自北户孙之外，贯颛顼之国。南至委火炎风之野，赤帝、祝融之所司者，万二千里。"赤帝就是炎帝，朱明当是祝融。关于炎帝和黄帝的战争有以下一些记载：

《绎史》卷五引贾谊《新书》说："炎帝者，黄帝同母异父兄弟也，各有天下之半。黄帝行道而炎帝不听，故战于涿鹿之野，血流漂杵。"实际上我们没有必要去考证炎帝与黄帝究竟是什么关系，他们都不是原始的古神，是春秋时期同时被制造出来的，当时按金、木、水、火、土五行，配以东、南、西、北、中五个方位，制造出了五方五帝：东方天帝太皞属木，称青帝；南方天帝炎帝属火，称赤帝；西方天帝少皞属金，称白帝；北方天帝颛顼属水，称黑帝；中央天帝属土，称黄帝。但是，黄帝与炎帝虽然出现在春秋时期，但他们的神迹都很古老，只是我们看不到原来的神话了。可以肯定的是，在他们代表的那个年代里，曾经发生过一场大的战争。

《列子·黄帝篇》说："黄帝与炎帝战于阪泉之野，率熊、罴、貔、貅、貙、虎为前驱，以雕、鹖、鹰、鸢为旗帜。"

《淮南子·兵略训》说："炎帝为火灾，故黄帝擒之。"《大戴礼记·五帝德》说："（黄帝）以与赤帝战于阪泉之野，三战然后得行其志。"

其次，是黄帝与蚩尤的战争。

蚩尤这个神在先秦以前一直是个战神，《史记·封禅书》中就说："三曰兵主，祀蚩尤。"可见当时是把他作为战神来祭祀的。据传说，蚩尤还是各种兵器的发明者，《管子·地数篇》说："葛卢之山，发而出水，金从之，蚩尤受而制之，以为剑、铠、矛、戟……雍狐之山，发而出水，金从之，蚩尤受而制之，以为雍狐之戟、芮戈。"关于蚩尤与黄帝战争的情况，古史中记载比较多，我们以下再详细讲。

第三次是共工与祝融的战争。这场战争的记载不是很多，我们在上一节里曾经引证过，这里就不多说了。

三次战争一共涉及五位神，他们是黄帝、炎帝、蚩尤、共工、祝融。大家知道，神话中是没有确切时间的，我们不能说出哪一个神究竟生活在哪一个确切的年代里，但是，每一位神都代表着一个历史时期，通过神迹分析，我们可以大致说出哪一个神在前，哪一个神在后。上述三次战争的五位神，究竟是不是同一个时期里的神呢？

黄帝与炎帝所代表的历史时期相同，这是比较明确的。蚩尤与黄帝也基本上在一个历史时段里，《韩非子·十过》中记载："昔者，黄帝合鬼神于西泰山上，驾象车而六蛟龙，毕方并辖，蚩尤居前，风伯进扫，雨师洒道，虎狼在前，鬼神在后，腾蛇伏地，凤凰覆上，大合鬼神，作为《清角》。"很明显，蚩尤是黄帝的属臣，生活的时间大约也与黄帝同期。

这五位神中比较麻烦的是共工与祝融。有资料说共工是炎帝的五代孙，而且是祝融的儿子，《山海经》记："炎帝之妻，赤水之子，听生炎居，炎居生节，节生戏器，戏器生祝融，祝融生共工……共工生后土……"儿子跟老子打仗，不太可能。在其他的资料里，共工很可能属于黄帝那个时期。在这以前，我们曾引过女娲与黄帝共同造人的传说，那也就是说，女娲所代表的时代与黄帝所代表的时代基本一致。而据《史记》

司马贞补《三皇本纪》说，共工与祝融的战争就发生在女娲时期，那么共工的时代当与黄帝的时代相去不远。

还有一个证明，说共工不是同祝融打仗，而是同颛顼打仗，《淮南子》就持这种说法："昔者共工与颛顼争帝"，可正如大家知道的那样，黄帝与蚩尤的战争结束以后，由于心灰意冷才把帝位传给了颛顼。

一个时期内发生了三场战争，而这三场战争在时间上、内容上互有牵连，所以我们怀疑，这三场战争很可能是同一场战争的三种不同说法。

上面已经说过，黄帝与炎帝的战争发生在涿鹿这个地方，意外的是，黄帝与蚩尤的战争地点也在涿鹿，《太平御览》卷十五引《志林》说："黄帝与蚩尤战于涿鹿之野"，而且记载两次战争的行文也基本相同。所以，可以肯定这两场战争是同一场战争。

上文还提到"阪泉"，实际上它也在涿鹿。《史记·五帝本纪》："教熊罴貔貅䝙虎，以与炎帝战于阪泉之野。"张守节正义引《括地志》："阪泉，今名黄帝泉，在妫州怀戎县东五十六里。出五里至涿鹿东北，与涿水合。又有涿鹿故城，在妫州东南五十里，本黄帝所都也。"《晋太康地理志》曰："涿鹿城东一里有阪泉，上有黄帝祠。"至于共工与祝融的战争，虽然神话中没有明确的地点，但根据其他资料，大致也在涿鹿。

从战争的目的看，这三场战争也十分相似。黄帝与炎帝的战争，黄帝与蚩尤的战争，共工与祝融的战争，都是为了争夺统治权，起因和目的完全一致。

从战争的结果看，除黄帝与炎帝的战争没有什么具体的结果以外，其他两次战争的结果都是相同的，即导致了"天地分离"。当黄帝与蚩尤大战之后，将帝位传给了颛顼，颛顼吸取以前的教训，派重和黎两位天神把天地间的通道绝断了，从此天和地有了区别，这也可以看成是天地分离的一种表述方法。共工在与祝融战败之后，更是气得一头撞倒了天柱——不周山，使天地发生了巨变，天越来越高，地越陷越深。

从时间、地点、目的、结果这几个综合分析，我们认为，上古时中国神话中的三次神与神之间的战争实际上就是一次，后人在归纳、整理神话的过程中，将这次战争分属于不同神的事迹中，造成了一分为三的情况。

中国神话对这次战争记载得相当简略，只是在黄帝与蚩尤的战争中稍有些内容。下面就让我们来具体看一看这场战争的经过。

蚩尤是天上的一个坏神，长得很难看，人身牛蹄，有四只眼睛六只手，头上还长着尖尖的利角，耳朵两边的毛发根根直竖起来，好像剑戟。他很怪，不食人间烟火，常吃些沙子、石头、铁块之类的东西，就好像是一个炼钢炉，所以他很会制造兵器，后世的人都把他当战神祭祀。据说，蚩尤手下有81个兄弟，个个勇猛好战，都是铜头铁额，就像科幻小说里的战斗机器人。

有一年，蚩尤带着这帮兄弟把南方的炎帝给赶跑了，霸占了苗民居住的一大片土地，像模像样地当起了南方帝王。可这个冒牌的帝王野心极大，还要抢夺黄帝统治下的北方。为了起兵造反，他一面训练苗民，一面又联合了夸父部落的巨人。这些巨人力大无穷，打起仗来一个顶一百个。经过长期的准备以后，蚩尤正式举起大旗，率领苗民们杀向了有名的古战场——涿鹿。

黄帝迫不得已出兵应战，于是乎，涿鹿杀声阵阵，狼烟滚滚。蚩尤81个铜头铁额兄弟冲锋陷阵，如入无人之境，刀枪不入。巨人们也大展神威，手持十多米长的大棒，或20米长的大刀，一扫就是一大片。在他们的带领下，勇猛的苗民把黄帝的军队打得节节败退，情形十分狼狈。

一天，蚩尤不知用了什么法子，大约像《水浒》里面的公孙胜，使用巫术，造出了漫天大雾，把黄帝的军队围在核心，不辨东西南北，怎么也冲不出去，伤亡惨重。正当黄帝愁眉不展的时候，他发现一个名叫"风后"的大臣在车上打盹。黄帝气不打一处来，上前大声责问他为什么在战争不利的情况下睡觉。风后睁开眼睛说："我不是在睡觉，我正在想办法呢。"果然，这位聪明的风后造出了一辆指南车，车上有一个小人，伸出手臂，时时指向正南方。黄帝一看大喜，集中兵力向着小人指示的方向进攻。没有多久就冲出了重围。

不管怎么样，这一仗毕竟是黄帝打败了，这口气怎么能咽下去？于是，黄帝调出应龙来参战。这"应龙"神话记载得不多，不知道它有什么神通，反正是条很厉害的龙。应龙扬扬得意地飞到空中，正准备大显神威，不料蚩尤又搞出了一场大风。那风极大，磨盘大的石头被吹得满天飞，大树被连根拔起，一时间天昏地暗。应龙在天上被吹得摇摇晃晃，东倒西歪，连身子都稳不住，更别说打仗了。

于是，黄帝又叫来他的女儿"魃"前来助战。说起这"魃"，不少人都知道，她就是大旱之神，虽然是黄帝的千金小姐，但长得奇丑无比，光秃秃的脑袋上没有一根头发，想必是烧光了。这个"魃"虽丑，但本领却不小，据说她身体内奇热无比，能把石头和钢铁都烤化了。果然，她一走上战场，一发出体内强大的热量，立即将蚩尤搞出来的大风、骤雨消融得无影无踪，还杀死了许多蚩尤的兵士。可惜的是，她发出热量后就再也不能上天了，只好住在赤水一带。每当她跑出来游玩时，必定会带来大旱。所以后人把她叫做"旱魃"，一有旱灾，人们就敲锣打鼓举行赶"魃"的仪式，好在"魃"很自爱，脸皮很薄，一听到人们敲锣打鼓，就知她给人带来了灾难，人们不喜欢她，于是就会羞愧地回到赤水老家去。

"魃"造成的战机鼓励了黄帝的军队，大伙儿一鼓作气冲杀上去，把蚩尤的军队打得溃不成军。天空中"应龙"利用这个机会，在天空中大展神威，尖叫着从空中杀死一个又一个敌人。

此时，黄帝又添了一件新武器，那是一面用"夔"皮造成的鼓。说起"夔"，它是一种动物，长着一只足，样子也很难看，但它肚子上的皮却能发出很大的声音，有时候它没事就躺在大泽旁，敲着自己的肚皮玩，发出砰砰砰惊天动地的声音。大约黄帝急了，所以才把"夔"杀了，用它的皮做成一面鼓。接着，黄帝把雷公也杀了，用雷公的骨头做鼓槌。这两样巨响的东西碰到一起，那声音可想而知。据神话说，一面"夔"皮鼓一敲起来，天摇地动，声音能传到几百里以外，震死了不少蚩尤的兵士。

这场战争的最后结局是蚩尤战败了，他的铜头铁额兄弟和请来的巨人都死得差不多了，这冒牌的帝王也被黄帝抓起来给杀了，把头埋在如今山东省的寿张县，把身子埋到了巨野县。古代时，寿张县人每年十月都要举行祭祀蚩尤的活动，据说，此时往往有一道红色的光雾从蚩尤坟顶冲出，直达云霄，好像悬挂在天空中的一面旗帜，人们把它称作"蚩尤旗"。据《述异记》记载，在晋朝的时候，人们还在原来的古战场挖出一些东西，这些东西像钢铁一样坚硬，当时人把它叫做"蚩尤牙"。据《述异记》的作者说，他曾亲眼见过叫"蚩尤牙"的东西，大约有2寸长，坚硬无比，任何东西都打它不碎。

对于导致"天地分离"这样大天文事件的起因，上述战争似乎不够猛烈，也算不上精彩。或许有的人会因此而否定我们的假设。但是我们要知道，上古的神话本来就不能像现在的历史专著那样记载得详详细细，也不可能像战争小说那样描写得具体生动，古人在口传神话的时候，纯粹是为了自己的某种信仰，而不是有意记载什么具体的事件，我们没有权利要求古人把什么都写得一清二楚，否则哪里还会有科学的研究？考虑到中国神话传说在春秋战国时期被诸子百家大大"人话"的事实，我们怀疑以上神话并非原版，而是从原版演变出来的三个变种。

读完了这三次战争的描述，首先一个问题是，这是谁与谁的战争？是地球原始人类的战争吗？一些历史学家认为，中国神话中的这些战争反映的是当时原始部落之间的战争情况，中国史前民族的许多资料都来自于这些战争记载；比如，什么黄帝集团啦、东夷集团啦、西南苗族集团啦。我们认为，这种认识很可能是错误的，综合世界各民族关于早期神与神之间的战争记载，我们有理由相信，所有神话中记载的战争，都是同一场战争，这是另外一种高级生物在地球上进行的一场战争，这些神掌握着我们今天都无法企及的高科技。我们这个观点并不是随意得出来的，它同样有大量的原始神话作为证据。

《圣经》在记载远古一场战争时，曾经有过如下一段文字："天就开了……从其中，显出四个活动的形象来，他们的形象是这样的：有人的形象，各有四个面，四个翅膀。他们的腿是直的，脚掌好像牛犊之蹄，都灿烂如光明的铜。"那么这是什么呢？原始人能够创造出这样的东西吗？今天的人读完都会说："这是机器人。"

上引神话中的蚩尤也不简单，它长着人身牛蹄，与《圣经》中"具有人的形象……脚掌好像牛犊之蹄"的描述基本相同；蚩尤吞食金属、石块，本身像个冶炼炉，这不正好说明它是由金属制成的吗？蚩尤手下八十一个铜头铁额兄弟，按今天的话说这是机器人，完全是由金属制成的战斗机器。《述异记》中说晋朝挖出来的"蚩尤牙"肯定是一种金属，晋朝的科学技术已经可以冶炼铜、铁，甚至钢（从汉代起中国就已经发明了低碳钢的冶炼技术），而发现的"蚩尤牙"却在硬度上强过当时人们所知的所有金属，它肯定属于合金钢一类的金属。不要小看这则记载，如果晋朝时有现代这样的文明程度，那么这一发现难道不是一次有意义的考古发现吗？只是当时人没有现在这样详细的学科划分，所以把这次严肃的考古发现写进了志怪中。它说明黄帝与蚩尤的战争，是金属与金属之间的对抗。可是不要忘记，这场战争发生在原始社会时期，当时哪里有如此坚硬的金属？

从神话中我们可以看到，参加蚩尤叛乱的有许多巨人，据说夸父族也参加了叛乱。在"巨人之谜"一节中，我们发现，几乎世界上所有记载中的巨人都是一个死法，死于一次意外的事变中，都是给雷劈死的。结合中国的神话，我们完全可以认为巨人族是在一场巨大的战争中给消灭的，而消灭巨人的战争肯定与闪电、轰击、大火有关联，实际上就是一场现代化的战争。在这场战争中，"魃"上前助阵，从身体内发出强大的热量，杀死了许多蚩尤方面的巨人，这与南美洲印第安神话中上帝降下大火烧死巨人有异曲同工之妙。

还有一个证据就是"夸父追日"的神话。"夸父追日"的神话我们以前曾经描述过了，这里就不再引证。问题的关键在于，夸父死于太阳，是太阳的热量使他死亡的，这与全世界关于巨人的死是相同的，也与"旱魃"发出热量杀死巨人是相同的。因此我们完全可以肯定，巨人是死于一场高温，而这场高温又与一场战争有关。大家知道，在原始社会如果想制造一场高温，除了火以外再没有其他办法，而一场大火要烧死力大无穷的巨人，根本是不可能的。那么，这场奇怪的高温是怎么来的呢？只有一种解释，那就是来于爆炸，来于像原子弹那样在瞬间能产生高温的爆炸。正是这样的高温给原始人留下了难以磨灭的印象，所以才能保留在神话当中。

黄帝与蚩尤的战争中，还有一件武器值得我们注意，那就是"夔"皮鼓。大家应该知道，"夔"皮鼓的神话主要强调了声音，那是一种惊天动地的巨响，在几百里以外都能听得到。也就是说，当时这种巨响也成了原始人脑海当中不可忘却的记忆，所以才被神话记录下来。而在原始社会要想弄出这么大的响声几乎是不可能的，我们只能联想起一个词——爆炸。

由此看来，尽管上述神话不免失之过简，存在许多问题，但它却将这次战争最突出的特点保留了下来，那就是高温与巨响，而这两样东西只能来自于一场爆炸。因此我们认为，这些神话所记述的战争不是地球原始人类之间的战争，这些神应该是具有高科技的生物，他们使用的武器类似今天的某种爆炸物，可以在瞬间产生高温和惊天动地的巨响。

中国西南少数民族纳西族，他们保留了最原始的神话传说，在《创世纪》史诗中描述了一场使天地分离的战争，在内容上与前引汉族三次战争所造成的结果基本相同，因此可以看成是同一个神话的不同版本，史诗是这样写的：

> 野牛大喘气，
> 气喘震山冈。
> 野牛眨眼睛，
> 好像电闪光。
> 野牛伸舌头，
> 好像长虹吸大江。
>
> 天又在摇动，
> 地又在震荡。
> 不重新开天不行了，
> 不重新辟地不行了。
>
> 松树遭雷轰，
> 轰成千段；
> 栗树被地震，
> 震成万片。

细读这首史诗，给我们的感觉是，它不是在说一头野牛，简直就是在描述一场战争：巨大的闪电、火红的光芒，炸开了地上的石头和树木，天在爆炸中摇晃，地在爆炸中震荡，在剧烈的震荡和摇晃中，天地被开辟，地、月发生了分离。

根据以上所有的证据，我们提出这样一个假设：

巨大的月球宇宙飞船从遥远的星系来到我们太阳系，又来到了地球近地轨道，它凭借着先进的斥引力装置，低低地悬浮在地球的上空，大约就在中国西北部一带地区。他们此行的目的是寻找继续进化的环境与生物体。地球的条件完全适合他们的要求，于是他们有计划地干涉地球生物的生命过程，利用多种地球生物、通过基因重组创造出了人类，并对幼小的人类进行启蒙教育，把人类直接推进文明的殿堂。当这一切都在顺利进行的时候，月球内部的生物之间产生了严重分歧，这种分歧最后演变成一场武装冲突。叛乱的一方率领着巨人们向月球人设立在地球上的基地发起了进攻。一时间，地球上硝烟弥漫，无辜的地球人类饱受着类似热核武器带来的灾难。

《人类之毁灭》是古埃及的一则神话，讲的是人类反叛太阳神拉，并受到神的惩罚导致毁灭。"他杀死了他的敌人，毁灭了他自己的子女，因为他们阴谋反叛。"太阳神虽然派女神"拉之眼"去毁灭人类，但又心存怜悯，于是用赭石与小麦酿造了一种像人血一样的酒，其实是一种催眠剂。结果女神"拉之眼"喝了以后，睡着了，毁灭人类的工作只进行了一半。

第三节 可怕的武器

世界民族的原始神话，常常使人感到震撼，因为人们从中读到了一些可怕的记载：人类被莫名其妙的武器毁灭，城市被突如其来的高温摧毁。当我们潜心研究这些记载的时候，不得不承认，所有这些记载几乎都差不多，高温、巨响这两个特征是全世界共同的。因此，我们不得不怀疑，世界所有民族的原始神话记载的是同一次战争。而所有这些记载都指向距今大约1.5万年。由此我们断定，在大约1.5万年前，地球上确实发生过一场非人类的战争，人类在那场战争中几乎遭到灭顶之灾，幸存下来的人类用神话如实记录了战争的情况。

《圣经·创世记》中记载了这样一件事情：罗德一家住在所多玛城，神决定毁灭这座城池。当灾难发生前，神曾告诉罗德一家赶快离开所多玛，并好心地劝告说：千万不要回头看。罗德的妻子没有遵循神的劝告，结果被一道强光杀死。第二天，当他们再回望曾经居住过的城市时，"不料，那地方烟气上腾，如同烧窑一般"。一座城市就这样被毁灭了。是什么力量在一夜之间毁掉了一座城池？毁灭发生时，那道刺目的强光又是怎么一回事？

在印度的摩亨佐·达摩出土了大量的遗骨，有一些在街道上，更多的是在居室里。在一个比较大的废墟里，考古学家发现了成排倒地死去的人们，有些遗体用双手蒙住脸，好像在保护自己，又好像看见了什么可怕的事情。可以肯定，所有的人都是在突然状态下死去的，这座古城当时一定发生了一件很巨大的异常事变。

究竟是什么原因导致摩亨佐·达摩的居民集体暴死呢？是火山爆发吗？可是人们在这一带几千公里的范围内并没有发现火山口，再说遗址中也没有火山灰。是突然爆发的流行病、瘟疫吗？可是医学证明，再厉害的瘟疫和各种流行病也不可能突然毁灭一座城市。那么，这里在1万多年前究竟发生了什么事呢？

印度的考古学家卡哈在对出土的人骨进行了详细的化学分析以后说："我在九具白骨中，发现它们均有高温加热的痕迹。"说明摩亨佐·达摩这座城市的毁灭、居民的死亡与突然出现的高温有关，这与上引《圣经》中所多玛城的毁灭是相同的，都是在一夜之间被高温或大火毁灭的。

此时我们想到了美洲天降大火烧死巨人的传说、中国神话中"旱魃"体内奇大的热量、《圣经》中所多玛城被毁灭的记载等，它们都在证明我们的观点：在1万多年以前，地球上发生了一场非人类的武装冲突，这场冲突发生在神与神之间，也就是说，发生在来自宇宙某一处的宇宙高级智慧生命之间，战争的规模很大，涉及美洲、亚洲、欧洲和北非。由于他们十分先进，使用了许多我们不知道的武器互相攻击，许多城市和无辜的人类在轰击中被毁灭，正像所多玛和摩亨佐·达摩一样。

印度留下了一部古老的史诗——《摩诃婆罗多》，这部长诗描写的是远古时期一场持续了18天的大战，是婆罗多族两支后裔俱卢族和度般族为争夺王位引发的战争。这也是一场非同寻常的大战，战争之前天空中出现了一系列的奇异天象：

"在黎明的薄雾中，这些三色云彩包围着太阳，周边呈现出白色红色，脖子黑色，携带闪电……天空中无云，却不时听到雷声……白色行星的位置越过了角宿……黑色的行星冒烟燃烧，进入光辉的星座心宿……通体血红的火星闪耀火光，偏向梵聚星座，停留在牛宿……大地剧烈摇晃，四海翻滚，波涛涌上海岸，腾跃喧嚣。"

这将是一场什么样的战争啊！而且，《摩诃婆罗多》中记载的战争与中国神话中的战争有些地方十分相似。

首先，是战争的地点。《摩诃婆罗多》记载说双方战于"俱卢之野"，俱卢是俱卢族与般度族共同的祖先，他曾经在此地修炼苦行，所以此地叫"俱卢之野"。中国神话中的那场战争则发生在"涿鹿之野"，《庄子·盗跖》："然而黄帝不能致德，与蚩尤战于涿鹿之野，流血百里。"这两个战争地点在读音上十分的相似，是否有可能描述的是同一场战争呢？

外星人就在月球背面 265

其次，是战争的结果。黄帝和蚩尤的那场大战之后再也无心帝位，于是将统治权传给了颛顼，而他自己则在鼎湖乘龙升天了。而在《摩诃婆罗多》中，胜利的坚战也再无心帝位，将统治权传给了别人后，自己则带着妻儿"登山升天"了。

第三，在战争的细节上，两次战争也有许多的相似之处。比如说，蚩尤曾经搞出了一场大风，让应龙无法战斗，还杀死了许多士兵。印度的那场战争中也有这个细节，"然后，愤怒的阿周那在军队前面，向三穴人释放风神法宝，随即，狂风席卷天空大地，吹倒许多树木，杀死军队。"再比如说，黄帝有"夔皮鼓"声闻几百里，印度人有"天螺"，一听此螺号声"士兵和牲口们屎尿失禁"。

蚩尤弄出了一场大雾，使人不辨东西，于是黄帝发明了指南车；持国之子们则使用了"迷魂"武器，"这些英雄的智慧和勇气，遭到'迷魂'武器的打击，在战斗中神志迷迷糊糊，看到你的儿子们失去了知觉"。于是猛光"取出了'智慧'武器，瓦解了'迷魂'武器"。在另外一处，几乎有相同的记载："折磨敌人的罗刹遭到敌人打击，他转过身，施展黑暗大幻术。大地上所有的人都陷入了黑暗之中，战场上看不见激昂，也分不清敌我。激昂看到形象恐怖的大黑暗，便施展威力强大的放光法宝。（"旱魃"乎？）"

此外，还有一些我们不理解的武器。比如说"因陀罗的法宝""愤怒的阿周那掷出因陀罗法宝，我们亲眼目睹它的神奇威力。箭流既挡住敌人倾泻的箭雨，又使那里的人无中箭受伤"。看起来像今天的某种速射武器。

还有一种莫名其妙的铁箭："自然力似乎已失去了约束。太阳团团打转，大地为这种武器散发的炽热所烤焦，在高温中震颤。大象被火烧得狂吼乱叫，竭力躲避这场可怕的暴力。水在沸腾，百兽丧命，敌人被歼……数以百计的战车被摧毁……大地通红发亮……我们从来未见到过如此恐怖的武器，也从来没有听说过这样的武器。"这些武器从外表看上去，"好像一支巨大的铁箭，使人感到好像是死神派来的巨大使者"。

最令人不解的还是毗湿摩中箭之后，他反复说"希望等到太阳北行之时死去"。大家知道太阳东升西落，绝不可能向北而行，除非地球改变轨道。那么是否说，这场战争将会造成一次巨大的天文事故呢？

在另外一部名叫《拉马亚那》的叙事诗中，作者描写了几十万大军瞬间化为灰烬的情景，诗中说，当时这些军队就是在"兰卡"这个地方被毁灭的，而"兰卡"正是印度人对摩亨佐·达摩古城的称呼，这更加证明了摩亨佐·达摩确实是毁于一场大爆炸之中。

各位读者，当你读到这里时，你的感受是什么呢？难道你真的相信，这些远古的神话和叙事诗所描述的就是原始石器时代的战争吗？

事情已经很清楚了，月球人与反叛者之间在地球上发生了一场酷烈的战争，月球宇宙飞船也被迫加入了战争的行列。美洲奥里科诺河上游的沙里瓦·阿卡瓦部落曾有这样一个古老的传说：善良的神和邪恶的神为争夺对宇宙的统治权，发生了战争，善良的神从天空中发出强劲的闪电来保卫盟友（大地），当然反叛者也会用同样的武器来轰击月球大本营。很可能月球宇宙飞船在这次战争中受到了严重创伤，已经失去了一部分功能，也许是损坏了先进的反引力装置，使它再也无法留在地球近地轨道上，所以它不得不上升到一条受地球引力影响相对较小的安全轨道。

在战争中，巨大的爆炸将月亮的一些物质炸离了月球表面，进入到环地球的轨道，在一段时期里停留在地球轨道之上，遮挡住了太阳的光芒，于是太阳消失了。

从盘古神话中我们看到，月球在上升的过程中，可能是因为损坏严重，它摇摇晃晃地上升，上去又跌落下来，然后再上去，几次差一点坠毁在地球上。最后，它还是顺利地盘旋而上，天地发生了分离。

第四节 天倾西北，地陷东南

我们之所以肯定"天地分离"是事实，而非杜撰，还因为在天地分离的神话里，有许多内容并不是凭人们的想象就能创造出来的。《淮南子·天文训》在描述天地分离时，曾经说到一个重要天文现象，即"天倾西北，故日月星辰移焉"，除非一次巨大的天象变动，否则没有任何人可以凭空想象出这个情节。当时的人肯定在天地分离时看见北极星等其他一些定位星辰，发生过空间位移的现象。举个例子，现在的北极星是判断方位的一颗重要星辰，它处于南北向地轴的北端，因此在地球北半部任何一个方位上看，北极星都代表着北方。所谓的"日月星辰移焉"，就是指地球在围绕太阳旋转的轨道上姿势的变化，这种变化导致地球上的人在观察星辰时发现，原来的定位星辰已经不在原来的位置上了。

因此，我们可以肯定地说，《淮南子》中"日月星辰移焉"，肯定说的是地球的变动，而不是宇宙星系的变动。而地球的变动又是指地球在轨道上的姿态变动，大约是指地球从倾斜的变成直立的，或从直立的变成倾斜的。这一切都在暗示着我们：地轴在人类大灾变时（主要是天地分离）发生过严重的偏移。

那么，地轴以前的方位又是什么样的呢？我们先来看一看有关地球地质考古的一些资料：

大家知道，现在的地轴是南北向，地球几乎直立在它的轨道上，围绕地轴在旋转，地轴与赤道差不多成90度角垂直。在地轴的南北两极终年被厚厚的冰层所覆盖，这是由太阳光照射的角度造成的。太阳光线直射地球赤道，随着地球围绕太阳运行，太阳光直射地球的范围逐渐向北、向南移，但最北不超过北回归线，最南不超过南回归线，当太阳光直射南回归线的时候，北极地区就长时间见不到太阳；当太阳光直射北回归线的时候，同样，南极也会发生与北极一样的情况。因此，南北两极的年平均气温都在零下10℃左右，即使在最温暖的季节，气温也不会高于8℃，而且为时很短。在这样的气候条件下，南北两极的植物极少，基本上没有高等植物。

然而，在历史上，南北两极并不是像现在这样寒冷。在中国的远古神话里，北冰洋并没有处于冰冻状态，而是一片波涛汹涌的大洋，气候宜人，《列子·汤问》里，黄帝就曾担心海上的五座仙山会漂流到北极去沉没，所以派了15只大龟轮流驮负。《山海经》中说，北极地区有一座幽都山，上面住着许多人和各种动物。这一切都说明，在远古的时期里，北极是个温暖的地方，很适合人类居住。

早在19世纪，人们就曾在北极圈里发现了煤炭，经鉴定，这些煤是由一些东方红松和沼泽柏树形成的，目前这些树种仅仅生长在中国。1985年8月，加拿大地质学家玻尔驾驶直升机在加拿大北部，距北极点只有几百公里的阿克塞尔·海纳格岛上调查时，意外地发现，在光秃秃的土地上竖立着一些奇怪的东西，很像化石森林，他将这一发现报告了加拿大政府。

1986年6月25日，加拿大萨斯卡彻温大学地质系古植物学家巴森哥教授率领6人考察队来到阿克塞尔岛，发现这里的确是一片化石森林，只是有许多树木并没有完全石化，有的看上去就像刚砍倒不久，有的甚至还带有软木质部分，呈现出红色。这些树木种类很杂，有白桦、落叶松、冷杉等。这些情况说明，在人类已经懂得建造城市的时候，北极还是一片鸟语花香、适合人类居住的乐土。

北极的情况如此，那么南极呢？20世纪70年代以来，世界各国纷纷到南极去考察，人们在南极发现了许多矿物，除各种有色金属以外，还有丰富的铁矿，煤炭的蕴藏量估计有5000亿吨，石油的蕴藏量为400亿桶。当然，人们还发现了许多爬行类动物的化石，也发现了不少植物化石。此时，读者一定会想起我们在前面说到的，1929年在土耳其发现的皮里·赖斯的奇怪地图，这幅地图中南极洲大陆并没有被冰雪覆盖。事实上，南北两极的气候应该是对应的，北极温暖的时候，南极洲也必定温暖。

然而，据地质考证，南北两极被冰雪覆盖已经有1.5万年的岁月。上面说过，南北两极目前的气候状况是由地球在轨道上运行的形态决定的，因为它决定了太阳照射地面的角度。如果想使南北两极温暖的话，只有两个办法，一是改变地轴的指向，二是彻底改变地球围绕太阳运行的轨道。后一种可能显然是行不通的，因为太阳系一经形成，地球就以固定的轨道围绕太阳旋转。看来只有让地轴的指向发生变化（地球在轨道上运行的姿势），或者向现在的东北偏移，或者向现在的西北偏移，这样才能使南北两极脱离极地，变得温暖起来。

让地轴偏移，有这种可能吗？有！根据我们现在掌握的资料，完全可以断定：在1.5万年以前，地轴不是现在的南北方向，而是向西北——东南方向偏移了一个很大的角度。

《山海经·海内经》记载说：在都广这个地方，长着一棵大树，名字叫建木，据说，这里就是天地的中心。这棵树有百仞之高，到了中午，太阳照在它的顶上，竟然连一点影子都找不着；站在树底下大喝一声，声音马上消失在虚空中，听不到一点声音。建木的形状非常奇怪，巨大的树干直冲冲钻进九霄云外，树干的两旁基本不长枝条，光秃秃的，只是在树的顶部长着一些弯弯曲曲的树枝，盘起来像一顶伞盖，树根也是盘曲交错的。如果你在树干上随意抓一把，树皮就像橡皮筋一样剥落下来，好像一条缨带，又好像一条黄蛇。

这条记载中有一条重要的线索：建木高百丈，却在太阳下没有影子。没有影子是夸大，影子极小是事实，并说它生长在天地的中间。我们不妨想一想，一棵大树在太阳底下影子极小的情况在什么地方能够发生？只有在赤道附近，至少在南北回归线以内，这些地方太阳光直射，所以树木的影子极小，而且越是接近赤道，影子就越小。那么都广又在什么地方呢？据考证，所谓的"都广"就是现在的成都。成都在北纬30度线上，也就是说在北回归线以外，根本不可能发生树木在日下无影的现象。但是，如果地轴向现在的西北—东南偏移一定的角度的话，成都就有可能进入北回归线以内。

还有一个证据，人们在整理上古埃及留下的各种文献时发现，在一种文献中讲到了钟表的制造，它是按一年中最长的白天与最短的白天之比来造钟表的，大约是14∶12，而这个时区是在赤道与南北回归线以内，也就是说在南北纬15度以内。可是，古埃及文明最发达的地区是尼罗河三角洲，大致也在北纬30度纬线上。由此人们不禁要问：他们为什么要制造与他们的时区不相符的钟表呢？大约只有一种解释，很可能当时的埃及正是在0～15度纬线以内。

雅利安人曾经生活在现在的印度一带，但他们并不是当地的土著居民，是从一个很远的地方迁徙过来的。据雅利安人的古籍《赞德·阿维斯塔》说，他们迁徙的原因是那里的气候发生了变化。气候变化是古代部落迁徙的重要原因之一。据这本书说，他们曾经住过的地方，太阳、月亮、星辰一年只出现在他们头顶上一次，一年好像只有一个白天和一个晚上。这种现象只能发生在两极地区。由此我们这样认为，雅利安人最早的居住地是个温暖的地方，很适合人类居住，否则他们早就迁徙了。但渐渐地，这个地方变成了极地，无法再生存下去，雅利安人只好迁徙了。这也反过来说明，现在的北极在很早以前是温暖的，也就是说，当时的地轴并不是现在的指向。

现在再让我们来看一看关于《山海经》的一些情况。《山海经》是中国重要的一部上古文献，它涉及地理、天文、医药、动植物、文化等许多内容。对于这本上古文献，我们知道得很少很少，现在读懂的人恐怕还没有。后人在研究《山海经》时发现，它的定位与我们目前的定位很不相同，这在以前的章节里已经讲到了。

《山海经》的第一卷就是《南山经》，依序各卷为南、西、北、东，其海内、海外经均按南、西、北、东的方向排列。为什么会形成这样奇怪的定位法呢？各家的意见很不相同。最近，有一位研究《山海经》的学者认为，《山海经》的作者是从南半球向北半球旅行，最后定居到了九州（中国的中原）。因为地球北部的方位是上北、下南、左西、右东，而在地球南部则刚好相反。

这个观点有合理的成分，却没有证据。《山海经》定位问题，完全存在另外一种解释。我们认为《山海经》成书于战国时期，是后人追记前人事迹的作品，因此，它很可能是按照前人生活时的实际方位来记述的，即现在的南，在远古时很可能偏向现在的东。比如说，我们把一张中国地图按上北、下南、左西、右东的方位标记在桌子上，然后我们将这张地图向西北方向旋转40度，你就会发现，地图上的正南方大约在桌子标记的东南方向。因此，我们认为，《山海经》方向的错乱是因为地轴向现在的西北方向偏移造成的。也就是说，《山海经》记录的是远古时期的地理方位，当时的南偏向现在的东。

根据以上这些证据，地轴在很久以前不在现在的位置上，而是向西北—东南偏移了一个很大的角度。大约在1万多年以前，一场巨大的变动，使地轴移到了现在的位置上来。这个事变，我们认为就是天地分离。被击坏了反引力装置的月球宇宙飞船，被迫离开地球近地轨道，月球巨大的引力和分离时的拉力，使地轴随着月球离去方向，迅速向现在的位置移动，整个过程大约只有几个月。

住在高原和山区地带的人们发现，北半球夜晚的许多星辰向西北方向落去，再也见不到了，好像西北方向的地势越来越高，天空从西北方向坠下去一样，故《淮南子》记载："天倾西北，故日月星辰移焉。"相反，东南方向的夜晚却出现了许多新的星辰，就好像东南方的大地在天空中越陷越深，如同崩塌了一块一样，故古人记载"地陷东南"或"地不满东南"。

第五节 史前怪兽

1986年4月25日，前苏联乌克兰共和国基辅北80英里的小城切尔诺贝利核电站的4号反应堆发生了爆炸，190吨燃料连同分裂物、反应堆石墨、反应堆各种材料全部从反应堆竖井中抛出，这些核垃圾污染了大片地区。据西方通讯社报道，当时死于核放射性污染的有2000多人，许多人被大剂量的核辐射折磨得死去活来，惨声阵阵，死在医院里。

一两年过去了，人们似乎已经忘记了这场严重的核泄漏事故。但是，生活在这一地区与人类同遭污染的许多生物没有忘记。在泄漏事故发生两年之后，人们突然发现，原来娇小可爱的青蛙竟然长到了好几斤甚至几十斤那么大，比原来的体形不知大了多少倍，看上去十分可怕，而且叫声惊人，把人着实吓了一跳。不但是青蛙，在这一地区生活的老鼠、鱼类等，也发生了极大的变化。事后研究表明，这些生物体内的基因组织在强核辐射下，发生了严重的变异。

这些变异会造成什么样的后果？它会不会遗传？会不会因此而出现新的物种？人们并不知道。我们目前能够肯定的是：在强大的核辐射污染下，有些生物会发生变异，变得十分巨大。

1920—1932年，美国赫尔曼·马勒通过试验证明，X射线可以使果蝇基因的突变发生率成百倍地增长，他也因此获得1946年诺贝尔医学奖。赫尔曼·马勒的研究表明，X射线可以干涉RNA在基因编码上的选择，换句话说，任何一种放射性物质都会引起生物基因的突变。

"生物在环境污染下可以发生变异"这个结论，使我们对神话中某些奇怪的动物有了新的看法，而在这以前，人们则一直搞不清楚。

《淮南子·本经训》载："逮至尧之时，十日并出，焦禾稼，杀草木，而民无所食。猰貐、凿齿、九婴、大风、封豨、修蛇皆为民害。尧乃使羿诛凿齿于畴华之野，杀九婴于凶水之上，缴大风于青邱之泽，上射十日而下杀猰貐，断修蛇于洞庭，擒封豨于桑林。万民皆喜，置尧以为天子。"这就是出现在神话中的六种怪兽，然而，它们是什么呢？

长期以来，研究者一直不知道突然出现在古史中的六种怪物究竟是什么，因为古史本身记载就很乱，《山海经》中有时把这些怪物解释成古神，例如，《大荒南经》说："大荒之中，有山名曰融天，海水南入焉。有人曰凿齿，羿杀之。"但在古代的解释中这六种怪物是不统一的，大风就是凤，是一种鸟；而封豨则没有解释，后人猜测恐怕是野猪；九婴同样没有解释。那么它们究竟是古代的神还是某种动物的称呼？如果说它们只是一般的猛兽，可是现在的野兽没有一种能和它们对应。再说，古人为什么不用狮、虎、虫、蛇等已有的名词，而偏偏要发明这些古里古怪的称呼呢？

现在的学者对此段的解释存在着很大的分歧，有的人认为，这是六种自然灾害，比如，大风就是飓风一类的自然灾害；有些学者认为，这是些不友好的氏族部落的图腾，"大风"可能是以凤为图腾的部落，"修蛇"族可能是将蛇奉为图腾的部落。但图腾说并不能解释以上所有六种怪物，比如，"凿齿"就不能解释为图腾，有的学者说，所谓的"凿齿"部落是指该部落的人在成年以后要将门牙敲下几颗，表示一种美。

切尔诺贝利核电站泄漏导致有些动物基因发生变异，这一结论启发了我们：中国古史中所记载的六种怪异动物，很可能是强核辐射污染下基因变异的猛兽。由于基因变异，有一些我们常见的动物，像蛇、鸟、猪等，体态发生了巨大的变化，没有办法再用从前的名称来表达，只好发明了六种怪模怪样的称呼。这些变异的动物给人类带来过某种危害，加之出现得突然，给人类留下了深刻的印象，所以用神话的形式保留了下来。

大家试想一下，假如在我们的生活周围，一只兔子突然长得像牛一般大，那么你会怎样称呼它呢？"兔子"这个词显然不能代表眼前这个怪物，而且也容易和人们脑海中原来的兔子概念搞混了，所以我们必须发明一个新的词汇，而这个词必须突出这个东西的最大特点，于是我们只好将它称为大兔或巨兔了，甚至我们都可以叫它象兔——像大象一样的兔子。

从事件的前后来看，六种怪物与"十日并出"同期（后羿射日、杀怪物），而"十日并出"正好发生在天地分离及大洪水之后。上面我们已经说到神之间的战争导致了天地分离，从时间上看，六种怪物正好出现在这场战争之后，而这场战争我们以前也曾介绍过，它留下了大量热核武器的痕迹，六种怪物的出现正好是地球遭到核污染的时期。因此，我们断定：《淮南子》和《山海经》中所记载的六种怪物，它们都是遭到核污染而基因变异的动物。

还有一个现象值得注意，古史中所记载的六种怪物只出现在那时期内，以后再无类似的记载，看来在核辐射下发生变异的动物基因并不稳定，也许只能保留一代或几代，而不能作为稳定的遗传基因传给下一代，创造出一个新的物种。这一推测还有待科学的进一步研究证实。

第10章
毁灭人类的大洪水

　　天地分离时诱发了一场滔天的大洪水，1000多米高的海浪呼啸着扑向地球北半部大陆，吞没了平原、谷地上的一切生灵。高山在颤抖，陆地在呻吟。只有高原上的牧羊人侥幸活了下来……

第一节 相似的洪水记载

灾难！一场特大灾难！地球北半球突然被来历不明的洪水包围，近千米高的洪峰，以雷霆万钧之势，咆哮着冲向陆地，吞没了平原谷地，吞没了这些地方的所有生灵。高山在波涛中颤抖，陆地在巨变中呻吟。

这是上古神话传说和早期宗教里的记载。有人认为它是人类传讹附会的记忆，也有人认为它是千真万确的事实，孰是孰非，千百年无定论。让我们抛开所有的争议，实事求是地面对这些人类早期的记忆吧！

相传，炎帝有个小女儿，聪明漂亮，名叫女娃。有一天，也是孩子家一时性起，决定去东海边玩一玩。软软的海浪，细细的沙滩，弄得女娃脚心痒痒的，她咯咯地笑着，尽情在海边嬉戏着。突然，海面颤抖起来，一个巨大的浪峰像海兽一样从海底蹿出，卷走了岸边的一切。无情的海浪吞没了女娃幼小的身躯，使她再也回不到父母的身边。而她的灵魂则化作一只小鸟，花头、白嘴、红足，样子十分可爱，名叫精卫，就住在北方的发鸠山上。她伤心自己年幼短命，她痛恨无情的波涛毁灭了自己五彩的梦幻，因此常常衔来西山的小石子呀、小木棒呀，投到东海里去，发誓要将大海填平。这就是著名的"精卫填海"的神话。

这段悲壮的神话不知道感动了多少人，晋代大诗人陶渊明在读完《山海经》中这段神话以后，挥笔写下"精卫衔微木，将以填沧海"两句诗，一种哀悼的情绪跃然纸上。据说，东海曾有誓水处，因为女娃曾淹死在那里，所以精卫鸟发誓不喝那里的水，老百姓还亲切地称精卫鸟为"帝女雀"。

对于"精卫填海"的神话，许多研究者都认为，它反映的是中华民族的一种精神，沧海固然浩大，但精卫填海的意志比沧海还要浩大，它充分体现了神话英雄的战斗精神，反映了原始民族不屈不挠的品格，是人类向自然发出的一种宣言。正是从这个角度，千百年来，精卫填海的神话备受人们的喜爱。

类似的神话不仅汉族有，中国北方的少数民族也有。"萨满教"是一种原始宗教形式，它的源头可以追溯到原始氏族时期。北方民族萨满教有一种特殊的禽鸟崇拜，崇拜的对象就是鹰。神鹰在萨满教里是女性的化身。神谕传讲，母鹰给人间带来了光和火，后因从羽毛里掉出火，山林烈火不断，神鹰搬土盖火，死于大海，魂化萨满。直白的解释就是：有一女性死于大海后，灵魂化为一只鹰。基本上与精卫的神话相似。

那么，精卫填海的神话又是如何起源的呢？几乎没有人能回答这个问题，大家都被精卫感动得魂不守舍，根本没有时间去考虑这个问题。

我们认为，"精卫填海"的神话，主要反映了人类对大海的憎恨，人们把大海痛恨到恨不能填平的程度。这个解释虽然与现行的解释背道而驰，但它更贴近神话的本身。为什么远古的人们如此憎恨大海呢？可以肯定地认为，大海在遥远的时代曾经给人们带来了巨大的灾难，这种灾难乃是铭心刻骨的，人类不想让后人记忆它，所以编出了这样一个神话以警示后人。

《燕子与海》是古埃及的一则神话，但不论从哪个方面看，它与中国的精卫填海神话都极为相似：在大海的悬崖上，一只美丽的燕子做了妈妈，一天，燕子出去为乳燕寻找食物，就托大海照看它的孩子。结果燕子觅食归来时，却发现乳燕不在了，这下子可急坏了燕子妈妈，它找大海要孩子，但傲慢的大海根本不理会燕子的一片慈母之心。失去孩子的燕子，对天发誓，一定要报复大海。于是它每天从遥远的地方，用口衔来沙石和木棍，投向大海，誓将大海填平，当它回去的时候，又用嘴吸一小口海水，吐到炎热的沙漠中，誓将大海吸干。

英国的民族学家弗雷泽曾指出：在北美洲、中美洲、南美洲的130多个印第安种族中，每个种族都有以大洪水为主题的神话。事实上，记录大洪水的并不限于美洲的印第安人，在世界各大陆上生活的民族中几乎都有关于大洪水的记载。

首先，让我们来看一看中国有关大洪水的各种神话和传说吧！

我国西南地区有一则关于伏羲的著名传说：在很久以前，山里住着一户人家，父亲操劳着农活，一双儿女无忧无虑地玩耍。有一天，雷公发了怒，威临人间，要给人类降下大灾难。顿时，天上乌云滚滚，暴雷一个接着一个，大雨像一条条鞭子，疯狂地抽打着山川。随着一条金蛇般的闪电和一声惊天动地的巨响，青面獠牙的雷公手持大斧从天上飞了下来。勇敢的父亲毫不畏惧，用虎叉向他叉去，正中雷公腰部，把他叉进了一个大铁笼子里。

第二天，父亲要到集市上买点香料，临走嘱咐两个孩子说："记着，千万不要给他喝水。"狡猾的雷公装病欺骗了善良的小女孩，得到了几滴水，恢复了神力，挣脱了牢笼。为了感谢小女孩，雷公从嘴里拔下了一颗牙齿，交给两个孩子说："赶快种在土里，如果有什么灾难，可以藏在所结的果实当中。"说完飞腾而去。

父亲从集市上回来，得知雷公已去，知道大祸就要临头，赶快备好木料，连夜赶造木船。两个孩子把雷公的牙种到土里，转眼间就结出了一个巨大的葫芦。两个孩子拿来刀锯，锯开了葫芦，挖出里面的瓢，钻了进去。这时，倾盆大雨从天而降，地底也喷出了洪水，大水淹没了房子，又淹没了高山，一直淹到神仙住的天门。

天神们害怕大水会最终淹没天国，所以让雷公赶快退水。大洪水来得快，退得也快，一下子就退到了海里，坐着船的父亲从空中摔下来死了，只有两个小孩幸存下来。哥哥叫伏羲哥，女孩叫伏羲妹。长大以后，他们俩结婚做了夫妻，人类这才又重新开始繁衍。这则神话传说直接记载了大洪水的爆发经过和毁灭整个人类的严重后果。

在我国西南少数民族地区，类似这样的传说，几乎每个民族都有，而且内容都差不多。如果说，大洪水在这些民族中的记载是因为当地多雨的自然气候造成的话，那么北方少雨干旱地区的大洪水传说又当如何解释呢？比如说，蒙古族、满族等传说中都有关于大洪水的记载：《天宫大战》中就有洪水遗民的记载；《老爷岭》中也有洪水毁灭人类，仅剩下一个少年被洪水冲到了山坡上，后来因为救了母鹿而与母鹿成婚育子的记载；满族的婚俗中也有一个传说，说九天女与渔郎婚配产下后代，而这些子女又在大洪水中统统被淹死了。

当然，中国关于大洪水的记载远不止这些，汉民族中同样有大量关于上古大洪水的记载：

《淮南子·览冥训》曰："往古之时，四极废，九洲裂，天不兼覆，地不周载，火炎而不灭，水浩洋而不息。"洪兴注曰："凡洪水渊薮自三百仞以上。"

《尚书·尧典》记载说："汤汤洪水方割，荡荡怀山襄陵，浩浩滔天。"

《山海经·海内经》记载说："洪水滔天""鲧窃帝之息壤以堙洪水。"

《楚辞·天问》曰："洪泉极深，何以填之？地方九则，何以坟之？"

《孟子·滕文公》记载说："当尧之时，天下犹未平，洪水横流，泛滥于天下。""当尧之时，水逆行，泛滥于中国。蛇龙居之，民无所定，下者为巢，上者为营窟。"

关于大洪水的发生，不但能在神话传说中找到大量的证据，而且可以在古文字中找到有力的佐证。在甲骨文中，"昔"字写成"䇂"，上面的三条曲线代表水，下面圆圈中间有一点的图形代表太阳，在太阳底下到处都是大洪水，看不见高山，也看不见平地，可见当时的洪水有多大。这个字的意思是：从前曾经有过大洪水泛滥的日子，大家不要忘记了。

让我们再看几则世界其他民族有关大洪水的记载：

《圣经·创世记》中这样写道："此事发生在2月17日。这一天，巨大的深渊之源全部冲决，天窗大开，大雨40天40夜浇注到大地上。"诺亚和他的妻子乘坐方舟，在大洪水中漂流了40天以后，搁浅在高山上。为了探知大洪水是否退去，诺亚连续放了三次鸽子，等第三次鸽子衔回橄榄枝后，才知洪水已经退去。

在出土的公元前3500年前的苏美尔泥板文书中，对大洪水作了如下记载："早晨，雨越下越大。我亲眼看见夜里大粒的雨点密集起来。我抬头凝视天空，其恐怖程度简直无法形容……第一天南风以可怕的速度刮着，人们都以为战争开始了，争先恐后地逃到山里，什么都不顾，拼命逃跑。"

在秘鲁印第安人的传说中，大神巴里卡卡来到一个正在庆祝节日的村庄，因为他衣着褴褛，所以没有人注意他，也没有人请他吃东西。只有一位年轻、善良的姑娘可怜他，给了他一点酒水。巴里卡卡为了感激她，就告诉她说，这个村庄在5天以后便要毁灭了，叫她找一个安全的地方躲起来，并嘱咐她不能把这件事告诉其他人。于是，巴里卡卡引来了风暴和洪水，一夜之间便把整个村庄毁灭了，大水一直淹没了高山。

巴比伦人的神话说，贝尔神恼怒世人，决定发洪水毁灭人类。伊阿神事前曾盼咐一位在河口的老人选好一只船，备下所有的东西……大雨下了7天，只有高山露出水面。

一直保留到今天的一种古代墨西哥文书《奇马尔波波卡绘图文字书》说："天接近了地，一天之内，所有的人都灭绝了，山也隐没在了洪水之中……"

现在居住在危地马拉地区的印第安基奇埃族，有一种名叫《波波尔·乌夫》的古文书，书中对灾变进行了如下描写："发生了大洪灾……周围变得一片漆黑，开始下起了黑色的雨。倾盆大雨昼夜不停地下……人们拼命地逃跑……他们爬上了房顶，但房子塌毁了，将他们摔在地上。于是，他们又爬到了树顶，但树又把他们摇落下来。人们在洞穴里找到了避难的地点，但因洞窟塌毁而夺去了人们的生命。人类就这样彻底灭绝了。"

玛雅圣书记载："这是毁灭性的大破坏……一场大洪灾……人们都淹死在从天而降的黏糊糊的大雨中。"

印度有一则传说，说有一个名叫摩奴的苦行僧在恒河沐浴时，无意中救下一条正被大鱼追吃的小鱼，他将这条小鱼救回家，放到水池中养大，又送回恒河里。小鱼告诉他，今夏洪水泛滥，将毁灭一切生物，让摩奴做好准备，到洪水泛滥时，小鱼又拖着摩奴的大船到安全的地方，此后摩奴的子孙繁衍，成了印度人的始祖。

……

以上这些记载远不是各民族洪水记载的全部，正与中国的情况一样，世界上只要是一个古老的民族，在他们的神话传说中几乎都有关于洪水的记载。当我们仔细分析这些记载的时候，我们常常被它们的叙述形式、故事构成、主人公的结局等惊人的一致性震惊。惊骇之余，我们不禁怀疑：这些民族在编写本民族的神话时，肯定打过电话或发过电邮。那情形有点滑稽：一个中原地区的原始人，怀里抱着一些野兽的前胛骨，上面刻满了文字。他兴冲冲走进一座半地下的圆形房子里，拿起一个石头做成的像电话样的东西，

"哈罗！是南美洲的玛雅人吗？我们部落经过商量，决定编一个关于大洪水毁灭人类的神话，故事的梗概大约是这样的。"说着他举起了一片片甲骨，一字一句读起来。美洲的玛雅人说："亲爱的，这真是一个好主意，就这样办吧！你再与澳大利亚那边联系联系。拜拜！"这可能吗？

然而，不是可能与不可能的问题，现在我们读到的关于大洪水的神话，就是出自这样一个全世界认可的样本，不信吗？我们来仔细分析一下：

第一，逃脱大洪水的人都受到了神的启示。在中国的神话里，伏羲兄妹是受到了雷公的警示以后才乘葫芦逃生的；《圣经》中的诺亚是得到了上帝的警告，才造了一艘大船；印度的鸟神依休努同样向人们提出了大洪水将要降临的警告；在缅甸的《编年史》中，一位穿黑色衣服的僧人，向人们发出近期有灾变的警告；秘鲁印第安人也是由于大神巴里卡卡的提示，才幸免种族灭绝；在太平洋诸岛中，也存在着很多这样的传说，即出现了一位不知从哪里来的使者，向人们发出了灾难即将降临的警告。

阿特拉哈西斯神话中（阿卡德），恩基神不愿意人类被毁灭，于是托梦给阿特拉哈西斯："阿特拉哈西斯啊，你要注意听我说的这件事。你要拆掉芦苇的房屋，修造一艘船，要装上船篷，用沥青加固。你把要带的物品全部装到船上去，不要丧失了性命。从现在起，7天之后，大洪水就要到来。"阿特拉哈西斯立刻召集了自己的族人，通报了这个梦。于是大家开始建造大船，将动物和飞禽全部装了进去，全族人也上了大船等待着。

第二，逃脱大洪水的人无一例外都是坐船一类的东西，而且人们探知大洪水退去的方式也很相似。《圣经》中的诺亚，为了知道洪水是否结束，经常从方舟向外放鸽子，他一共放飞了三次，鸽子嘴里衔回了橄榄枝，说明洪水已经退去；比《圣经》更古老的苏美尔洪水传说中，同样用方舟逃得性命，为了探知大洪水是否退去，他也向船外放飞鸟；在印度尼西亚群岛、中美洲、北美洲的印第安人中间所流传的大洪水传说中，主人公也采取了与《圣经》中的诺亚或苏美尔传说中的主人公完全相同的行动，逃脱了洪水，到洪水退下去时，鸟衔着树枝回来了。

第三，关于大洪水的结果——少数人幸免于难的记载也完全相同，而且绝大多数是一男一女。《圣经》中是诺亚和他的妻子；墨西哥是娜塔夫妇；维尔斯传说中是丢埃伊温和埃伊巍奇；希腊是德卡里奥恩夫妇；爱尔兰叙事诗中是比特和比兰；加拿大印第安族的是埃特希；印度神话里是玛努；加里曼丹是特劳乌；巴斯克人的神话中是祖先夫妇；中国是伏羲兄妹，等等。

第四，关于大洪水的水位描述，全世界也有共同性，绝大多数民族的神话传说中都说大洪水淹没了高山。

第五，关于大洪水持续的时间，全世界也有极大的相似性，这场毁灭人类的大洪水持续的时间并不长，大约在120天。

从以上的记载来看，记述大洪水的地区几乎遍及世界各大洲，涉及了许多民族，甚至是全部的民族。面对如此广泛、如此相似的记载，你敢说世界关于大洪水的传说都是杜撰出来的吗？

我们肯定人类曾经有过一次大洪水，并非仅仅依据上述的神话和地区性的传说，在地质考古方面，我们同样能够得到许多证据。

第二节 大洪水的地质证据

如果地球曾经发生过一场毁灭人类的大洪水，不管它持续多么长的时间，必定会在地质层上留下痕迹，否则，这些神话和传说中记载，就没有确切的证据来证明它们的真实性。

本世纪以来，地质学家陆续在世界各大洲，发现了一些确信是大洪水留下的痕迹，我们应该感谢这些地质学家，他们的辛勤工作为我们的假设提供了许多科学证据。

1922年，英国考古学家伦德纳·伍利爵士开始对巴格达与波斯湾之间的美索不达米亚沙漠地带进行考察挖掘，结果发现了苏美尔古国吾珥城的遗址，并发现了该城的王族墓葬。正是在这个墓穴之下，伍利和他的助手们发现了整整有2米多厚的干净黏土沉积层。在这层沉积层之上是吾珥王族的墓穴，其中有各种陪葬品，如头盔、乐器、刀剑，还有各种工艺品和刻在泥土书板上的历史记载。

这层厚达2米的干净黏土是从哪里来的呢？对黏土的分析研究表明，这层干净的黏土属于洪水沉积后的淤土。由此可以得出这样的结论：在人类用泥板记载历史之前，这一带曾经发生过一场巨大的洪水，这场洪水足以摧毁整个苏美尔文明。

20世纪60年代末到70年代初，两条美国海洋考察船对墨西哥湾海底进行钻探考察，他们从海底钻出了几条细长的沉积泥芯，这等于截取了海底的一些地层剖面，其沉积泥芯所代表的地质时间是1亿多年。也就是说，这些沉积剖面中记录了墨西哥湾海底1亿年以来的沉积情况，由沉积泥芯的特点可以推测当时海水的含盐度和地球气候的变化情况。

当地质学家研究这些沉积泥芯的时候，竟意外发现，在距今大约1万多年的沉积层中，存在大量有孔虫甲壳。有孔虫是一种微小的单细胞浮游生物，其甲壳中氧同位素含量的比例可以代表其生活时期海水的盐度。科学家通过对沉积层中有孔虫的甲壳分析，证明在这些有孔虫生活的年代里，墨西哥湾海水中的盐度很低。这一情况表明，当时有大量淡水涌入墨西哥湾，稀释了大洋中的海水。那么这些淡水又是从何而来呢？科学家们一致认为，这突如其来的淡水就是史前那场大洪水。

本世纪以来，在中国的华南地区、德国、法国及北美地区，各国地质学家都不约而同地发现了一层海底浊流沉积物。科学家肯定地认为：这是由一场巨大的海啸造成的，而且是全球范围内的大海啸，时间在距今1万到3万年之间。大家一定会注意到，上述的几个地点都在地球北半部，因此可以肯定地认为，这场海啸仅仅发生在北半部。我们认为，科学界发现的海啸遗迹正是神话中大洪水的最直接证据。

不可否认，目前人类在大陆上找到的大洪水的痕迹和证明并不多，造成这一情况有以下两个原因：一是从历史记载的文献来看，大洪水持续的时间并不长，虽然各民族的神话记载不相同，但可以确定，这场大洪水大约仅维持了40天，然后就彻底退去，从水位高涨到洪水退去前后不足120天。这样短的时间，虽然对于人类而言，足够被毁灭一次，但对地球地质而言，还不足以造成明显的痕迹；二是大洪水距今已有1万多年，岁月的流逝将本来就不明显的痕迹统统给抹去了。

因此，我们不能期盼地质学家、考古学家、古生物学家把一大堆证据材料都摆在你面前。所以，以上来自上古神话和有限的地质考古证据已经足够说明问题：在1万多年以前，地球上确实发生过一场毁灭人类的大洪水。

第三节 是大洪水还是洪灾

现在虽然从地质考古、神话研究中我们基本可以肯定地说：在我们这次文明之前，地球上确实发生过一场毁灭人类的大洪水。然而，世界各民族的关于史前洪水的神话记录都比较混乱，根本无法确定洪水发生的真正时间，甚至连洪水暴发的次数也不能最后确定。

首先，让我们来分析一下关于大洪水发生时间的不同记载。综合世界大洪水的记载，洪水发生大约有以下几个时间：

1. 《圣经》中记载的大洪水发生在公元前5000年前；
2. 苏美尔人的泥板文书却宣称大洪水发生在公元前3500年左右；
3. 中国的上古神话基本上没有确切的时间，都是以神名来表示大致的历史时期，有的记载说大洪水发生在女娲时期，也有的记载说大洪水泛滥于尧帝时期；
4. 美洲印第安民族的神话里，虽然有大洪水的记载，但绝大多数没有涉及时间问题；
5. 人们甚至发现有公元350年的大洪水记载；
6. 根据现在的地质考古资料，这场大洪水大体发生在距今1.5万年前后。

如此一来，关于毁灭人类的大洪水就被湮灭到纷乱的记载之中，人们对大洪水的诸多疑问也从这里开始，因为这些记载很容易给人这样一种印象：大洪水好像不止发生过一次，应该有许多次。有的人就主张说，人类曾经被大洪水毁灭过许多次。

然而，以上时间虽然混乱，但是我们还是可以大致确定一下范围的。大家知道，中华文明大约起源于公元前4500年，因为我们已经有了甲骨文，从那以后，中国的历史记载可算是世界最完整的。虽然目前我们对甲骨文的理解还存在许多问题，但就当前的研究水平来说，我们没有在甲骨文中发现关于大洪水的记载，也就是说，在公元前4500年以后，人类没有面临过毁灭性的大洪水。因此上述公元前3500年或公元350年的洪水记载可以排除。

我们今天都说是尧帝时发生的大洪水，这个说法来源于《淮南子》，但是，《淮南子》毕竟是汉代成书的，时间已经很晚了，在具体考证洪水时间上，我们应该用比它更早的文献资料，那就是《山海经》。《山海经·海内经》明确说："洪水滔天。鲧窃帝之息壤以堙洪水。"此处的"帝"自然是黄帝，而不是其他人。因此大洪水当发生在黄帝之时，而非尧帝之时。上文我们已经说到，共工和黄帝是同时间的人，而有的书就记载说："共工振滔洪水，以薄空桑。"这更加说明，大洪水发生在黄帝时期。

那么黄帝又是什么时候的人呢？《竹书纪年》说："自黄帝至禹三十世。"大禹是夏朝的开国君主，夏朝开始于距今4500年左右，如果一世按30年来计算，则黄帝时代就距今5500年左右。还有的史书中将黄帝视为农业的发明之神，而中国的农业出现，据考古计算，当始于距今7000多年以前。而且，古史中黄帝的时代只是一个约数，他所代表的时期很可能远大于我们的推测。

这样一来，我们就把大洪水的发生时间推到了距今7000多年以前。在以上6种时间当中，最接近我们推论时间的就是1.5万年前，也就是说，毁灭人类的大洪水发生在距今1.5万年以前。这个时间与一些地质考古成果很接近。

在不能确定年代的多次洪水中，我们发现，就其性质来说大致可以分为两类：一类是毁灭人类的大洪水，其势可以淹没整个高山，像《圣经》中记载的大洪水；一类是给人类带来巨大损失的洪灾，它发生在人类可以躲避甚至治理的范围之内，像中国尧帝时的大洪水。由此我们推测，毁灭人类的大洪水只有一次，而且只能有一次，它发生在距今1.5万年左右。

我们这个判断是以人类文明进化为其依据的。试想，从上一次毁灭性的大洪水到现在，人类已经有1万多年的发展历史，经历这么长的时间才发展成现在这样的文明，如果这其中发生过多次毁灭性的大洪水，可能人类目前还处在原始社会时期。因为虽然这代文明加起来不足6000年，但孕育文明则需要更长的时间。或许有人会说：古史记载的多次大洪水都发生在1.5万年以前。那么请问，我们连最近一次大洪水的情况都无法确定，而在这以前的大洪水又何由考之？因此我们才推测：在往昔的1.5万年里，毁灭人类的大洪水有一次，而且只能有一次。

那么，为什么上古神话传说中又有多次大洪水的记载呢？我们认为，这是人类文明史前口述历史阶段造成的必然结果。自然环境总是不以人的意志为转移的，洪涝灾难不论在什么时期都是不可避免的，比如说长江水系，大约每60年就将有一次特大的洪涝灾害，古代人在漫长的岁月中肯定经历过无数次这样的灾害，因此他们在口传历史的过程中，将自己经历的特大洪涝灾害加入本氏族的古老传说当中，一代一代传下去，在漫长的历史演变中，后人已经分不清哪些是原始的，哪些是新加入进来的，更加搞不清哪一次洪水是哪个年代的，不得不将同类归并，形成了我们现在看到的神话传说，因此混乱是不可避免的。

如果我们仔细研究世界各民族这些混乱的传说，就一定会发现，所谓的大洪水有许多都是较大的洪涝灾害，与毁灭人类的大洪水根本就是两回事。例如，在希腊的叙事诗中，对洪水这样写道："有的人在土丘上避难，有的人坐着小船，最后，竟在最近刚耕过的土地上划开了船桨，还有的人从榆树顶上捉鱼……"这则记载中的洪水水位并不高，连土丘和大树顶都没有被淹没。在古代伊朗人的经典《波斯古经》中记载说：大洪水时期，什么地方的水都有一人多深。这与《圣经》中淹没高山的洪水和中国"怀山襄陵"的洪水根本就是两码事，只能看成是一次较大的洪涝灾害而已。

中国的上古神话里有多次关于大洪水的记载，但仔细考证的话，绝大多数属于洪灾的范围。比如说，发生在尧时的大洪水实际只有半树高，大约有3米吧，人们"下者为巢，上者营窟"就能躲避这次洪水，因此充其量只是一次较大的自然灾害。再比如说，发生在大禹时代的洪水，也是一次规模较大、持续时间较长的洪灾，因为它发生在人类可以治理的范围之内，这本身就说明，它根本不是远古时代那次毁灭人类的大洪水。

但我们必须清楚，并非所有关于尧帝时期大洪水的记载都是洪灾，古人由于口传历史的失误，将毁灭人类的大洪水与后来发生的较大洪灾混淆在一起，这样，在记载尧帝洪水的文献中，有一些记载就属于人类劫难的那次大洪水，像《尚书·尧典》所记录的大洪水，就是毁灭人类的大洪水。

根据以上的法则，我们逐条去考证上古时期有关大洪水的记载，发现，虽然以大洪水为主题的神话几乎遍及世界各大洲，但真正属于毁灭人类的大洪水的神话并不多，许多都是混合的产物。以劫难发生以后极少数人幸存下来为标准去划分，记载这次大洪水的有以下一些地区：欧洲、墨西哥、加拿大、印度、加里曼丹、埃及、希腊、中国。如果大家稍微留意的话，就会发现一个十分有趣的现象，以上这些国家和地区几乎都在赤道以北，现在还没有确切发现赤道以南地区存在大洪水的记载。在危地马拉和巴西西部虽然有人类在洪水中毁灭的记载，但这些地区的人类并非灭绝于洪水，大多数是因高山崩塌造成的。因此，我们基本可以肯定，这场毁灭人类的大洪水主要发生在赤道以北的地区，具体原因我们在以后要详细谈到。

第四节 大洪水的水位高度

当我们确定了毁灭人类大洪水暴发的真实性以后，接下来的首要问题是：什么才是毁灭人类的大洪水？也就是说，大洪水的水位究竟有多高呢？

尽管《圣经》说洪水淹没了高山，中国的古籍也说洪水"怀山襄陵"，但这个说法很笼统，让人形不成一个具体的概念。多少米的洪水算洪灾，多少米的洪水算毁灭人类的大洪水呢？可惜的是，古代神话中不可能给我们一个具体的数值，其他文献也不会直接告诉我们大洪水的水位究竟有多少米。

但是，根据其他一些记载和传说，我们还是可以推测当时大洪水的水位。比如说，《山海经》《淮南子》等书，就透露给了我们一些重要的信息，由此我们可以推测当时洪水的高度。

《山海经·海内经》说：当年发生大洪水的时候，天上的神仙都看着不管，任凭洪水在地下肆虐，任凭可怜的人类在波涛中挣扎。有一个名叫"鲧"的神，实在看不下去了，于是偷了上帝的一件宝贝来拯救人类。说起鲧偷去的宝贝，可是大有名堂，它叫"息壤"，这东西见风就生长，一个变两个，两个变四个，四个变八个……无休无止。哪里有洪水，只要投下去一点点，马上就会长成一座土山，挡住洪水。这样的宝贝上帝当然看守很严。鲧拿着"息壤"刚刚到了地下，上帝就发现了，派火神祝融追了下来，在羽郊这个地方追上了鲧，并把他残酷地杀害了。鲧"出师未捷身先死"，真是可惜，但他的精神却被人类永远铭记。

那么羽郊在什么地方呢？实际上羽郊就是羽山之郊，它在现在山西的雁门北部。鲧拿着刚刚偷来的"息壤"，首先就来到雁门，他来这里肯定是为了治水，这是无可争辩的。那么，这是否可以证明，当时的洪水上线就在雁门呢？按逻辑上讲，应该是这么回事，否则鲧来雁门干什么呢？

有一个确切的地点就好具体化了。雁门在山西的北部，平均海拔在1000米左右，经查，雁门的北部没有什么大山，属于恒山山脉的末端，基本上都是一些小山峰，海拔不会超过1500米（因为恒山的最高峰馒头山海拔仅有2426米）。因此我们推测，鲧死的地方，海拔不会超过1400米，在1100～1400米之间。根据我们的资料，这个高度就是当时洪水的最上限。在山西龙门山有一个叫禹门口的地方，它与大禹有关，估计也与洪水有关，它在地形图上的标高是1122米，与雁门几乎处于同一个海拔高度之上。

除了以上这一个合乎情理的推测以外，我们还有一些其他的材料来证明当时大洪水的水位高度。

《汉唐地理书抄》记："宜都上绝岩壁立数百丈，有一火烬插其岩间，望可长数尺。传云，尧洪水，人泊船此旁，爨馀，故曰插灶。"《艺文类聚》又记："宜都夷陵县西八十里有高筐山。古老相传，尧时大水，此山不没，如筐篚，因以名。"这两条材料说明，史前的那场大洪水曾在宜都留下过一些痕迹。宜都在今天湖北宜昌附近的枝城，它属于巫山山脉，地图上的标高大约是海拔1200米。而宜昌以东，就是广大的江汉平原。

《太平御览》卷七六九引《郡国志》记载："济州有浮山。故老相传云，尧时大雨，此山浮水上。时有人揽船于岩石间，今犹有断铁锁。"

《太平御览》卷五二引《永嘉志》记载："永嘉南岸有帖石，乃尧之神人以破石椎将入恶溪，道次，置之溪侧，遥望有似张帆，今俗号为张帆溪。与天台山相接。"

综合以上这些记载，我们推测，史前大洪水的水位在1100米左右，它几乎淹没了整个东南沿海，中原的河北、河南、山西一部、陕西一部，也浸泡在洪水中，中南地区的湖北、湖南、广西和西南部的贵州等地区也被洪水淹没。

实际上，只要你打开中国的地形图，将这几处地点的海拔高度作一个对比，就会发现：北起雁门、龙门山，经宜昌、枝城到衡山，这些地点都处于中国地形图上的第一个台阶边缘，标高都在1000～2000米之间，这个台阶往东往南，就是一望无际的大平原，海拔都在500米左右。这个台阶的西部，就是中国的第二个台阶，海拔高度基本都在2000米以上。难道你不觉得这种安排很奇怪吗？古人手里面应该没有一本地形图，他们不可能将洪水的所有证据都排列在中国的第一个台阶边缘，也不可能将所有的证据都安排在几乎同一个海拔高度上。

由此可见，发生在人类文明史以前的那次毁灭人类的大洪水，其洪峰的高度大约为1000多米，世界最发达、人口最密集的地区基本上被洪水淹没，人类遭受了一次真正的灭顶之灾，绝大多数人丧生在洪水中。

当人们怀着悲痛的心情承认人类自身曾经被洪水毁灭过一次的现实后，不禁会提出这样的疑问：这场大洪水究竟是怎么发生的？

第五节 大洪水成因的历史疑问

人类在早期记载大洪水的时候，就曾悲愤地追问：这是为什么啊？人类并没有过错，为什么要降下如此大难毁灭人类？然而，苍天并不会回答这样愚蠢的问题，天底下实际没有对与错，如果用人类的道德眼光去责问老天，那就更是错上加错。几千年的文明最终会告诉人类，"人定胜天"是地地道道的梦想，而且是一个彻头彻尾的非科学口号，自然永远是人类的上帝。

当然，在初遭毁灭的人类那里，讨个公道是再自然不过的想法了，于是，人们在记载下灾难的同时，也记载下了对洪水发生原因的追寻。直觉告诉人们，"怀山襄陵"的洪水并非自然发生的灾害，背后肯定有一种超越自然的力量在起作用，于是人们首先想到了神。

在世界上所有关于大洪水的记载当中，几乎都把人类得罪神灵作为洪水来源的解释，比如，《圣经·创世记》说："耶和华见人在地上罪恶极大，就后悔造人在地上。耶和华说，我要将所有的人和走兽，连同昆虫和天空中的飞鸟，都从地上除灭。我要使洪水泛滥在地上，毁灭天下地上有血肉有气息的活物，无一不死。"

阿拉伯的大洪水神话，安拉派人类先知努哈到人群中去说教，奉劝人们只信大神安拉，抛弃其他信仰。但人们并不想抛弃原来的信仰，而努哈在人间坚持了整整1000年，也没有改变人们的信仰。于是，他请求安拉毁灭人类。安拉答应了努哈的请求，并让他造一艘大船，带上地球上所有生物的一公一母。努哈请巨人欧格从很远的地方取来了斐歌木，造好了大船。于是洪水爆发了，淹没了高山和大地。

一句话，大洪水暴发的原因是人得罪了神，甚至是人类反叛了神，于是小心眼的神就用洪水来惩罚人类。中国伏羲的传说里，大洪水是因为伏羲的父亲得罪了雷公，本质上还是人得罪了神。

当然，由不同文化背景构成的神话传说，对大洪水原因的解释不可能都是相同的。中国的神话，对大洪水暴发的原因，提出了另外一种解释，说是水神共工和火神祝融因为争权夺利而发生了战争，战败的水神咽不下这口恶气，一头向支撑天地的大柱子——不周山撞去，结果造成天地分离，在天崩地陷中产生了大洪水；犹太人对大洪水另有高论，他们认为是"主改变了星座中两个星辰的位置"而导致了大洪水的泛滥。

不论神也好，星辰也好，天地分离也好，它们都代表着天空，看来大洪水的爆发与天空有关，这也是世界大洪水神话相同的一个内容，只是不同的民族有不同的表示罢了。

人类追寻大洪水暴发原因的脚步，并没有受到上述神话的限制，科学技术的发展，使人们可以跳出神话划定的圈子，从不同的方面，应用不同的技术，重新审视这场与人类命运休戚相关的洪水成因。到目前为止，人们一共提出了三种关于大洪水的假设，即外来撞击说、地球火山说、星球异动说。

1608年，荷兰眼镜匠利帕希发明了望远镜。1609年，伽利略制成了世界上第一架天文望远镜。当人们第一次将天文望远境对准月球的时候，人们震惊地发现，月球上布满了大大小小的坑，有的直径几十公里，有的直径几百公里。后来的研究告诉人们，那些坑是外来巨型陨石撞击月面后留下的伤疤，称为环形山。从那以后，人们对陨石撞击的危害留下了深刻的印象。

地球在宇宙中相当幸运，至少在6000多年的时间里，还没有发生过一次百万吨陨石撞击的事件，天空中虽然不时有小的陨石从天而降，但造成的危害都不大。最为严重的一次是中国甘肃省庆阳县的陨石撞击事件，那是在1490年4月4日发生的。当时正逢清明时节，一颗小的陨石撞击到上坟的人群中，据地方志记载"击死人以万数"。但这颗陨石在所有的天文事件当中，只能算一个小不点。1984年，一颗滚动的小行星从距地球72万公里处呼啸而过，将全世界的天文学家都吓出了一身冷汗，据计算，这颗小行星将在2015年再一次接近地球，那时很有可能会一头撞上地球。

天空中不时滚动的不速之客，启发了大洪水的研究者，于是他们提出了外来撞击说。持此观点的研究者认为，史前大洪水是由一颗巨大的陨石撞击地球造成的。的确，地球上曾经发现过不少巨型陨石坑，南极洲的威尔克斯兰德陨石坑，直径240公里；中国内蒙古与河北交界处的多伦陨石坑，直径170公里；苏联西伯利亚的波皮盖陨石坑，直径100公里以上。据有关报道，美国科学家新近在捷克发现了一个直径320公里的巨型陨石坑，算得上是地球陨石坑中的老大。但以上这些陨石坑都十分古老，最年轻的也在几千万年以前，距离大洪水的时间太远，根本拉不到一起。

1969年，美国一批地质学家和地理学家在阿拉斯加荒漠地区考察时，发现了一个直径12.4公里的圆形地貌，地面下陷，最深处可达500米。据地质抽样化验表明，这一带地区的岩石中含有大量的镍，而且当地的磁场也不正常。科学家怀疑这是一个陨石坑。1972年，美国的"大地卫星1号"人造卫星送回了这一地区的图片资料，使陨石坑的怀疑得到了证实。1976年，又一次的空中考古活动证实了人们的怀疑。据测定，这个陨石坑的年龄为1.2万年，十分接近大洪水暴发的时间。因此，不少人认为，正是这颗陨石的撞击，造成了史前大洪水的泛滥。

科学家一致估计，跌落在阿拉斯加的这颗陨石大约直径600米，撞击释放出来的能量相当于几十亿吨TNT炸药爆炸的能量，等于同时引爆了1000颗百万吨级的原子弹。这个能量足以使地壳开始在软流层上漂移，或者加速漂移的速度。同时，轰击释放出来的巨大热量，融化了数千平方公里的冰层，提前结束了第四纪冰川期，融化后的冰水造成了记载中的大洪水。

以上这个解释十分粗糙，漏洞太多。首先，这么一颗陨石的撞击不可能造成地壳的巨大变动。其次，撞击导致第四纪冰川结束的看法也过于牵强。陨石的撞击一般发生在瞬间，释放出来的热量短促而强烈，根本不会使大面积的冰川融化。同时，冰川融化虽然可以使海平面明显上升，但现代海洋学家告诉我们，这个过程是缓慢的，往往要持续几千年，一次性轰击是不可能造成海平面大幅度上升的。

还有的人认为，是一颗巨大的陨石轰击海洋，造成了滔天的海啸淹没了陆地。我们承认这种可能是存在的，我们也理解这种假设很难找到证据，但我们还是要指出，这种假设是不严密的。一颗陨石落入海洋，会造成一定范围内的海浸事件，但绝对不可能造成全球性的海浸。比如说，一颗巨型陨石落入太平洋,它可能会造成太平洋沿岸地区的海浸,但海水绝不可能越过美洲大陆造成大西洋沿岸的海浸。再说,这种解释也不能说明为什么大洪水都发生在赤道以北的地区。

法国科学家古维尔对陨石撞击海洋形成洪水的情形,曾经这样描述道:"当巨大的陨石轰击海洋后,高达数百米的巨浪,犹如一个个山头,以排山倒海之势,雷霆万钧之力,席卷陆地,毁灭那里的一切生灵。"描写得确很精彩,可惜并不是事实。

火山爆发,一直在地球诸多自然灾害中占有重要地位。公元前79年,维苏威火山突然爆发,在一夜之间彻底毁灭了古罗马的庞贝城,所有的居民在睡梦中被埋葬在厚厚的火山灰下,油画《庞贝城的毁灭》生动再现了庞贝城的苦难经历。火山爆发的雄壮景观和释放出来的巨大能量,使人们想到了人类史前的那场大洪水,形成地球火山说,认为洪水是由地球火山爆发引起的。

1956年,加兰诺帕勒斯教授偶然在希腊附近的桑托林群岛的一个叫塞拉的小岛上,发现了一个被厚达30米的火山灰覆盖的古城遗址。1962年,美国和希腊组成了联合科学考察团,对桑托林群岛海岸进行了考察,结果挖掘出一座古城废墟,它与公元前79年被火山爆发掩埋的罗马古城——庞贝城遗址极为相似。根据其他证据,科学家基本可以断定:在很久以前,这里曾经爆发过一次巨大的火山,被称为桑托林火山。据说,桑托林火山的喷发很可能是地球有史以来最大的一次火山喷发,其火山灰覆盖了整个群岛及附近的广大地区,面积大约有20万平方公里。

但是在桑托林群岛上根本没有这样一座火山存在,所以科学家估计,桑托林火山原来很可能是一个小岛,但巨大的喷发将小岛地下的物质喷发殆尽,当喷发停止后,成为空壳的火山陷入海平面以下300~400米。陷落的火山口,形成了一个巨大的旋涡,引起了前所未见的海啸。旋涡中心的海浪高达1~2公里,滔天巨浪以每小时320公里的速度呼啸而去,前锋形成无数堵30多米高的水墙,所到之处一片汪洋。滔天的巨浪,很快摧毁了附近的克里特岛沿岸,3个小时便吞没了北非的尼罗河三角洲,接着又淹没了1000公里以外的叙利亚古港乌加里特。他们认为,桑托林火山正是史前大洪水的罪魁祸首。

然而，桑托林群岛在地中海。地中海是一个被欧、亚、非三块大陆环绕的内海，即便桑托林火山曾经形成过可怕的海啸，但滔天的巨浪再高，也不会越过亚洲大陆淹到中国来，更不可能越过整个西班牙，穿过大西洋，淹到美洲的秘鲁和墨西哥。再说，桑托林火山据碳-14测定，它爆发于距今3500年左右，比地质学上证明大洪水几乎晚了近万年。而且公元前500年左右，人类的文明已经相当发达了，不可能没有明确的记载。因此，可以肯定地认为，桑托林火山爆发引起的巨大海啸，绝对不是史前那次毁灭人类的大洪水。

越是深入研究，人们也就越发地感觉到，地球史前大洪水的原因很可能不在地球的内部，不论是地震、火山爆发、异常气候变化，都不可能引起一场全球性的大洪水，除非地球发生了难以想象的巨大抖动，巨大的惯性力使海水侵入陆地。但如果真是这样的话，人类恐怕早已不存在了。

所以，人们渐渐把追寻大洪水成因的目光投向地球以外，因为只有星际间的相互作用，才有能力引发一场如此浩大的洪水。在这种背景下，维利考夫斯基提出了金星异动说。

早在1939年，维利考夫斯基就开始悉心研究古代史，以便从中寻找事实来证实自己的推测。他认为，历史的进程曾受到一系列宇宙灾变的影响。他对牛顿关于太阳系一经形成就像钟表一样准确无误地运行的理论提出了疑问，对达尔文的进化理论也颇不以为然。他们通过对古史文稿详细研究，得出结论：太阳系曾经发生过大分化、大灾变，地球的公转轨道曾受到强烈的干扰。他认为，在4000多年以前，太阳系的巨人木星（质量相当于320个地球）发生了破裂性震荡，将大量物质抛入空间，这些被抛入空间的物质朝着太阳所在的方向呼啸而去，形成了原始状态的金星。当金星穿过地球轨道时，由于两颗行星靠得太近，引起引力错位，地轴发生了严重的偏移。这种能量巨大的骚扰，使地壳发生了一系列重大的变化，导致了大洪水的爆发。

维利考夫斯基的这套假设，目前很少有人认可，也许金星的形成果然如此，可这有待日后的天文学加以证明。我们只是想谨慎地指出：维利考夫斯基金星异动，造成地球大洪水的假说时间被定在4000多年以前，这与地质学发现的洪水证据不能吻合。

以上所有关于洪水的解释都不能令人信服，这证明：现代科学在这个问题上钻进了死胡同。怎么办？我们不能等遥远未来的人给我们提出一套新的假设，这不符合人类求知的精神。唯一的办法就是利用现有资料去探求事实真相。在现代科学不能提供新的证据和理论的情况下，人类唯一也是最直接的资料就是那些长期被人蔑视的神话和传说。事实上，这些资料，从形成的时间上讲，是洪水过后的第一手资料，古人在编制这些神话的时候没有想欺骗自己，更没有想欺骗后人。因此我们相信，在这些神话中虽然有被思维认识水平扭曲的成分，但也包含着我们未知的事实真相。

在研究中国上古神话的时候我们发现，中国神话中关于洪水发生的记载，与世界各民族的记载均不相同，大洪水并不是孤零零发生的，它属于一个极有逻辑、极有条理、连续不断的事件中的一个组成部分。从叙事的态度看，中国神话的重点并非在讲述每一位神千姿百态的表现，而是在重点讲述一个完整的事件，神的各种活动只是为了解释这个事件发生的各种原因，这与西方的神话是根本不同的。

具体地说，中国神话叙述的事件中心是围绕天与地的关系展开的，整个神话的结构如下：天地不分—神造人—神与神之间的战争—天柱崩、天穿一洞—大洪水—天地分离—女娲补天—十日并出。除最后一项"十日并出"与前项看不出逻辑关系以外，其他各项都有极强的内在逻辑关系。这种表现的方法与特点，与世界其他民族的神话不太相同，它甚至不符合神话形成的一般规则。

因此，我们认为，中国神话的内涵远比世界任何一种神话都丰富，它很可能记载的是一件真实的事件，重点在于"天地分离"。然而，正如我们以上看到的，所谓"天地分离"实际上就是月球和地球的分离，古代人所说的天地关系，指的就是月球和地球的相互关系，中国的神话就是从这种关系的变动中演变出来的，因此也以这种变动的过程为核心。

将大洪水的发生，放在地球和月球一系列变动的事件当中，可以圆满解决大洪水的诸多疑问，比如，大洪水为什么发生在赤道以北的地区？大洪水为什么时间十分短促？南半球为什么没有发生洪水的记载？等等。

"天地分离"——月球和地球发生分离，是大洪水暴发的真正原因，这就是我们的假设、我们的观点。

第六节 大洪水的真正原因

在解释这场人类大劫难之前，我们必须搞清楚这场洪水的几个特点。综合现有资料，大洪水发生的过程有以下特点：

1. 这场大洪水主要发生在地球赤道以北的大陆，所有记载洪水的民族都生活在北半球，越往南水位越低，有些地方甚至出现海洋退潮现象。

2. 这场洪水虽然来势凶猛，但持续的时间不算长，据《圣经》记载说，洪水持续高涨了40天，"天下的高山都淹没了，水势比山高过十五肘，山岭都淹没了"。40天后，洪水开始退去，到第150天时，洪水完全退尽，陆地露出来了。古巴比伦的《季尔加米士史诗》是世界上记载大洪水最完整的资料，据说，这部史诗是根据在大洪水中幸免于难的西纳比斯亲口述说的经历写成的。诗中记载，大洪水一共持续不断高涨了12天，然后开始退去，到第129天彻底退完。中国的洪水传说中没有具体的时间，但洪水退去极快却是事实，以至于伏羲父亲坐的船一下子就空中跌了下来。

3. 据中国《淮南子·天文训》记载，这场大洪水是从中国的东南方向退去的，"地不满东南，故水潦尘埃归也"。

现在还有一个问题，那就是大洪水究竟从何而来呢？这场大洪水范围十分广泛，几乎整个北半球都被洪水淹没，这么大的水量来得十分奇怪。我们认为，能在短时间淹没大陆高山的水，绝不是来自降雨，虽然许多关于大洪水的记载中都提到了天降大雨这个情节，但这绝不是导致大洪水的原因，只能看做是大洪水发生时的异常天气变化。

那么，洪水来自何方呢？洪水来自大海，大洪水是海浸事件！

《孟子·滕文公》记载说："当尧之时，水逆行。"大家知道，条条溪流归大海，由于中国的地形西高东低，因此中国的河流也基本上是东西走向。"水逆行"明确地说明，由于受到东南方向强大的压力，河水形成倒灌。而中国的东南方就是大海。因此，这是海水扑向陆地形成的反常现象。"精卫填海"的故事，也是在暗示我们，大海曾经给人类带来过巨大的灾难，所以人们才那样痛恨大海。这是不是在说史前那次大洪水呢？

据公元前3500年以前的苏美尔泥板文书记载，大洪水的时候，有这样一个情节："第一天，南风以可怕的速度刮着"。从地图上我们知道，苏美尔人生活的地区就是现在的中东地区，它的南面也是大海。这个情节也在告诉我们，大洪水来自南面的大海。当洪水发生时，滔滔的海水扑向北方大陆，几百米高的浪头像一道道水墙，压迫着空气，形成一股可怕的南风，所以记载中才说"南风以可怕的速度刮着"。

那么，大洪水又是怎么发生的呢？

索菲亚天文台台长埃斯·鲍奈夫认为，如果一颗小行星（其直径770公里，约是月亮的1/5）从地球半径6倍的距离（3.78万公里）的地方通过，地球将因此发生汹涌波涛，此波涛是普通涨潮的10倍，此时海水会向小行星通过的方向集中。

根据我们以上所有的分析，我们认为大洪水是这样发生的：当被击毁了反引力装置的月球宇宙飞船，从现在的西北方向（以前的正北方向），缓慢离去的时候，月球本身强大的引力，加上分离时产生的巨大拉力，使南半球的海水以排山倒海之势涌向地球北半部，几百米高的浪头一个连着一个，以每小时几百公里的速度，呼啸着扑向北方大陆，吞没了平原，吞没了谷地，吞没了这些地方的所有生灵。在短短十几天的时间里，北方的海水上涨了1000多米，大陆上一片汪洋。在波涛中，一些高山的顶端露出水面，看上去像一个个小岛。高山在海浸中颤抖，陆地在巨变中呻吟。

就中国的情况而言，凡是海拔1100米以下的地区，统统淹没在洪水之中，山东、河北、河南、山西、江苏、浙江、福建、广东等地的绝大部分都被洪水淹没，这真是一场惨绝人寰的大悲剧。

随着月球的引力影响越来越小（月球越升越高，距离地球也越来越远），也随着地轴向现在的位置摆动时产生的巨大惯性力，北浸的海水随惯性力的方向，渐渐向东南退去，故古史记载"地不满东南，故水潦尘埃归焉"。地轴又经过一系列小的波动后，停留在现在的位置上。这就是大洪水来得快、退去也快的原因。

第七节 幸存的人类

我们提出了一个关于人类大劫难——大洪水成因的全新假说：由于地球与月球的分离，导致了一场毁灭人类的大洪水。世界上一直流传至今的一些神话，有许多就把月亮看成是宇宙灾变的罪魁祸首，例如，芬兰的故事诗《卡列瓦拉》和南美的各种传说，都认为宇宙大灾变的原因在月亮上，这与我们的假设不谋而合。可悲的是，这场宇宙巨变并非出于自然原因，而是由人为因素造成的。

我们不应该指责那些创造了我们的月球人，尽管他们制造了这场给人类带来灭顶之灾的洪水，因为他们也是迫于无奈，在生存的面前是没有道理好讲。相反，我们还要感谢那些创造了我们生命的"神"，是他们的警告，使许多人逃脱了这场灭顶之灾，才使我们人类得以延续下来。

在巴比伦的叙事诗中，谈到水神埃亚向科希斯特劳斯的国王发出有关洪水将要到来的警告，他说："乌巴尔的儿子特乌特啊！拆了自己的房子造船吧！不要考虑自己的财产，如果生命得救，请为这件事高兴吧，别忘了在船上装上各种动物。"在阿基斯台卡的古写本中，神也这样说："停止用龙舌兰造酒吧！再挖空大衫树的树干造一个独木舟，到特索斯顿特里（古月名）这月，洪水滔天时，请进到这个独木舟中！"

《圣经》里记载说："凡有血气的人，在地上都败坏了行为。上帝就对诺亚说：'……用你的哥斐木造一只方舟，分一间一间地造，里外抹上松香。方舟的造法是这样的，要长三百肘，宽五十肘，高三十肘，方舟上边要留透光处，高一肘，方舟要分上、中、下三层。我要使洪水泛滥在地上，毁灭天下。'"

在太平洋诸岛，也存在着很多这样的传说，往往是这样讲的：一位不知从哪里来的使徒，向人们发出了灾变即将降临的警告。根据传说，凡是听了使徒的话而建造了木筏子的人都得救了。缅甸的《编年史》中记载说，从最高僧院来了一位黑衣使者，"他穿着黑色的衣服，出现在人们集中的地方，在全国到处周游，以悲痛的声音，向人们发出近期内即将发生灾祸的警告。"

然而，这场突如其来的大洪水毕竟是无情的，它肆虐陆地，吞没了人类辛辛苦苦建造起来的家园，吞没了大家的亲人和朋友。从感情上讲，人们不可能轻易接受这样的事实。所以，在洪水过后的神话中，人们产生了对神的敌视情绪，把他们说成是想把人类斩尽杀绝的刽子手。比如，住在墨西哥的阿斯台卡人传说，一位名叫奇特拉卡凡的神，向名叫那塔的人发出了关于势必降临的大灾变的警告，并告诉他建造一只方舟逃命。大洪水果然来临了，地上的人都死光了，而那塔和他的妻子却逃脱了灭绝。当洪水退去后，那塔和他妻子开始点火烧鱼。烧鱼的香气四处扩散，阵阵飘到天上。诸神判断一定有什么人活了下来。他们生气地叫嚷："谁点火了吧！为什么这样烟气冲天？"愤怒的诸神，想彻底灭绝人类。但奇特拉卡凡却请求其他神帮助逃得性命的人，这样人类才没有被灭绝。

大家知道，《圣经》中的神话是经过漫长的历史发展演变形成的，它直接发源于古巴比伦的神话。古巴比伦的神话中也记载说，当洪水过后，幸存的人们开始点火做饭，诸神闻到烧烤动物的香气，"像苍蝇一样集合在一起"，议论纷纷，诸神知道肯定有人逃脱了洪水，他们也像墨西哥的诸神那样感到十分愤怒，想彻底杀死逃脱性命的人。这时，曾向人们发出洪水来临警告的水神埃亚极力调解诸神的愤怒，人类才幸免于断子绝孙。

从这几则神话中，我们可以看出，人类对于制造洪水的诸神怀有极大的敌视情绪，这是一种悲愤的怨恨，神不再是人们颂扬的对象，不再是善良的象征，而是一群想灭绝人类、杀人不眨眼的刽子手。

人类真是多灾多难，在神与神的战争中，人类曾经被无辜殃及，许多城市和居民点被化为灰烬，紧接着又是一场滔天的洪水，人类没有在这一系列的灾难中灭绝，已属不幸中的万幸。

那么究竟是哪些人活了下来？看一看我们这一代文明的分布特点，大家就清楚了。现在世界上无论是发达国家还是不发达国家，它们的政治、经济、文化中心，几乎都在大平原或者谷地，或者沿海岸线等地，这是历史的选择。我们的祖先往往会在上述地点建立居民点，因为这里有丰富的水源和肥沃的土地，地势平坦，众多的河流使交通便利。那么，上古的人类在同样的自然环境下，也会作出同样的选择。

目前，世界上发现的上一代文明遗迹，一般都具有以上的地理特点，像中国、印度、埃及、古巴比伦等。在这些地区，聚集的人口越来越多，各方面的发展也相对来说快一些，文明的程度也比较高。

但也有一些民族或部落，他们散居在高原或山区等自然条件恶劣的地方。由于这些地方的自然条件差，交通不便，相互之间的往来很困难，相应地，他们的发展速度也就十分缓慢，处于一种很原始的状态中，根本无法与平原和谷地的文明相比。

但是历史证明，这些生活在高原或山区的人们是对的，他们是幸运的。北浸的巨浪首先吞没了文明发达的平原和谷地，那里的人类和他们的文化统统在洪水中消失了。而那些高山和高原上十分落后的牧羊人却幸存了下来。看一看世界上少数人幸存的神话吧！他们无一例外都是逃到高山上才幸存了下来。我们相信，这类神话要告诉我们的是：在那场洪水中，唯有高山或高原上的人才有机会幸存下来。

据记载，雅典的立法者梭伦在古埃及访问时，遇到埃及的一位大祭司，他告诉梭伦说：大灾变杀死了全部住在海边和河边的人，而安然活下来的，都是住在山里，都是"粗野、无文化的放羊人和放牛人"。

大洪水过后，从高山上走下来了牧羊人。可惜的是，由于他们自身发展就十分落后，根本没有能力将上一次文明接续下来。人类的文明中断了、萎缩了。这些原始人在记忆的深处保留了一些上次文明的灵光，他们从高山走到平原，将记忆中的那点灵性记载下来，这便成了我们今天谁也读不懂的东西。然而，他们是整个事件的目击者，是大洪水的见证人。于是，他们将看到的、听到的东西，以神话的形式记载下来，一代一代传下来，又经过几千年历史岁月的风风雨雨，经过无数人的不断加工、改造，最后形成了我们今天看到的各种神话和传说。

如果仔细去研究今天保存下来的神话，在剔除传讹附会的成分以后，我们依然可以嗅到很浓很浓大山的气息。从神话里我们发现，离开了大山几乎就没有神话，神话中的绝大多数神仙都住在山上，他们都是山神。中国《山海经》中记录的神话最多，但这本书记载的基本上都是大山或高原。《山海经》可以看成三部分：一是山经；二是海经；三是大荒经。山经指的是高山，这没有疑问；大荒经指的是高原和戈壁，这也没有疑问，其中根本没有记载平原和谷地。这究竟是为什么呢？

　　大家知道，中国的文明应该起源于大平原，在祖先的神话里根本不应该有那样多的高山和戈壁，因为我们的祖先没有在高山和戈壁生活的经历。然而，事实却是，我们的祖先在所有神话里，都大谈特谈他们本不熟悉的高山和戈壁，真是奇怪得很。由此，我们只能认为，这是从高山来到平原的人们，对他们早年的生存地点有着一份极为深厚的感情，在他们口传历史事件的时候，不知不觉将这种感情带入神话当中。我们之所以强调神话原型的重要意义，其理由就在这里，这其中有我们人类已经丢失或早已淡忘的记忆。

第八节 文化中的洪水证据

人类的记忆可以随着岁月的流逝而变淡，人类的感情也可以随着环境的变迁而冷漠，但是，人类的文化却不可以漠视过去的历史，它总是在不经意之间，将淡忘或冷漠的东西注入人们的生活中，你可以不去感觉它，但你无权阻止它默默地述说。

在中国有一句著名的成语——沧海桑田，据考证，这条成语出自《神仙传》。有一个叫麻姑的仙女，就是那个献寿桃的麻姑，她见到仙人方平后，说了这么一番话："接待以来，已见东海三为桑田。向到蓬莱，又水浅于往者会时略半也，岂将复为陵陆乎？"这就是"沧海桑田"成语的来历。它的本意指大海变为农田，农田又变为大海，现多用来比喻世事变化很大。

人们从来没有问一问这个成语究竟是怎么来的，它仅仅是出于一个所谓神仙之口吗？即使是神仙之言，那也是人们告诉神仙的。如果有人说，这一个成语是出自中国人的想象，那才是天大的怪事，有谁能把天地间变化的事件想象得这样一清二楚呢？

通过近百年的科学研究，我们现在已经知道，"沧海桑田"在地球自然演化的过程中曾经出现过许多次，但地球的自然演变过程极其缓慢，几千万年未必有大的变化，几万年对于地球而言，真是一眨眼的工夫，但对人类而言却是一个漫长的过程。自从人类出现以后，我们根本看不到地球的这种自然演变。但是"沧海桑田"这个成语太准确了，准确到让人难以想象。

所以我们认为，"沧海桑田"这个成语的出现，肯定与大海浸事件有关。住在高原和山区地带幸存下来的人们，在短短的时间里，他们看到了巨大的海浪以雷霆万钧之势吞没了平原和高山的情况，也看到了海水向东南方向退去，露出了陆地和山脉的情形，所以才能把看到的这个全过程用一句极其准确的语言来表达，这就是"沧海桑田"。这是大洪水发生过的又一有力的文化证据，它进一步说明大洪水是按照我们猜想的方式发生的。

泰山在中国文化中有十分重要的地位，几千年来围绕泰山，文人墨客写下了不少千古流芳的奇文妙句。从泰山脚下一路上去，到处可见各种摩崖碑刻，据说这一坏习俗最早发端于秦始皇，他在东巡泰山时，在泰山上刻下了石鼓文，为自己歌功颂德，后世的无聊文人也就纷纷效仿起来。但为什么泰山在中国文化里有如此重要的地位呢？谁也说不清楚，很可能来自一种古老的习俗——泰山祭天。

中国人崇拜虚无的天帝，这种崇拜形成了中国历史上一个很古老的宗教仪式——祭天，也叫做封禅。据《史记·封禅书》记载，早在黄帝时就有人立庙祭拜天帝，关于这个说法现在有争议，但这条资料至少说明祭天的宗教仪式十分古老。一般来讲，祭天的地点都选择在地势较高的地方，平常都在山顶，如果没有山，就用土筑起一个坛，以象征高的意思。古时祭天有三种形式：庙祭——在天帝庙里拜祭；郊祭——每年两次在城郊拜祭；封禅大典——泰山拜祭。泰山封禅是祭天的最高仪式。

但为什么要选择在泰山祭天呢？这个问题几乎没有学者真正涉及，现在学术界里的解释十分抽象。首先，是因为泰山高。泰山位于山东省泰安地区，海拔1524米，是山东全境海拔最高的山，也是中原地区离大海最近的一座高山。它气势雄伟，故古人有"登泰山而小天下"的说法。正因为它高，所以古人才选择泰山来祭天；其次，因为泰山在东面。太阳属阳，乃万物之君，在哲学内涵上代表着新生，象征着生命，因此，太阳升起的方向也就有了与太阳相同的本质。同样地，东方的泰山由于每天迎接着日出，它自然也会与太阳的哲学本质相一致。客观地说，以上这种解释大约只有学者才会明白，普通人是看不懂的，因为它太抽象，主观的成分又很大。

中国是一个等级森严的国家，宗教祭祀也分出了许多等级，哪些人可以祭哪些项目，都在礼典中写得一清二楚。祭"天"，这是天子的专利，任何人都不能染指，否则一定会有人指责你居心不良，想篡夺皇位，那是要灭九族的。虽然西周以后，周天子的地位衰落，代之而起的各方诸侯篡夺了周天子的祭天权，但那时的诸侯也与皇帝差不多了。

关于泰山祭天，有很古老的传说，《太平御览》卷六八二引《汉官仪》说："孔子称封泰山、禅梁父，可得而数，七十有二。"但究竟是哪72家却不甚清楚，战国时的管仲从无怀氏数到周成王，也仅仅数出了12家，10家在大禹以前，2家在大禹之后，截止的时间是西周的初年。那么，其他60家泰山祭天的很可能发生在春秋战国时期。

可是大家知道，春秋战国诸侯林立，战乱不休，泰山又处于春秋五霸之一的齐国境内，怎么可能发生60次诸侯亲自到泰山拜祭的事情呢？为什么史书从未有过因封祭泰山而导致战争的记载呢？对此，史学界争议颇多，至今意见无法统一，但多数人以"绝对不可能"彻底否定古史中的记载。这是很不公平的，也毫无道理。我们不能一碰到自己无法解决的问题，就怀疑上古记载的真实性，如果总是以这种方法疑古论古，那么我们就成了古史的创造者，何必再去研究呢？因此，我们的讨论必须站在承认古史记载的基础上，从多方面考虑、假设，找出不合理背后的合理性，这才是科学研究的态度吧！

春秋战国时期，各国诸侯宁肯冒着生命危险跑到泰山亲自拜祭，肯定有他们不可不去的理由。从各种资料和角度来分析，我们怀疑上古在泰山拜祭的很可能并不是"天"，而是水。

当地月分离时，引发了一起水位高达1000多米的大海浸事件，中国沿海和中原的许多地区统统被波涛汹涌的大海淹没。当洪水向东南退去后，很可能山东半岛泰山以东的地区还浸泡在海水中。《淮南子·本经训》记："共工振滔洪水以薄空桑。"《绎史》卷五引《归藏》云："蚩尤登九淖以伐空桑。"空桑就是现在的山东曲阜地区，正与泰山处于同一条纬线上。从高山上走下来的牧羊人们，他们追随大海退去的踪迹来到泰山，面对汪洋大海，为了祈祷洪水早日退去，这些来自山区的居民，很自然地在泰山举行了他们的祈祷仪式。这种仪式一代一代传了下去。

然而，随着岁月的流逝，几千年过去了，已经习惯于平原生活的牧羊人后代们，他们对洪水的印象越来越淡，泰山祭拜的内容也发生了变化，以至于后来的人根本不知道先人们在泰山拜祭什么，只知道这种祭祀十分重要。因此不知不觉把这一隆重的祭祀与祭拜最高天神——天帝相互联系起来，使泰山祭拜从祭水演变成了祭"天"。由于泰山封祭已经成为社会上的一种共识，所以即使在诸侯林立、战乱不休的年代，大家也都墨守着祖先的成规，齐国不加干涉，各诸侯国也不随意生事，一切都在庄严、肃穆的气氛下进行，这才有春秋战国60家诸侯封祭泰山的可能。

泰山祭祀是祭水而不是祭天，这在中国的其他文化中也有充分的证据，比如说，泰山是地狱的观念就与此有关。

我们中国人现在知道的所谓地狱观念，像阎罗王、地藏菩萨、十八层地狱、牛头马面、奈何桥、生死轮回等，都不是本地货，它们都是随佛教一起从印度进口的，严格地说，它们是印度的地狱体系。可也许大家并不知道，中国自己也曾经有过地狱体系，那就是泰山府君系，地狱的大本营就在泰山。

《三国志·魏书·乌丸传》裴注云：乌丸"贵兵死，敛尸有棺，始死则哭，葬则歌舞相送……并取亡者所乘马、衣服、生时服饰，皆烧以送之。特属累犬，使护死者神灵归乎赤山。赤山在辽东西北数千里，如中国人以死之魂神归泰山也。"魏晋时人张华所著《博物志》卷一云："泰山，一曰孙，主召人魂魄。"

泰山为什么会成为中国人的地狱呢？老实说，我们现在仅仅知道关于泰山地狱的思想大约起源于东汉，东汉以前的资料连个影子都见不着，甚至没有一点线索来说明这种习俗的由来。

另一方面，泰山祭"天"与泰山是地狱，这两种思想是相互矛盾的，把两种矛盾的东西搞在一起，我们只能把它说成是一种巧合。也就是说，这两种东西里面肯定有一种是错误的，但究竟哪个是错误的呢？

我们认为，泰山祭水与泰山祭鬼是同一个内容的两个方面。大洪水吞没了许多平原地带的人类，洪水的幸存者们，跟随洪水退去的方向来到泰山，或者说，在大洪水发生时，只有泰山附近的人类因为登上泰山而活了下来。这个时候人们会干什么呢？他们会在泰山上举行祭祀死去亲人的活动，寄托自己的哀思。我们认为，这就是泰山地狱思想的起源，也是后代将祭天与祭鬼合而为一的理由。

地月分离时的强大引力以及地轴在向现在的位置摆动时产生的巨大惯性力，使地壳在这一巨变中发生了意想不到的特异变动，地震、火山活动十分频繁，而且规模巨大，这又加剧了地壳的移动。一方面，大陆架上许多陆地和海洋中的岛屿滑向大海沉没了；另一方面，由于地壳的变动，在不少地方又出现了新的"造山运动"。

在描述巨人的一节里，我们曾经引过《列子·汤问》关于五座仙山的记载，岱舆、员峤两座仙山就是在"大人"的捣乱下漂到北海沉没的，而"大人"我们也曾说到过他们，他们实际上就是那场叛乱的积极参加者。这大约是中国最早关于陆地沉没的记载。这个事实也说明，海陆的巨大变迁发生在地月分离事件的前后，与我们的诠释神话的思路与推测完全相符。

巧的是，西方也有关于大陆沉没的记载，那就是大西洲的沉没。在世界上，一说起史前海陆的变迁，没有人不知道大西洲的，因为西方的学者早已将这个问题炒得沸沸扬扬，似乎给人们一种印象：人类史前历史是以西方为中心发生的。许多学者一说起历史学的西方中心论，就恨得咬牙切齿，但如果问他"你曾做过什么"？他肯定无可奉告。直到现在，当中国一出现什么新思想的时候，就会有那么一些人跳出来，摇头晃脑地指责说："这个问题西方人早已经说过了。"难道你就不会说"我们中国曾经怎么怎么说"，或者"我曾经怎么怎么说"吗？一个国家要富强，不但要在物质上站起来，而且要在精神上站起来。

实际上，关于人类早期的历史，现在世界上没有一个国家比中国的资料更全面，比如说，像大洪水的事件，一说就是《圣经》，而中国的《山海经》《淮南子》《尚书》等的记载往往用来给《圣经》作注，这是本末倒置。就从成书的时间来说，中国的记载也比《圣经》里的记载早了好几百年。再比如说，关于大陆消失的记载，柏拉图写下的时间也不比中国记载更早，为什么一说起这个问题我们总是要首先提"大西洲"呢？这似乎是个小问题，但它却反映出中国学者从来就没有骨气的大问题。现在一些搞社会科学研究的学者们，每每为自己的地位和经济待遇愤愤不平，那么他们是否想过：这么多年来自己究竟干了些什么？为什么日本人敢说敦煌学在日本？那么多优秀的中国文化为什么弘扬不起来？连骨气都没有的人凭什么过上好日子？

中国要想置身于世界民族之林，树立信心似乎比发展经济更重要，不要忘记，甲午海战时，中国舰队无论从武器装备还是军舰吨位、数量都比日本要大得多，可我们还是失败了。我们为什么失败？就因为我们怕敌人，仗还没有打，但在心理上我们就已经输了，这就是没有骨气，没有信心。

好啦！我们还是来谈一谈大西洲的问题吧！

有关大西洲最早的记载见于古希腊的思想家柏拉图的著作，他生活的年代大约在公元前350年，与中国孔子生活的年代差不多。根据柏拉图的记述，埃及大祭司曾于公元前590年，对到埃及访问的雅典立法者梭伦说，在遥远的过去，有一个名叫"大西洲"的岛国，其面积大约有2000万平方公里（疑是20万或200万平方公里之误），大致位于赫尔克里士柱石以外的区域，其上居住着有史以来最聪明、最高贵的种族——阿特兰蒂斯王国。大约在梭伦访问埃及前9000多年以前，发生了强烈的地震和大洪水，一天一夜的大暴雨将这一优秀的民族统统毁灭，阿特兰蒂斯王国的全部国土，也在这场灾难中沉入海底彻底消失了。希腊人只不过是这个聪明而高贵种族的后裔。柏拉图根据这个传说，认为它应该在直布罗陀海峡以外的大西洋中，"大西洲"由此而得名，正好直布罗陀海峡在古代又称为赫尔克里士柱石。按照柏拉图记述的时间推算，大西洲沉没的时间大约在距今1.4万年，与我们关于大洪水暴发时间的推测基本上是一致的。

几千年来，寻找大西洲的人蜂拥大西洋，企图真的在那个地方找到远古时代沉没在大洋中的大西洲的残垣断壁。但是，几千年过去了，人类除了发现一望无际的浩渺波涛以外，连大西洲的影子都没有找到。

如此一来，对于大西洲的传闻，大家有两种意见：一种意见认为，大西洲根本就不存在，那都是柏拉图等人编出来骗人的东西；一种意见认为，大西洲确实存在，而且就在大西洋，只是我们没有找到罢了。反正没有实物证据，哪一种意见都不能肯定地说对与错。

然而，我们在世界各地的神话传说中发现了许多类似的记载，比如说像中国《列子·汤问》，就记载有在大灾难中陆地沉没的事件。因此，我们绝不能将这类的记载一棍子打死，它肯定有存在的理由。从记载的地点来看，我们很怀疑大西洲的曾经存在，地球上不可能有那样多的陆地在同一事件中沉没，大约是当时确实有这么一个事实，但是各民族在转述的时候将它多样化了。

埃及的《死亡书》中也有关于大陆沉没的图形记载，大意是：一片大洋中本有块陆地，有一天，火从海洋中喷出，大陆在突然到来的灾难中沉没到了海里。

在现实生活中，人们也时常发现关于大陆沉没的证据。

不论以上陆地沉没的记载是否属实，近几十年来，人类在海底大陆架上确实发现了不少水下古城遗址或海底建筑物，发现的地点有：大洋洲、美国、古巴、墨西哥、直布罗陀海峡等。在中国的东海、黄海、渤海中，人们也发现海底有不少古河道的遗迹。这些事实都无可辩驳地指出，在很久以前，的确有一些陆地在巨变中沉到了海底，那上面有人，也有文明。

地球和月球分离时还诱发了大地震、火山喷发等一系列灾难，造成地壳的严重扭曲，一些地方出现了新的地貌。居住在夏尔罗得·阿马利群岛（丹麦领属西印度群岛）的印第安人中间流传着一则古老的神话：大灾变前，这里的地形不是这样的，当时一座山也没有，灾变过后，平地上出现了山脉。另一份古文献《奇马尔波波卡绘图文字书》中，也记载着那里由于喷发了炽热的熔岩而形成了红色的山。

在中国，也有许多造山的传说，比如像南方地区"飞来峰"的传说等，当然最有名的大约要属《西游记》中五行山的来历。《西游记》第七回"八卦炉中逃大圣，五行山下定心猿"中写道：孙悟空在天庭掌管蟠桃园，本来是个不错的差事，但因王母娘娘没有请他参加盛会，结果他大闹蟠桃大会，竟然逃出了天宫，玉皇大帝费了九牛二虎的力气才把他抓了回来。没承想竟然弄不死这只猴子，这弼马温一时性起，挥动棒子打将起来，打得众天兵天将无力招架，打得玉皇大帝不敢出来。正当他扬扬得意一路打将下去的时候，正好碰上玉皇大帝从西天请来的如来佛祖。这只不知天高地厚的猴子竟与如来打起赌来，如果他一个筋斗云跳出如来的手掌，那么玉皇的宝座就归他。结果当然是猴子输了，正当他要耍赖逃跑的时候，"被佛祖翻掌一扑，把个猴王推出西天门外，将五指化为金、木、水、火、土五座联山，唤名五行山，轻轻把他压住"。这个故事大约想反映的正是平地起高山的原因，与此相类似的就是"愚公移山"的神话了。

《列子·汤问》记载说："太行、王屋二山……本在冀州之南，河阳之北。北山愚公者，年且九十，面山而居，惩山北之塞，出入之迂也，聚室而谋曰：'吾与汝毕力平险，指通豫南，达于汉阴，可乎？'杂然相许……遂率子孙荷担者三夫，叩石垦壤，箕畚运于渤海之尾。邻人京城氏之孀妻有遗男，始龀，跳往助之，寒暑易节，始一返焉。河曲智叟笑而止之……北山愚公长息曰：'汝心之固，固不可彻，曾不若孀妻弱子。虽我之死，有子存焉，子又生孙，孙又生子……子子孙孙无穷匮也，而山不加增，何苦而不平？'操蛇之神闻之，惧其不已也，告之于帝。帝感其诚，命夸娥氏二子负二山，一厝朔东，一厝雍南。"

千百年来，人们只是从中看到了"精诚所至，金石为开"的气势和精神，而没有人去想一想这则神话形成的背景。我们认为，"愚公移山"和"沧海桑田"形成的背景是相同的，它反映过去的年代里地壳曾发生过巨大的变动，这种变动给我们的先民们留下了深刻的印象。

第11章

修复月球

　　月球被击伤,但伤在何处?根据事实推论,正是现在的月海部分。科学证明,月海是由重金属构成的,它坚不可摧。月球人的其他飞船赶来修复月球,于是有了"十日并出""女娲补天"的神话传说。

第一节 遍体星伤的月球

1945年8月6日清晨，美国在日本广岛投下了人类第一颗原子弹，代号"小男孩"。当奥本海默组织研究原子弹的时候，许多科学家对原子弹的威力仍持怀疑态度，有些人甚至认为原子弹不过是一声巨响而已。但投在广岛的原子弹却夺去了十几万人的生命（当场死亡78150人，受伤51400人，后来许多人因为核辐射死亡，总计死亡人数已经超过14万人），一座美丽的城市顷刻间在原子弹升起的蘑菇云下化为一片废墟。要知道，广岛爆炸的原子弹当量只有几万吨级，而美国的第一颗氢弹爆炸时就有100万吨级，目前远程战略核武器的当量一般都在几十万吨级。

1957年10月4日，前苏联将人类的第一颗人造地球卫星送上了地球同步轨道，尽管当时的卫星仅有84千克，但它却标志着人类跨进了宇宙航行的时代；1961年4月12日，前苏联宇航员加加林少校在320公里高的地球同步轨道上飞行了108圈之后，安全地返回地面。以上这些成就意味着远程运载火箭技术趋于成熟。从60年代末开始，美国又连续实施"阿波罗"登月计划，这证明人类已经具备了远程攻击能力。原子弹技术与远程运载火箭技术相结合，使科学家产生了"炸掉月球"的想法。美国特拉华大学的数学教授亚历山大·亚伯指出：地球上之所以一直存在严重的自然灾害，像火山爆发、海洋风暴等，都直接或间接与月球有关，甚至人类的某些疾病及精神变化也与月球有关。

人类虽然没有实现轰击月球的目的，但是我们发现，一轮明月实际上早已伤痕累累，月球表面存在大量曾经被轰击的证据。

大家知道，月球与我们的地球一样是太空中一颗旋转的星球，它围绕地球旋转，同时它自己还有自转。我们每月看到的月亮，实际上是公转中的月亮，因为它每月定期圆缺一次，周期刚好是29天。但是地球上的人永远感觉不到月球的自转,月球总是将一面对着地球,而把另一面隐藏在黑暗之中。这是因为,月球的自转速度和方向刚好与地球公转的速度和方向相同,这是月亮另外一个奇异之处。几千年来,人们总是在猜想:月球的另外一面究竟是什么样子呢?当人类发明了天文望远镜,知道了月球对着地球这一面的情况以后,许多人认为:月球那一面肯定与我们看到的这一面差不多。然而,大家都错了。

莫斯科施密特物理研究所的B.列文博士,向美国加利福尼亚技术研究所的同行展示了"探测者"卫星拍下的月球照片,其中25张拍摄的是月球背面的地形情况,那里布满了大大小小的环形山。在研究这些照片的时候,科学家们奇怪地发现,在月球背面有一些直径3～30公里的火山口,排列十分有规则,其中有若干呈直线分布。这种成串排列的情况与月球正面的火山无规则的分布大不相同。在自然条件下,无论是陨石撞击,还是火山喷发,都不可能形成如此规则的分布。显然它不像是自然形成的。这些照片,很容易使人联想到一种分段标尺射击后的情形。比如说,一架俯冲扫射地面的飞机,由于射击速度一定,飞机的运动会造成地面极有规则的弹孔分布。科学家在仔细研究了这些照片以后认为,这些火山一定是某些智慧生物连续轰击月球时造成的,在轰击发生的时候,由于月球的自转形成了成串分布的情况。也有一些人进一步推测,在蒙昧时期,银河系互有往来的生物之间,发生了一场悲惨可怖的战争,主要战场很可能在地球与月球之间。

月球曾经受到过某种打击的情况在上古神话中也有记载。至今生活在南美洲哥伦比亚瓦乌贝斯原始森林中的印第安部落,就有这样一个传说:"突然,晴空霹雳,一道闪电以万钧之势直捣天空……闪电把天空打伤了,鲜血从天上滚滚流下。"这个传说显然在说某种打击的力量,它从地面直射天空,这与我们现代发射火箭的情形十分相似,火箭带着一道闪亮的火光冲向天空。只是这个传说没有打击的对象,我们认为,这道闪电攻击的目标正是月球,纷纷落下的"鲜血",实际上是月球表面受轰击后四散的岩石,有一部分在穿越地球大气层时发生强烈燃烧,像鲜血一样红,映得满天通红,这与我们以下将要谈到的人类曾经历过"雨火"的记载是相同的。

在巴西西部，有一则古老的传说："天宇爆裂，碎片砸了下来，砸烂了地上的东西，砸死了地上的生灵，天和地倒换了位置。"

墨西哥古代的《编年史》中记载说：天空已经"不是在下雨，而是下火和滚烫的石头"。

《圣经·出埃及记》也说到天空曾下过一场大雹子，伴随大雹子的是雷鸣与火光，它还特别指出"河里的水都变成了血了……"。

古埃及哲人伊普沃尔记载这场大雹子说："树林被毁，再也看不到果木牲畜，大雹子使昨天存在的东西一夜之间荡然无存。"

这几则记载涉及的地区十分广泛，有亚洲、南北美洲和非洲，在我们不知道的年代里，人类很可能经历过一场天上降下滚烫石头和燃烧着火的劫难：天空仿佛破裂一般，大量的石头带着火光呼啸地冲向地球，整个天空被映得一片通红，像鲜血一样，大地上烈焰腾腾，一派凄惨之象。

中国的许多神话可以进一步增加这种假设的可靠性。

在以前我们曾论述过，上古神话中所谓的"天"，实际上就是近地轨道上的月亮，天塌一洞，指的正是月球表面被轰塌一块的事实，这与以上月球曾遭到智慧生物攻击过的假说再一次相符合，这几乎就是事实的真相。

关于这场灾难形成的原因，科学界有不同的说法。伊曼纽尔·维利考夫斯基在1950年出版的《碰撞的世界》一书里，把这场灾难归难于金星。他认为，大约在4000年前，太阳系中的木星发生了破裂性震荡，将大量的物质从木星上抛了出去，这些物质形成了原始状态的金星，它的运动轨道大约在地球和木星之间。但金星又是一颗不稳定的行星，曾有几次从地球附近擦过，一些未完全凝聚的物质受到地球引力的作用，冲向地球，形成了历史记载的雨火、雨石。大约在3000年前，金星与火星相撞以后，便占据了现在的轨道。但是，这个观点在科学界始终受到冷落。

另外一种观点认为，地球最早还有另外一颗卫星，它在环绕地球轨道运行的过程中，由于不断受到地球引力的影响，旋转轨道越来越低，当它不幸突破"希洛极限"时，地球强大的引力将这颗卫星彻底肢解、摧毁。被撕成碎片的卫星残体散落地球表面，在通过大气层时发生强烈燃烧，一些未烧尽的碎片成了陨石，带着极强的高温冲向地球，造成了这场大灾难。

还有一种观点认为，这场大灾难大约发生在公元前1500—前1450年，那时，地中海的桑托林火山发生了有史以来地球上最为巨大的一次喷发。火山将大量熔岩和火山灰喷向高空，遮挡了太阳，造成了古代太阳消失的记载。而大量的熔岩落向地面，形成了这场灾难。我们认为，这一假设的漏洞太多，不论多么大的火山喷发，都不会将熔岩洒落全世界，更主要的是，桑托林火山喷发的时间太晚了，这与上述的古史记载根本不相符，许多神话资料更是在这以前就已经形成。所以，关于这场浩劫至今还是一个谜。

我们认为，这场灾难来自月球反叛者对月球宇宙飞船的攻击！我们完全有理由相信上古神话的真实性，月球确实曾被击伤过，这一假设有上古神话传说和现代科学发现两方面的证据。

我们的这个结论，对完整理解中国神话所涉及的事件，具有十分重要的意义，它是"天"神话中重要的一环，没有这一环，中国的"天"神话就显得支离破碎。事实上，在整部书里，我们并没有引申发挥什么，也用不着去诱发读者的想象力，我们所做的工作仅仅是把神话重新排列了一下，既没有增加什么，也没有减少什么，一切都是在自自然然的过程中进行的。正是因为如此，我们才一再震惊于中国神话，它简直就是一部历史书，将史前发生过的事情如实地展现在人们的面前。

那么，月球真的是被银河系互有往来的智慧生物击伤的吗？这一点我们不能肯定，如今我们的科学视野还没有扫遍银河系，更没有发现银河系内存在智慧生物的证据，甚至连太阳系边缘都知之甚少。根据中国神话的叙事特点和内在逻辑关系，我们认为将月球被轰击的事件放到中国完整的"天"神话系列中来是明智的，也十分自然合理。再者，地质学家和考古学家都发现，在地球史前文明中，有极强高温造成的地质结构和被毁灭的城市遗址，这说明地球上确实经历过一场十分残酷的战争，将月球曾遭到轰击与这场战争相互联系是再自然不过的了。想一想月球在太空中的位置，你就会觉得这样联想几乎是唯一的可能。月球距离地球仅有38万多公里，这在宇宙空间中几乎可以忽略不计，如果有一种宇宙文明可以跨越星系来到月球发生战争，那么月球上的战争必然会波及地球，同样地球上的战争也可以波及月球。在这样的情况下，根本没有发生两场战争的可能性。因此，轰击月球的战争与地球上史前那场战争是同一场战争。

我们曾再三强调，上古神话中的"天"就是近地轨道的月亮，这在甲骨文中有明确的表示。那么，"天"的崩塌实际上就是月亮的崩塌。让我们顺着这一条思路来设想一下：一群月球的反叛者，经过精心的组织与策划，发动了叛乱。叛乱者用一种高能武器攻击停留在近地轨道上的月球大本营，炸毁了月球——宇宙飞船部分外表防护层，顿时，月球表面岩石被炸得飞离了月球，有一些飞舞的岩石被月球重新吸引回月面，但由于月球本身的吸引力有限，更多的岩石却进入了地球轨道，它们在轨道上高速飞行，越来越接近地球表面，在穿越大气层时，这些月面岩石与空气强烈摩擦燃烧，形成了一阵密集的陨石雨。那情形真的就好像"天宇爆裂"了一般，燃烧的岩石和其他物质带着极高的温度冲向地面，天空和河水都被火红的物质映得像血一样通红。

如果我们对神话有所了解的话，就会发现，以上的这场灾难与以前我们谈到的太阳消失实际上是同一回事，不同的是，这些岩石滞留地球轨道时导致了太阳消失，当它们冲进大气层，则导致了天上"雨石"或"雨火"的产生。这两种记载可以互证，反而更加说明我们的推论是正确的。

那么，月球被击伤的部位在哪里呢？或者说"天穿一洞"具体在什么地方？如果仔细研究一下月球的地形构成，你肯定会毫不迟疑地说：在月海！

第二节 使科学家头痛的月海

所谓的月海并不是真的大海，月球上是没有水的。月海是指月球地貌中平坦的部分，它是相对于环形山而言的，习惯上将它称为月海。就整个月球的地貌来说，月海是一个很奇特的构成。

让我们首先来看一看月球的地形分布情况吧！

月球的地形分布极为"不合理"，这让许多科学家大为惊讶！在月球的背面，有众多的环形山，密密麻麻，构成起伏很大的地貌，很难找到一块平坦的地方。而月球的正面，即是对着地球的这一面，环形山却很少，构成月球正面地貌的主要是月海，它包括风暴洋、澄海、雨海、静海等，总面积1125万平方公里，比中国还要大，占了月球面积的1/3。还有一个奇特之处，地球上的各大洋一般都是不规则的，这符合星球自然形成的规律，而月海怪就怪在它一般呈圆形，显得十分有规则，看上去挺扎眼的。科学家在研究月海时，产生了两个疑问：有规则的月海是怎么形成的？月海为什么深度彼此相等，平得像台球桌一样？

以上曾经说过，根据现在的天文理论，环形山是陨石撞击天体表面留下的"星伤"，如果真的是这样，那么为什么在月球1/3的地区内，几十亿年来（月球的年龄至少有40亿年）没有遭到过撞击呢？这显然是说不通的。那么，奇怪的月海是怎么形成的呢？

1969年7月，美国宇航员万里迢迢从月面上采集回21公斤月岩（第一次着陆的地点就在静海边），按理说通过样本分析，月海的成因应该一目了然，可情况恰恰相反，科学家通过对月岩的分析，不但没有解决月海的成因问题，而且还推翻了许多以前对月球的结论。

分析的结果表明，月海岩石是由某种熔岩凝固而形成的，而且这些熔岩由钛、铬、锆等耐高温、耐腐蚀、高强度的金属构成，而且含量比地球高出十几倍。现在科学家仅能知道的是：月海是由某种能发出高温的"力"，在熔解了以上这些金属后形成的。据美国航空航天局的科学家估计，为了熔解以上各种成分的金属，并把它们制成合金，至少需要4000℃的高温，低于这个温度是不行的。

那么，怎样才能使月球表面（是表面而不是内部）达到这样的高温呢？科学家百思不得其解，因为太阳表面的温度才是6000℃。地球物理学家罗斯·迪勒指出：谁能想象出来，将钛加热到如此高温使其熔化，并覆盖了大小像得克萨斯那么大的月海（指的是月球上的静海）？而且谁能推测出月球曾经比地球的温度还要高呢？

为了解释月海的成因，科学家从自然状态出发，提出了"撞击熔化说"。英国曼彻斯特大学天文系的斯德纳克·柯帕尔认为，月海是由巨型陨石、小行星或彗星撞击月面时形成的，撞击发生时，极高的温度熔化了月球表面的物质。但这一假说缺少有力的证据。诚然，巨型陨石撞击月面会造成足以熔化上述金属的高温，但撞击同样会使这些物质向四处扩散，而绝不会就地熔解，因此在撞击事件以后，应该形成一个巨大的陨石坑或者环形山，而不该如此平坦。事实上现在的月海根本看不到撞击后的任何痕迹。柯帕尔本人通过以后的研究也发现，月海的熔岩并不是在撞击后形成的高温中熔化的，构成目前月海熔岩的金属物质明显是在陨石撞击月面很久之后才形成的，整个过程就好像是把以上金属成分熔解以后填进巨型陨石坑里，从而形成了平坦的月海。

另外一种解释是"火山活动说"。持这一观点的学者们认为，月海熔岩是在火山活动中从月球内部流出来的，进而形成了月海。但是，另一位天文学家尤里博士否定了这种假设，他通过精密的计算证明，月球火山不可能发生如此大的喷发，以至喷射出来的物质能够形成占月面1/3面积的月海，因为月球的个头太小了，它根本担不起如此的重任。再者，科学家至今没有找到把如此多的熔岩从月球内部喷射出来的火山口及输上月面的通道。

"火山活动说"还有一个疑点，现在构成月海的物质密度极大，它是由许多重金属构成的，即使我们承认月海是由月球火山喷发形成的，那么这些重金属又从何而来呢？因为按照一般常识，在火山喷发的过程中，密度大的物质会在熔岩中下沉，绝不会浮到表面上来。

在万般无奈的情况下，一位美国航空航天局的科学家这样说："我们面临的难题是如此之多，只怕我们只能采取'特殊火山活动'这种假设了。"他所说的"特殊火山活动"，就是通过人工控制的某种放射性能源在月面上造成火山活动。一句话，将月海的形成归结为某种智慧生物活动的结果。

不错，科学家在对月岩的分析中，确实找到了一些好像智慧生物活动的痕迹，因为人们在月岩中发现了真正的纯金属颗粒，有纯铁颗粒，也有一些近似纯钛的金属颗粒。这对科学家来说又是一个不解之谜。

几乎所有的科学研究都证明，在星球自然演变的过程中，是根本不可能形成纯金属颗粒的。也有一部分人认为，这些纯金属颗粒是由陨石带到月面上来的，但科学否定了这种看法。美国《纽约时报》的科学编辑约翰·诺布尔·维尔福德说："这些纯铁颗粒肯定不是陨石带来的物质，因为陨石中的铁成分应与镍等金属形成合金。"这一看法也是科学界的普遍看法。还有一点值得注意，现在发现的纯铁颗粒是不会生锈的铁颗粒，这说明它在形成时曾经过脱硫、脱磷的工艺处理，这在铁的自然形成过程中也是办不到的。

月海还有一个使人不解之处，那就是它们的形状几乎都呈现圆形。大家知道，巨型陨石或小行星的撞击一般会形成环形山，或者巨大的深坑，它们都是圆形的，而且由于反作用力的结果，在环形山或陨石坑的中间，一般会有一块突出的地貌。但是，月海虽然很圆，但它却平坦如镜，既看不到四周的环形山，也看不出中间的突出地，因此它不可能是陨石撞击后形成的；如果月海是由于熔岩喷发形成的，那么外流的炽热熔岩也应该是个极不规则的形状，绝不可能几处月海都是圆形的。那么，月海为什么会是圆形的呢？

从地球上看去，月球上有一片昏暗的地方，那就是月海。对于月海之所以昏暗，以前一直是这样解释的：月海由于地势低洼，所以反射太阳光的能力较差，这样从地球上看上去就是昏暗一片。可是，美国"阿波罗"15号的宇航员在登上月球之后也说：月海是个昏暗的区域。那么也就是说，月海之所以昏暗并不是由于反射太阳光的强弱造成的，以往的解释大错而特错。错在哪里呢？现在的研究证明，月海几乎是由重金属构成的，所有的月海物质都是由铁、钛等金属按照一定比例组成的，其中铁的成分最大。美国航空航天局的一份报告说："在月海的玄武岩石中有难以想象的铁"，我们来做一个对比，地球上岩石的含铁量大约是3.6%，而月球岩石中的含铁量却接近20%，比地球高出了好几倍。科学家终于搞清楚了月海昏暗无光的真正原因——月海中含有令人难以置信的铁和钛，由于含钛的物质呈黑色，铁也呈黑色，所以月海才看上去十分昏暗。

还有一个重要的情况，月海所含重金属的数量要远远大于月球环形山岩石中的重金属，也就是说，月海的密度要大于其他部分，简直是坚不可摧。

由于月海是如此的古怪，以至于用自然构成的理论根本无法解释它的存在。它给人的印象好像并不是月球上的东西，与月球的其他部分格格不入。从月球的总体月貌分析，科学家一致认为，月球的正面（有月海的一面）原来与背面是相同的，即根本没有月海，在现在月海的位置上，应该也是布满密密麻麻的环形山，后来不知出于什么原因，这一地区的环形山不见了，形成了现在的月海。

关于月海形成的时间，许多人认为，它形成比较晚，大约是月球来到地球轨道之后形成的。美国康奈尔大学的科学家托马斯·戈尔德根据月海岩石高温辐射的痕迹，推测，月海形成是在距今3万～10万年间，绝不会比这个时间更早，很有可能要晚于这个时间。

月海的诸多不解之谜说明了什么？我们认为，科学家的推测与人类上古神话之间是一致的：月海是在环形山消失之后出现的。月海的许多人工智慧生物所留下的痕迹只能说明一件事，那就是月海是类似于智慧生物们建造的，它实际上就是月球宇宙飞船新的防护层，难怪它是由诸多重金属构成的。

那么，原来月海部分的环形山又哪里去了呢？这又回到了我们的假说上，月海部分原来的环形山是被月球反叛者用高能武器轰掉的。我们是这样设想的：月球反叛者轰击月球时，巨大的爆炸力炸毁了月球宇宙飞船一部分防护层，就是月海那部分原来的环形山，可能已经裸露出内部防护结构，月面上被轰出几个巨大的圆形深坑。月球在这番强力的轰击下，受到了严重的破坏，不得不从近地轨道升起，造成了所谓的"天地分离"。

当月球上升到安全轨道以后，月球智慧生物用极高的温度将含有大量铁、钛、铬、锆等金属物质熔化，填入这些深坑，形成了今天我们看到的月海。

也许有人会震惊于我们这个大胆的结论，但这是一步一步逻辑推理的必然结果，综合世界上古神话和传说，我们只能得出这样的结论，否则中国的"天"神话系列就没有了意义。再说，我们关于月海成因的推测，还有"女娲补天"和"十日并出"的神话作为佐证。

第三节 女娲真的能补天吗

"女娲补天"是中国神话史上最为著名的一则神话，流传极广，几乎家喻户晓。它浪漫美丽，构思奇特，在全世界都极为罕见，大约除了中国人而外，其他人是根本想象不出来的，谁敢想象蔚蓝的苍天竟会塌去一洞？又有谁能想象一位美丽的女神用五彩石修补着苍穹？如果宇宙是伟大的，那么读了女娲的神话，你会感觉到女娲神比宇宙还要伟大。

女娲补天的传说最早记载于《淮南子》中。相传，水神共工将不周山撞倒后，天哗啦啦塌了一个大洞，大地上洪水泛滥，到处是熊熊的大火，六种怪兽不知道从什么地方钻了出来，残害着人类。善良的女娲神看见她的子民们在洪水和大火中四处逃生，心里十分难过，只好辛辛苦苦地去修补早已破损的天空。因为当时的天空已经倾斜了，于是女娲又亲自将一只巨大的龟捉来杀掉，砍下了它的四条腿，支撑在天的四面，把倾斜的天给扶正了，要不是这样，我们现代的人说不定都是歪脖子、斜眼睛。

文学名著《红楼梦》在开篇里，有一段十分精彩的描写，说的就是女娲补天的事情："看官，你道此书从何而来？说起根由虽近荒唐，细按则深有趣味……原来那女娲炼石补天之时，于大荒山无稽崖炼成高十二丈，方经二十四丈顽石三万六千五百零一块。娲皇氏只用了三万六千五百块，只单单剩一块未用，便弃在此山青埂峰下。谁知此石自经锻炼之后，灵性已通，因见众石俱得补天，独自己无材不堪入选，遂自怨自叹，日夜悲号惭愧。"后来，这块无材去补苍天的顽石，在青埂峰下滚来滚去，偶遇绛珠仙草，于是引出了一段情意绵绵、泪洒纷纷的感人故事，这就是贾宝玉与林黛玉的前身。

女娲是人类的创造者，我们以前曾提到过她抟土造人的事迹，现在她又补好了苍天，对人类来说真是功德无量。所以关于女娲的事迹流传甚广，并演变成一系列的社会风俗。

明代人杨慎在《词品》中记："宋以前正月二十三日为天穿日，言女娲氏以是日补天，俗以煎饼置屋上，名曰补天穿。"现在中原地区还有一种关于女娲补天的传说：女娲补天以后，用泥巴做成一男一女，让他们在凡间结为夫妇。有一年，在过大年的时候，夫妻俩为了感谢女娲，做了很多的年粑送给她，女娲只收了一点，说："我用了三万六千块石头补天，有一些缝没有合。你们把这些年粑带回去，在正月二十日把它吃掉，便可以将天上的缝补严。"从此以后，中原地区有了过年吃年粑的习惯，而且中原至今还传诵着这样的民谣："二十把粑煎，吃了好补天，麦子结双吊，谷堆冒尖尖。"竟然把吃补天的煎粑作为祈祷神灵保佑，成为祝愿来年五谷丰登的象征。

中国历史上关于女娲补天的传说，单独见于女娲的事迹，没有和其他神的神迹相混合。从神话的主干——"补天"来看，也没有后人添加斧凿的任何痕迹。关于"女娲补天"神话出现的时间，那就很难说了，大约在文字出现以前它就广泛流传于原始部落之中。20世纪80年代以来，我们在进一步挖掘辽西红山文化遗址的时候，曾出现一个表面像小山的建筑，剥开来一看，原来它是一个大祭坛。这个祭坛一共分三层，小抹顶，上面竟然有1000多只炼铜用的坩埚。为什么要用坩埚来祭祀神呢？有一种意见认为，这个祭祀的主题就是"女娲补天"。说来也巧，人们在红山文化的墓葬中发现了一些小的玉石做成的龟，但奇怪的是，这些龟都没有脑袋和四足。专家们从这些证据推断，龟没有脑袋和足正好应了《淮南子》中关于女娲补天"断鳌足以立四极"的记载。从而推测，祭坛所祭祀的一定是女娲。如果真是这样的话，那么"女娲补天"的神话就可以上推到距今7000多年以前，比中国最早的文字尚早2000多年。

那么，"女娲补天"的真实性呢？即为什么会有女娲补天这样的神话出现？有人曾说，女娲补天在中国象征着冶炼工业的开始，从红山考古的情况来说似乎证明了这一推论，然而如何去理解神话中"天穿一洞"呢？说来说去，"女娲补天"是以"天穿一洞"作为前提的，没有这个前提也就没有了"女娲补天"的神话。20世纪80年代，科学家在北极的上空发现了臭氧层空洞，也是靠先进的科学仪器探知的，那么古人是如何将本来就虚无的天空想象出塌了一个大洞呢？这太不可思议了！

我们认为："天穿一洞"与"天倾西北"一样，如果没有直接的视觉感受，任何人都无法想象出来。不要以为人的想象力是无边无沿的、无所不至的，人类的想象力同样受到许多东西的限制。《西游记》奇不奇？太空大战玄不玄？但若仔细分析，它们都可以在实实在在的现实生活里找到离奇中的真实性，猪八戒不过是人身上安了个猪头而已，但没有任何一位古人可以想象出现代的航天飞机，更没有人会想象出电子计算机。因此，若没有现实的真实性作为依据，古人无论如何也想象不出"天穿一洞"的情景。

那么，这个真实的背景又是什么呢？只能这样认为：上古时代的人们真的亲眼看见到过"天"塌去了一块，所以才会有"天穿一洞"和"女娲补天"的神话出现。我们今天之所以觉得"女娲补天"的神话难以理解，是因为我们的大脑中一直认为天只有一个，那就是现在的天，而现在这个天是不可能穿一个洞的，更不可能塌去一块。问题是上古时代的"天"与我们今天的"天"是否一样呢？

根据中国神话对"天"的奇异认识及甲骨文中"天"字释意，我们曾经作出过一个大胆的假设：远古的时候，有一颗巨大的星球飞临地球的上空，由于它距离地球太近，也由于它的体积太大，从中原地区看上去，它遮挡了整个天空，所以，上古的人将这颗神秘的星球称为"天"，它实际上就是现在的月亮。

以上我们曾谈到，月球宇宙飞船在与反叛者的战争中被击伤，带伤的飞船不得不飞离地球近地轨道，上升到一个比较安全的地带之后，他们第一件事要干什么呢？毫无疑问，当然要修复破损的飞船。巧的是，中国神话里正好有"女娲补天"的传说，更巧的是，从时序上"女娲补天"就发生在天地分离之后，这难道仅仅是巧合吗？

上面我们已经讲到了"女娲补天"的传说，但这则神话中并没有说明女娲补天究竟在何处。我们怀疑，今天保留下来的"女娲补天"神话有一部分内容遗失了，正像女娲造人神话遗失的内容一样。为此，我们在民间传说里，似乎找到了这些丢失的内容。

唐代《酉阳杂俎》中记载了这样一个故事：郑仁本在与家人寻找他失踪的弟弟时，"见一人布衣，衣甚洁白，枕一幞物，方眠熟。即呼之曰：

'某偶入此径,迷路,君知向官道否?'其人举首略视,不应,复寝。又再三呼之,乃起坐,顾曰:'来此!'二人因就之,且问其所自。其人笑曰:'君知月乃七宝合成乎?月势如丸,其彰,日烁其凸处也,常有八万二千户修之,予即一数。'因开幞,有斤凿数事。"我们可以肯定,这则故事与"女娲补天"的神话有某种联系,但其中"修月"的观念却不知从何而来。我们是否可以作这样的推测:"修月"的观念正是文字记载的"女娲补天"神话中丢失的部分,而在民间传说里被保留了下来?如果真是这样的话,那么"女娲补天"的神话就更加具体了——女娲补月亮。多么不可思议的神话,它几乎已经接近事实的真相了。

上引这则故事中,还有一处令人十分惊讶!

我们对月亮应该是很熟悉的,月亮的表面亮度很不相同,从地球上望去,有的地方十分明亮,有的地方却比较昏暗。大家知道,月球明亮的部分实际上正是月球的环形山和月球山脉,即月球表面凸出的部分,这些地方可以反射7.3%的入射阳光,所以看上去最为明亮。使我们奇怪的是,为什么唐代人会知道这其中的道理呢?而且十分确切地说:"其彰,日烁其凸处也。"意思是说:月亮最明亮的地方,是由于太阳照射到月球表面凸出部分形成的,而昏暗的地方则是月球的低平地带,它们反射阳光的能力很弱。

《酉阳杂俎》的作者生活在公元800年以前的唐代,比伽利略发明天文望远镜早了700多年,他是从哪里知道的"其彰,日烁其凸处也"的道理呢?难道他当时手里也有一架天文望远镜?

中国神话中"补天"就是"修月"的观点,正好与美国"阿波罗"宇航员在月球月海上所发现的奇怪现象吻合,那里有许多被智慧生物加工、合成的痕迹,这更加说明,月海的确是某种现代意义上的工程。月球系统的生物用一种极高的温度将许多含有重金属的物质熔化后,铺敷到被击毁的月面防护层上,形成了我们现在看到的月海,这也就是为什么月海的密度、强度比其他部分高的原因,月海实际上就是新一代的防护层,必须有能力抗击强大的冲击。

然而,有一个问题不容忽视。以上我们曾假设,月球的反叛者在轰击月球的时候,曾将大量月球地表物质炸离月面,进入地球轨道,形成太阳消失的记载,后来又在穿越大气层时发生燃烧,留给人们天上雨石或雨火的记忆。如果说现在月海部分曾经是环形山,那也在战争中被大量炸离了月球,那么,形成1125万平方公里的月海物质又是从哪里来的呢?

如果说这些物质来自月球内部,那么月球是空心体的假说就不能成立;如果说这些物质来自月表的其他部分,我们又没有发现取出这些物质遗留下来的痕迹;再说,月球个头太小,根本没有多余的物质形成那么大一片月海。因而我们只能这样认为:形成月海的物质来自于月球以外,它很可能不是我们太阳系,甚至不是我们银河系里的物质。此种假设的证据就是:月海岩石及土壤有一些比太阳系还要古老。

到此,一定会有人提出这样的问题:形成月海的物质是怎么来到月球上的呢?又是怎么熔化后铺敷成月海的呢?这些都是谁干的?

我们的回答肯定出乎你的意料:它们与历史上的"十日并出"有关!

第四节 "十日并出"与修复月球

在世界不同地区、不同民族的早期神话当中，都记载过一种奇异的天象，即"十日并出"或数日并出。所谓十日并出或数日并出，就是天上同时出现好几个太阳，伴随十日并出的还有一些英雄人物射日或搏击日月的传说。

根据中国的神话传说，尧帝的时候不知为什么，天空中突然跑出了十个太阳，毒热的光芒将大地都烤焦了，所有的禾苗都晒干枯了，甚至地上的铜铁沙石也都快熔化了。

这十个太阳是从哪里来的呢？原来他们都是帝俊和妻子羲和的儿子，住在东海一个叫汤谷的地方，那里有一棵大树，名字叫"扶桑"，有好几千丈高，1000多围粗，这就是十个太阳的家。平日里九个太阳住在下面的枝条上，一个太阳住在上面的枝条上。他们轮流出现在天空中，一个太阳回来了，另一个太阳才开始出去值班，进进出出都由母亲羲和驾着车子相送。

可是有一天，可能是他们早已商量好的，十个太阳一齐跑了出去，在天空中嬉闹不已，玩得开心极了。这一下子，大地可就遭殃了，到处是龟裂的土地，到处是干枯的河流。草木都枯萎了，冒出一缕缕轻烟；人们没有东西吃，饿得肚里直打鼓。万般无奈的人们只好祈祷天帝慈悲了。天帝也觉得这样闹下去太不成样子，于是就让天国里面一个擅长射箭的神下凡救苦救难，他就是后羿。关于后羿射日的神话，我们在此以前曾经详细讲过了，这里就不重复了。

台湾高山族流传着一则神话，上古时天空中曾经出现过两个太阳，一位英雄把一个太阳射成了月亮；纳西族民间传说，远古时天空中一下就出现了九个太阳，也有一位勇敢的年轻人与九日搏战，把其中一个变成了月亮，其余的七个变成了北斗七星；哈萨克族也有七日并出的传说。在两河流域的巴比伦旧地，人们发现了一块距今4300多年的石刻，画面上有许多人，看上去像军队，但他们都翘首仰望天空，而天空中赫然有两个太阳。

这样为数众多的记载绝不是胡编乱造，他们都在向我们证明：在一个我们不知道的年代里，天空中的确出现过几个巨大的发光天体，它们看上去同太阳差不多，所以原始人才把它们统称为"十日""九日""七日""二日"，等等。这些天体是什么呢？

从一般的常识出发，我们可以肯定，这些天空中突然出现的巨大天体，它们绝不是能够自己发光发热的恒星——太阳，因为太阳的表面温度是6000多度，一到夏天，人们都会热得受不了，比方说，以夏季30度的气温来计算，如果增加10倍，它就是300多度，木材燃烧时的温度才仅有400多度。应该知道，我们人体对温度的敏感性是很强的，增加几度或减少几度对我们来说都是天大的事，当前的厄尔尼诺现象不过使地球的温度增加了几度而已，但我们已经有了一种世界末日的感觉。因此，古史记载的十日是不准确的，否则，地球生物早已不复存在了。

常识又告诉我们，任何一颗巨大的行星都可以反射恒星的光和热，比如月亮，它可以反射7.3%的入射阳光，只要它距离地球足够近，都可以成为一个与太阳大小差不多的反光体。所以，我们可以断定，上古时所谓的"十日并出"，准确地说应该是十月或数月并出，也就是当时天空中一下子出现了好几个月亮似的天体，从地球上观察，它们应该与太阳的大小差不多，如果它们与月球同大的话，当时应该距离我们38万多公里。

我们认为，数日（月）并出与上古神话中的"女娲补天"有关，也与我们假设的月球宇宙飞船的修复工作有关。

后羿射日神话出现的时间很晚，有的资料说，"十日并出"在帝俊—尧帝时期，有的资料却说在女娲时期。根据现在的研究证明，帝俊—尧帝神话系、黄帝—女娲神话系是两个不同的系统，一个是属于殷民族的神话系，一个是属于周民族的神话系，为什么会发生这种错乱呢？原来，不同的民族原本都有自己的神话信仰，当一个民族战胜了另一个民族时，战胜民族所信奉的神与神话，理所当然成了社会上普遍信奉的神与神话。而战败民族的神话，除有一些被胜利者吸收以外，其余绝大部分在历史的演变中消失了。大家知道，中国最初的几个奴隶制朝代是夏、商、周，我们目前所看到的绝大多数神话成书于西周末年的春秋战国时期，而周民族所信奉的神就是黄帝、伏羲、女娲系列，因为他们是战胜者，所以神话保留下来的也最多。但是，周族以前的殷商民族，他们虽然战败了，但由于时期尚近，因此他们信奉的帝俊、尧帝也在社会上被同族的人信奉。我们推测，后羿射日的神话很可能是殷民族的神话，后来却被周民族继承了过来。

当明白了中国神话以上特点以后，我们再回过头来考证一下后羿射日的时期问题。殷民族的帝俊时期，相当于周民族的女娲、伏羲时期，所以在有些记载中就把后羿射日的神话与女娲的神话混合起来，变成了女娲射日，宋代《路史·发挥一》引《尹子·盘古》就说"女娲补天射十日"，在《淮南子》中也有这样的倾向，比如将后羿的事迹与女娲的事迹相混合。这两套神话系统的混合，恰恰说明他们的时期差不多。还有一点，不论是按黄帝神话系列，还是按帝俊神话系列，后羿射日都发生在"天地分离"引发的大洪水之后。

那么，十日（月）并出与女娲补天有什么关系呢？

以上我们曾说过，形成月海的物质来历不明，它不可能来自月球本身，甚至不可能来自地球或太阳系。再者，月海的总面积大得可怕，加起来有1125万平方公里，如果月海真是高智慧生物的一项工程，那么这项工程也过分浩大了，光凭月球本身的力量在短时期内是无法完成的。所以我们作一个更加大胆的推测：十日（月）的出现是为了修复月球。被击伤的月球向他们的同类生物发出了求救信号，散居在其他星系的飞船闻讯赶来救助，他们带来了修复月球所需的物质，这就是月海表面有一些岩石和土壤比太阳系还要古老的原因，它们并不是来自太阳系。这些赶来的救助飞船与月球飞船合力将月球损坏的部分修好，然后各自又回到原来的位置上。

大家可以想象一下：天空中突然出现了几个与月亮大小差不多的星球，由于他们距离我们与月球距离我们几乎一致，因此看上去果然与太阳一样。当月球系统的生物用极高的温度熔化构成月海物质的时候（大约需要4000度的高温），由于工程浩大，大量热量向四周辐射，地球当然也能感觉到这种热量，而当时人们区分太阳和月亮主要凭热量感觉，这就更容易造成天空中出现的物体是太阳的错觉，所以才有"十日并出，焦禾稼，杀草木，而民无所食"的记载。

以上的推论还有一个证据，那就是在射日的时候，天空中有一种很热很热的东西（大约是石头一类的东西）落下来，中国的各种史籍记载很多：

《山海经》（今本无，《庄子·秋水篇》成玄英注引）曾记载说："羿射九日，落为沃焦。"

《文选》注引云："尾闾，水之从海水中出者也，一名沃焦，在东大海之中。尾者，在百川之下，故称尾；闾者，聚也，水族聚之处，故称闾也。在扶桑之东，有一石，方圆四万里，厚四万里，海水注者，莫不焦尽，故名沃焦。"

屈原《楚辞·天问》王逸注曰："羿仰射十日，中其九日，日中九鸟皆死，堕其羽翼。"

《玄中记》云："天下之强者，东海之沃焦焉，水灌之而不已。沃焦者，山名也，在东海南，方三万里，海水灌之而即消，故水东南流而不盈也。"

所有这些记载都说明两个问题，一是射日时天上曾落下过东西；二是这些东西像石头而且发烫，温度很高。许多人都将这些记载理解为陨石的撞击，这是没有根据的，因为这种推测与许多历史记载不相吻合，挂一漏万。我们认为，十艘或数艘宇宙飞船在修复月球的过程中，在熔化构成月海的物质时，很可能由于不慎将一些物质落入地球，造成古人记载中的"沃焦"事件。

至此，我们将"后羿射日""女娲补天""东海沃焦"等几则神话，按照它们内在的逻辑规律，并将它们放到我们的大假说之下，既作为证据，又作为线索。事后我们发现，这些神话唯有这样解释，才能使它们显出活力，才能揭示神话的本质。如果我们孤零零去对待每一个神话，那么这些神话就是死的，就没有了系统。所以，那些只会感叹中国神话不如古希腊神话有系统的所谓专家、学者们，为什么不换一下脑筋想一想：难道神话的系统只有古希腊一种模式？中国"天"神话的逻辑性这样强大，它为什么就不可以作为一种模式？

十日（月）就是月球智慧生物系统的宇宙飞船这个假说，并非故弄玄虚，事实上，月球智慧生物之间的往来一直持续到唐代。从汉代以后，由于人们天文知识的进步，对许多天象的记载更为精确，人们再也不会将月亮误认为太阳，所以我们在汉代的史书中发现有数月同出的天象，这种精确的记载一直持续到隋唐时期，比如，《隋书·天文志》记载："太清二年五月，两月见。"时间是公元548年6月；《新唐书·天文志》记载说："贞观初，突厥有三月并见。"时间是公元628年前后。而这些记载如果放到远古时期，肯定会被认为是数日同出。

第12章
人类的第一代文明

"神"不但创造了人,而且还教育了人,于是有了人类的第一代文明——中介文明,《周易》、中医、金字塔都是第一代文明的遗留物。然而,这一切都毁于一场大洪水,高山上牧羊人的后代没有能力将第一代文明继承下来,而是发展起另外一种文明,那就是我们今天的物质文明。"中介文明",是我们的第四个假设。

第一节 文明的曙光

我们关于人类的起源、天地分离、史前大洪水、修复月球等的假设到此已经告一段落，现在让我们来谈一谈与我们今天生活有直接关系的人类文明问题。

我们人类一直有一种误解，认为当前的文明乃是起源于6000多年以前，它的标志就是文字的出现。然而，按照我们的假设，人类的文明本应该有两个，它的划分以大洪水为界，前一个文明应该称之为第一代文明，也叫"中介文明"（至于什么是中介文明我们以后将要谈到）；后一个文明应该称之为第二代文明，也叫物质文明。我们今天正处于第二代文明当中。

关于第一代文明，我们是这样假设的：从人类被制造，到大洪水的毁灭，中间只有短短的一段时间（大约几千年），按照人类社会的发展历史，在这样短的时间里想孕育一种文明是远远不够的（我们这一代文明如果从旧石器时代算起孕育了整整60多万年），因此第一代文明并不起源于人类自身的创造与积累，而是来自于那些创造我们的"神"的教育，应该说人类第一代文明的老师是"神"。这样一来，在人类的第一代文明当中就包含了来自宇宙深处某些文明的因素。

我们承认，这个假设仅仅是对人类在公元前500多年前，文明突然达到一个让历史不解高峰的推测，它本身没有多少直接资料作为证据，但我们可以把它看成是一个合理的推论，希望对此有兴趣的朋友可以找到直接的证据。

在人类的历史上还有一个有趣的问题，那就是几乎所有的民族，不论他们居住在北美洲还是大洋洲，也不论他们是居住在山区还是平原，在他们的早期文化里面都有关于"人神相杂"的记忆，许多民族都用一种美好的心情来回忆这段历史，比如古希腊神话就把它称为"黄金时期"，也有的民族把它称为"金太阳时期"。据说在这个时期，人民安居乐业，大地物产丰美。更重要的是，人与神的关系很好，人经常去神的家里去串门，神也时时光顾平民百姓的寒室，《定庵续集》卷二《壬癸之际胎观第一》记载说："人之初，天下通，人上通；旦上天，夕上天；天与人，旦有语，夕有语。"那是多么让人羡慕的时期！

正是在这样美好的关系中，"神"完成了对人类的早期教育。下面我们举一些例子：

在古代秘鲁的神话中，有一名叫拉科奇亚的天神，他从太阳降临到地球上，是他创造了地球上的人类，同时还教给人类许多的知识。

哥伦比亚布恰印第安人的神话说，当人类被创造之后什么也不知道，有一天来了一位天神，"他们正同一个刚从太阳升起来的地方来的人谈话，这个人样子很怪，留着与他头发一样美丽的长胡须……"这位神传给当地人一些实用知识。

在墨西哥的神话中，也有一位天神突然从东方出现，教给当地人法律、医学和种植玉米的技术，后来他乘着"蛇形筏"杳然而去。

日本北海道有一种奇怪的白色人种，被称为阿依奴人，他们的血型相当奇怪。这个来历不明的民族有一则神话说："勇敢智慧之神曾降临北海道的北部。他驾着那闪亮的金属飞船，白天呈银灰色，夜间却是火红的，当飞船升上天空时，发出雷鸣般的巨响。"这位大神在人间停留了几个春夏秋冬，教给人们务农、做工、艺术和智慧。

古巴比伦的历史学家拜罗斯在他的著作中曾说过，远古的时候，一位名叫奥安奈斯的人定期出现在人们那里，向他们"传授文字，教给他们各种技术——教他们建筑城市、建筑寺院、制定法律、讲解几何学原理"。

在初期基督教经典以外的圣经《爱诺克书》中，也有向人们传授知识的神奇人物的故事。这个故事的作者，把这些神奇的人们叫天使。"阿扎赛尔教给人们大刀、小刀、盾牌、甲胄等东西的制造方法，教给他们看背后的方法。还有巴拉凯亚尔教给他们观测星辰，克卡拜尔教符号，台姆拜尔教观测星象，阿斯拉蒂尔教人们月亮的运动。"

另外，在上古社会里不少民族都把文化的出现与神相互联系，例如，古埃及的自然宗教里就把月神当成是文化和智慧之神加以崇拜；在古希腊神话里象征智慧和文化之父的天神是雅典娜。

事实上只要留心一下就会发现,原始民族总是把每一项文明成果的出现归结为神的教导,例如:在中国历史上神农氏乃是一位伟大的神灵,国人对他情有独钟,许多创造发明都记在他的名下,《管子·轻重篇》说:"神农作,树五谷淇山之阳,九州之民乃知食谷,而天下化之。"《周易·系辞传》记载说:"包牺氏没,神农氏作。斫木为耜,揉木为耒,耒耨之利,以教天下……日中为市,致天下之民,聚天下之货,交易而退,各得其所。"另外在《淮南子》里神农又成了中医的发明者。

以上记载见于比较严肃的史书,而在志怪野史当中,神农的事迹也有很多,例如,《绎史》卷四引《新书》曰:"神农时,天雨粟,神农遂耕而种之。然后五谷兴助,百果藏实。"《拾遗记》中也记载说:"(炎帝)时有丹雀衔九穗禾,其坠地者,帝乃拾之,以植于田。"炎帝者,神农氏也。

人类早期文化出现的问题,同样困扰着当今的考古学家们。按照人们今天对人类历史的认识,旧石器时期大约开始于60万年以前,到距今1万多年以前的时候,旧石器时代结束新石器时代开始。但从考古挖掘的实物资料看,人类在漫长的旧石器时期,文化基本上没有大的变化,可是,到了大约1万多年以前,不知道为什么,人类突然变得聪明起来,精美的磨制石器、原始农业、畜牧业、酿造业、烧陶业、冶金业、天文学、数学等就好像一夜之间冒了出来。现在我们还搞不清楚这种文化突然进步的原因,因为从旧石器到新石器文化中间缺少了过渡型。

以上这些上古神话中的记载告诉我们一个事实:人类的文明起源于神的教育。但像这样的记载我们是否可以完全相信呢?

埃及金字塔就像耸立在地球上的巨大问号,默默地等待后人来解答。几千年过去了,人们却产生了越来越多的疑问:

吉萨金字塔的高度乘以10亿,大致相当于地球到太阳间的距离;穿过这座金字塔的地球子午线正好把大陆和海洋分成相等的两半;这座金字塔的底面积除以两倍的塔高,刚好等于3.14159,恰好是圆周率;整座金字塔坐落在地球各大陆重力的中心。你能说所有的这些都是出于巧合吗?

建筑金字塔的技术问题,同样是一个无头的谜案。整座金字塔由260万块巨石砌成,每块重达12吨。现代人怎么也想象不出来古埃及人是用什么办法把这12吨重的石块滚来滚去的。据估计，建造大金字塔时埃及的居民应该有5000万人，这样才能有足够的劳动力。可是，据专家们估计，公元前3000多年以前，全世界的总人口才2000多万，当时的埃及是从哪里调集来如此多的劳动力呢？

问题的关键还不在于人多人少，而在于建筑金字塔时的技术问题。要搬动这些重12吨的石块，光有木头滚子是不够的，因为在金字塔的四周围根本没有可供开采的石料，必须从很远的地方运输。我们姑且承认古埃及人是用木滚子来搬动这些石块的，那么可以计算一下：如果勤劳的工人们每天完成搬动、砌好10块石头这样大的工作量，那么他们要把260万块石料砌成雄伟的金字塔，也需要25万天，即664年。可是要知道，金字塔只是一个法老的陵墓，他是无论如何也活不到664岁的。所以可以肯定的是，在建造这些金字塔时，古埃及人曾经使用了我们目前并不知道的起重设备和技术，这些设备和技术又是从哪里来的呢？

不用说，神话记载的历史肯定早于文字记载的历史，而我们之所以注意到像金字塔这样的一些实物证据，也是因为它们在内容上反映出来的文明程度与我们现在的历史研究不相符合。因此我们推断，在文字记载的历史出现以前，人类社会曾经有过一次短暂的文明史，当时的文明程度很可能并不亚于我们今天的文明程度，这从大量史前实物资料中可以得到证明。

如果我们仔细研究以上这些人类文字史以前的文明遗迹，我们不难看出，它们具有以下两个特点：

第一，知识水平与智力水平的脱节。所有的史前文明遗迹，都包含着极高的知识水平，像玛雅人留下的历算、古埃及的金字塔、中国古老的中医等，无一不是知识的凝聚物。但是另外一方面，从考古学来看，当时整个社会的智力水平都十分低下，大多数处于刀耕火种的原始时代。

第二，应用技术与理论研究的脱节。从现在发现的史前文明遗迹看，大多数是一些实物，虽然这些实物中体现了很高的技术水平，像搬动金字塔石块的起重问题、玛雅金字塔坛庙的设计问题、埃及木乃伊的防腐问题、中医的中草药治病问题、针灸及经络问题等，但相对的理论研究却至今没有发现，没有一种文字和传说可以告诉我们当时的天文学理论、几何学理论、机械制造理论和中医中药理论，按当时的社会发展，这些理论是不可能出现的。因此,史前文明存在着严重的应用技术与理论研究脱节的现象。

史前文明的这两个特点说明了什么呢?它说明我们关于史前文明来历的假设有相当的合理性。在人类的初期,大脑的智力还没有完全被开发,不可能接受高深的理论。因此,人类最初文明的教育者,他们主要传授给人类一些实用的技术、知识,以帮助人类度过早期的困难时期。

然而,人类的第一次文明却被一场意外的灾变给打断了,那就是地球上发生了大洪水。现在的文明是在大洪水以后发展起来的。

第二节 文明的蛛丝马迹

我们相信在文字出现以前地球上曾经有过一次高度发达的文明，除了以上这些文字记载和实物资料以外，我们还可以从大量的现象中寻找出一些蛛丝马迹。

《列子·汤问》中记载了这样一件奇事，说当时有一位大大有名的人，名字叫偃师，有一次，偃师去拜会西周穆王，身边跟着一位长得十分英俊的男人。偃师对周穆王介绍说："这就是我造出来的一个能歌善舞的人，他的舞姿十分优美，他的歌喉十分动听。"周穆王大喜，就让他歌舞助兴。果然，此人舞技高超，舞姿优美，博得满堂喝彩。但舞着舞着就出了毛病，这位俊俏的舞男开始向周穆王的姬妾们大丢媚眼、暗送秋波。穆王大怒，喝令卫士们将偃师推出斩首。偃师急忙辩解说："请大王息怒，这个人不是个真人，他只是我造出来的一个机器人，是假的。"周穆王左看看，右瞧瞧，怎么也看不出这是个假人。偃师为了保命，上前一把撕掉舞男的头，果然，里面尽是些乱七八糟的东西，的确是个机器人。但里面五脏俱全，再次接合起来，依然能歌能舞，取下心则不动不语。至此，周穆王才相信是真的。

《论衡》中有一则记载说到了鲁班。对于鲁班，大家并不陌生，他是中国历史上第一位能工巧匠，创造出了许多前所未有的东西。据说，鲁班很孝顺，因为他常不在家，家中老母难免孤独。为了给老母解闷，鲁班竭其心智，发明了一套木头马车，上面有一个木头人负责驾驶。说来奇怪，这木头人真的可以驾驶马车四处走，像活人一样。有了这辆神奇的马车，鲁班就放心不少，每当他去上班时，就让母亲坐上车四处游玩。然而，有一天，鲁班下班以后没有见母亲回来，左等右等始终不见母亲的影子，此时鲁班才觉大事不好，把母亲给弄丢了。所以史书记载"鲁班巧，亡其母"。

　　《三国志》的故事也是大家熟悉的,因为《三国演义》乃是中国一大名著,没有读过的人恐怕不多,没有听说过的几乎没有。《三国演义》中曾说到诸葛亮为了解决军粮运输的困难,发明了木牛流马。这种牛或马都是木头做的,里面有机关,能跋山涉水,不饮不食。可惜,自从三国以后,再没有一个人知道"木牛流马"的制造过程,这种东西实际上是失传了。

　　以上所举的三个例子,都记载于中国的史籍,你说这些记载可信吗?我想有些人会感到十分为难,如果说它是假的吧,类似的记载还有许多,而且关键是:古人为什么要骗人呢?如果说它是真的吧,又不太可能,毕竟上述的记载是在讲述着某种机器人,稍有一些历史常识的人都知道,不论在西周,还是战国,还是三国时期,中国的科学技术水平根本没有达到可以制造机器人的程度。于是,我们今天多数人会采取以下的方法:把它想象成古人卓越的幻想能力,这样一来问题不就解决了吗?但是,当我们这样做的时候,能完全说服自己吗?

　　在此有一个问题值得大家讨论。当我们看历史的时候,在我们的脑海里已经先有了一个固定的思维模式,那就是:古人比今天的人绝对落后,今天的科学文化肯定比昨天更先进。"进步"这个词在一定的程度上可以用时间来衡量。那么这个观点正确吗?

　　先不说别的,只拿人类对自然的态度来说,以上的观点就未必正确。我们现在从学术上总是说,由于古人落后,科学技术不发达,故而对自然有一种天然的敬畏感,因此发展起原始的宗教崇拜。但是历史发展到今天,我们再回头看一看,实际上古人对待自然的态度很可能比我们今天的人要先进,"征服自然""人定胜天"的观点导致了越来越多的社会问题,20世纪80年代以后,环境保护思想的提出,实际上就是对我们以往态度的批判。

　　可能有人会说,今天的环境保护思想与古人对待自然的态度是两回事,我们比他们更先进、更高级。我们总是过分相信自己的理论,甚至被自己发明的理论搞得晕头转向,当我们搞一些语言上的小把戏时,就觉得自己在进步,可惜宇宙或自然根本不会被这些小把戏改变,也不会去理会这些儿童般的游戏。从本质上说,我们今天的保护自然思想与古代人对待自然的态度根本没有区别，不同的是，中国古代有一套完整的道家理论为其指导，保护自然是出于自愿；而今天我们却是出于环境的压力，完全是被动的。你说谁先进谁落后呢？

但是，科学的发展有其自身的规律，它是渐进的，是逐渐积累而成的，就以我们这一代物质文明来说，西周时肯定不可能出现机器人，甚至在三国时也不太可能出现类似的机械装置。那么，以上这些人的制造是从哪里来的呢？他们所具有的知识又是从哪里来的呢？

实际上在世界范围内，有许多与我们这一代文明对不上号的发明创造正等待后人去探究，我们随便举一些例子，为了对读者负责，也为了严肃起见，我们首先从那些确信无疑的事实入手。

现代的人类文化史研究证明，中国的石器时代大约结束于距今天4000多年以前，从那以后，中国的历史开始进入金属时代。这是一个科学的定论，但后来的考古发现证明，这个结论根本不能算是最后的定论。

20世纪70年代，中国的考古工作者从陕西临潼姜家寨原始石器时期的遗址中，发现了两件青铜器，做工极为精美，显示了很高的制造工艺。然而，姜家寨遗址属于原始石器时代的遗址，它的存在距离我们已经有6000多年，这个时间段正好和推测的金属时期相差2000多年。怎么办呢？当然是不予公布！但坚持真理的人毕竟还存在，考古学家唐兰在后来的论文中还是把发现公之于世。

许多人都感觉到史前文明是存在的，但总也找不到切实的证据。实际上，证据不是不存在，而是因为种种人为的因素被隐藏了起来，学者们是怕"误人子弟"，但什么才是真正的"误人子弟"呢？

从以上例子中，许多人都感觉到：现代研究者关于史前文明程度的推论恐怕并不正确，石器时期很可能存在一种高于现代科学证明了的文明。

以上所举的例子，基本上都超出了现代科学理解的范围，而这些文明绝大多数找不到来源，像《周易》、中医、经络、针灸等，它在人类文明初期就已经存在，按照一般道理，当时的人根本不可能发明它。因此我们有必要承认，在我们这代文明之前（文字发明以前），地球上曾经存在过一种高度发达的文明。但是这种文明却在一次巨大的灾难中失去了，那就是大洪水。大洪水不但毁灭了地球海拔1100米以下的地球北半部居民，同时也淹没了第一代地球人辛辛苦苦学习来的高度文明。从高山上走下来的牧羊人，他们虽然得到了上一代文明的残毁部分，却不能将它原样发展下去，而这批成果就包含中国上古时期以《周易》为中心的一系列文明。

由于我们是"神"的子民，在我们的身体内部还保留着伟大的因素，因此有一些人在某种情况下会灵光一现，领悟到那高深的真谛，于是有鲁班，有诸葛亮，也有陈平，还有西周时期的偃师，当然还有为越王勾践、秦始皇铸剑之人……

我们这样认为绝不过分，因为当代就有类似的例子。在数学界一直有一个谜，那就是费马大定律。费马是17世纪法国图卢兹议会的议员，他有一天看书时，在书的空白处留下了一条数学定律：当整数$n>2$时，关于X、Y、Z的不定方程$X^n+Y^n=Z^n$的整数解都是平凡解。费马留言说他已经证明了这条定律。但自从费马以后，几百年过去了，再没有一个人能够证明它。1908年，法国一富翁悬赏10万马克求证。直到1995年，这个数论定理才由普林斯顿大学的英国数学家安德鲁·怀尔斯和他的学生理查·泰勒证明出来。此证明利用了很多新的数学原理，可这些数学原理在费马生活的时候并未被发现。看来人类的智慧往往一时刻突然达到一定高度。当我们有了这样一个认识，就可以从另外一个角度来认识古史中一些难以理解的记载。

《淮南子·齐务训》载：墨子曾经"以木为鸢而飞之，三日不集"。

《墨子·鲁问》记："公输子削竹以为鹊，三日不下。"

《论衡·儒增》记：鲁班"巧工为母作木车马，木人御之，机关备具，载母其上，一驱不还，遂失其母""鲁班巧，亡其母。"

《三国志·魏志·杜夔传》记载："时有扶风马钧，巧思绝世……设为女乐舞象，至令木人击鼓吹箫，作山岳，使木人跳丸掷剑，缘边倒立。"

《朝野佥载》记载说："杨务廉甚有巧思，常于沁州市内，刻木作僧，手执一碗，自能行乞。碗中投钱，关键忽发，自然作声云：'布施'。市人竞观，欲其作声，施者日盈数千矣。"

《太平广记》载："北齐有沙门灵昭，甚有巧思。武成帝令于山亭造流杯池，船每至帝前，引手取怀，船即自住。上有木小儿抚掌，遂与丝竹相应。饮讫则放杯，便有木人刺还。上饮若不尽，船终不去。"

《西京杂记》载:"有方镜,广六尺,高五尺九寸,表里有明。人直来照之,影则倒见。以手掩心而来,即见肠胃五脏,历然无碍。人有疾病在内者,则掩心而照之,则知病之所在。又女子有邪心,则胆张心动。秦始皇常以照宫人,胆张心动者则杀之。"

《博物志》记载:"奇肱民善为拭杠,以杀百禽。能为飞车,从风远行。汤时西风至,吹其车到豫州。汤破其车,不以视民。十年东风至,乃复作车遣返。其国去玉门关四万里。"

《云仙杂记》云:"南唐王氏有镜,六鼻,常生云烟,照之则左、右、前三方事皆见。王氏向京城照之,巢兵甲如在目前。"

……

我们并不在意此观点是否被接受,但每一个人都应该注意以上这些资料,它们很可能存在多种解释,但哪一种解释更贴近事实呢?

第三节 大洪水与知识

在我们人类的文明史上确实有一大批的文明成果来历不明，像以上所举的例子仅仅是九牛一毛，世界各地区、各民族中间还有大量的资料可供我们挖掘，甚至各地区的图书馆里就有许多以我们目前的知识水平无法解释的文献记载。

首先，我们必须解决的问题是：这些神秘的文明究竟是从何而来？

在本书中，我们用大量的篇幅来论证了一个发生于1万多年以前的巨大天文事件，人类史前的许多历史真相，通过我们对神话的破译被揭示了出来，不幸的是，文明在大洪水中中断了，上一代文明萎缩了。

有人会说，文明一旦建立，不可能发生萎缩。这是不正确的。马奥利族曾经是一个驰骋太平洋的航海民族，但是在他们定居新西兰以后，就逐渐脱离了航海，以至于后来把所有的航海技术都忘记了，历史学家和民族学家曾把这种现象用"第二次野蛮"来形容。这种文化倒退的种族在世界上还有许多，有的甚至会退回到原始状态里去。

我们人类在大洪水过后就曾经发生过文明萎缩的现象。从高山上走下来的落后的牧羊人，很快就意识到知识对他们有多么重要，他们在洪水退去的废墟中仔细寻找上一次文明留下的各种知识。在这些知识中，有一些是他们可以理解的，但更多的却是他们无法接受的。理解的被保留了下来，更多不理解的，除一部分被保留下来以外，绝大部分被再一次毁灭了。

如果我们以上的推测是正确的话，那么在上古神话或其他方面应该存在着相关的证据。幸运的是，我们确实发现了这些证据。

在我们研究世界神话的时候，发现了这样一个奇怪的现象：许多地区、许多民族的神话里都有关于知识和一棵树的故事，而在这类故事当中，必然会出现一种动物，而这种动物在神话中的寓意也必然与大洪水有关，例如：

中国最原始的文化可能要数《周易》，它是中国上古文化的总纲。相传《周易》的一个重要组成部分就是河图和洛书，民间传说，伏羲时有一龙马从黄河而出，龙马背上驮着一幅图，这就是"河图"，又有神龟自洛水出，背上有一部书，此为"洛书"，所以后人说："河出图，洛出书，圣人则之。"这里面《河图》《洛书》（《周易》）无疑是知识的代表，龙马和神龟与知识的出现有相当大的关系。

《圣经》中有亚当和夏娃偷食善恶果树上的"知善恶"果，"知善恶"本身是一种是非标准，它应该属于知识、智慧的范畴，而亚当和夏娃之所以这样做，是受到了一条毒蛇恶意的诱惑。这则故事中有知识、树、蛇三样东西。

北欧的古老传说中有圣树，人如果吃了这棵树上的果实，就能获得超越自然的知识和聪明，而这棵树是由一条龙在看护着。这则传说里有知识、树、龙三样东西。

在古希腊的神话里有"宇宙树"的传说，一条名叫拉敦的蛇守护着它，大神赫拉克列斯想尽办法，杀死了蛇，得到了写有魔法知识的书。这则传说同样有知识、树、蛇三样东西。

在爱尔兰的传说里，有关于吃了知识树上的果实而变成千里眼的特马斯的故事。故事中同样有知识和树两样东西。

据印度的佛经记载，佛陀释迦牟尼悟道时就是在一棵菩提树下。另外，印度的维休努神往往也画在一棵树下，据传说，这棵树被称为"宇宙之树"，树上的果实，象征着关于过去和未来的最高知识。

此外，在古埃及、阿卡台、巴比伦、日本、斯拉夫人地区、墨西哥等民族的神话传说当中，几乎都有关于人类知识与树、与水的神话和传说。

如果我们将上述一类传说归纳分析一下，我们会意外发现，所有的故事都在讲述两种东西：知识与大洪水。中国的河图、洛书本身就出自于黄河、洛河，这不用多说了，它们一律与水有关。其他一些神话中虽然没有明确说到水，但仔细研究，实际上每一项都与水有关，关键就在于神话故事中龙、龙马、蛇这些动物身上。

大家知道，蛇在神话中一般表示水，比如说，在埃及的神话中有一位大神名字叫努,她是水神,长着蛇头人身。龙代表水就更不用说了,《楚辞·天问》云:"应龙何画,河海何历?"《山海经》曰:"禹治水,有应龙以尾画地,即水泉流通,禹因而治之。"后来民间求雨一般都是起土龙、扎草龙,以龙象水。实际上,龙和蛇在古代神话中的寓意基本差不多,中国民间就有将蛇看成是"小龙"的说法。

按照这样一个理解,上述神话中在谈到知识与蛇、龙的关系时,基本上是想告诉后人:人类最初的知识来自洪水。所以我们只能认为,这些神话的本意是这样的:在毁灭人类的大洪水过后,幸存下来的人们在洪水的废墟中找到了以前人类留下的文明成果。

事实上,在人类目前的神话和传说中,就有一些大洪水以前人们有意留下某种知识的记载,只是在此以前很少有人留心过,我们举几个例子:

根据古代埃及历史学家奈敦的著作,在大灾变到来之前,传说里的先哲特特卡决定把自己的重要知识保留下来,因此之故,图特作为赐予人类文明的知识、智慧之神,在埃及诸神的万神殿中受到祭祀。

阿拉伯古代历史学家马斯乌蒂根据当时的资料作了如下记载:"一位洪水之前还活着的帝王斯利德,命令祭司们造两座大金字塔,将他们得到的知识和各种艺术以及科学成果藏在里面。这是为了使这些成果躲过灾难,让后代的人们知道。这位帝王还把星辰的位置及其周期以及其他知识记载下来。"

同样的记载也发现于阿布·巴尔库希的著作中,大洪水以前,先哲们已经预见到大灾难将至,"在下埃及用石头建造了许多金字塔,作为灾难开始时的避难所。这些金字塔中的两座,长、宽、高均为40罗科奇(大约200米),比其他金字塔都出色。这两座金字塔都是用磨过的、很大的大理石修造的,石块砌得严丝合缝,好像根本没有接缝。在这些金字塔内部,写有先哲们打算保存的、令人吃惊的各种知识。"

巴比伦的历史学家、宗教祭司拜罗斯(公元前3世纪),也曾谈到大洪水前的人们曾经保留知识的情况。根据记载,帝王科西斯罗斯在知道洪水降临不可避免时,曾命令:"写一部关于一切事情的开始、经过和结束的历史书,将其埋到太阳城希帕尔中。"另一位古代历史学家、博物学家约瑟夫·弗拉比也记载说:"他们想,他们的发明成果不要在广泛被人知道以前就被遗忘，于是他们建了一根砖柱和一根石柱，是为了即使前者被洪水冲倒，后者依然安然无恙地保存下来，使柱子上写的知识广泛被人知道。"据说，这根石柱在公元前1世纪依然存在，就在太阳城的旧址——希帕尔。

通过以上这些记载，我们基本上可以断定，在人类文字发明以前，地球确实曾有过一次伟大的文明，当时的文明程度之高，已经远远超出了我们的想象，巨大的金字塔、越王剑、铬盐氧化处理法、神秘的《周易》、令人意想不到的中医、奇怪的机器人……都在告诉着我们这个事实。

那么，大洪水以前的文明究竟是个什么样子？它的基本原则是什么呢？它究竟达到了一个什么样的程度呢？

第四节 天书与《易经》

有一种情结在人们心目中挥之不去，那就是得到一本关于宝藏或者武功秘籍的书，然后经过破解，最后要么找到了无尽的宝藏，要么练就了绝世的武功。这种心理的背后是对知识的崇拜，人们相信有一种知识能够让自己与众不同，甚至可以控制世界。其实这一心理并非现代人才有，早在神话时期就流传着这样的看法。

在许多民族的早期神话里，都有关于"天书"的记载。这是一本由神掌握的宝典，谁拥有、谁读懂此书，就会获得巨大的神力，可以统治整个宇宙。

非洲斯瓦西里神话说，上帝创造了三件东西，而第三件东西是一块书版，这书版很神奇，可以显示过去、未来的所有内容，可以说它就是上帝的智慧和训示，后来的所有的人类圣书（知识），仅仅是其中的一小部分内容。而且此书是用符号写成的，只有上帝知道具体的意思，所以本书又称为"书籍之母"。

埃及的神话里也有一部类似的书，叫魔法书，据说这部书是智慧之神图特自己写的书，读了这部书就可以具有神一样的能力。此书有两种咒文，"如果念第一种咒文，你就可以察知天、地、地狱、山、海的一切事物，你可以自由成为天上的鸟、地上的蛇，深海里的鱼也可以因为神力而浮到上面来。如果念第二种咒文，死去进入坟墓以后，还可以像在地上活着的时候一样，看见太阳与月亮"。

在苏美尔的神话中有《天命书简》（在有的神话中被称为《命运簿》），是被一只大鸟守护着，拿到这部书就可以统治诸神和万物。在其后巴比伦的神话里，此书又叫"命运之书版"。

在世界现有的馆藏历史文献中，我们并没有发现这样一部书，甚至连影子都没有。中国的神话中也没有这样一部书的记载，但中国却有一部文明元典式的古籍，那就是《易经》。非洲斯瓦西里神话说"天书是用符号写成的"，而《易经》恰恰就是符号的形式。

关于《易经》，中国人有太多的话想说，因为在大家的潜意识中，《易经》就是一部天书，其中藏着一个大秘密：人类过去、现在与未来的命运安排，宇宙天地的基本法则，人们生与死、灵与肉的最高解答……然而，几千年过去了，这部秘籍就像一座巨大的迷宫，耗尽了无数人的心智，可就是找不到走进去的路，一代又一代的人倒在这座迷宫的门前。据统计，自古以来注释、研究《易经》的著作有4000多部，但大家的感觉好像越研究越是看不懂它。

说来也不奇怪，看看人们都在研究什么，他们是在研究《周易》吗？不是！许多人都在研究《易传》，而《易传》是什么呢？它是后人对《易经》的理解。要是《易传》本身对《易经》理解有错误呢？我们关注的只是别人对《易经》的理解，反而很少有人去关注《易经》本身。这样的研究不可能有结果，那是理所当然的。

还有许多人像中了毒一样相信一个观点：《易经》是中国巫卜的总结。可是自古以来谁能用《易经》十分准确地推算一件事呢？几乎没有！即使有人偶尔蒙对了，那也与《易经》没有一点关系。几千年了，该醒醒了，《易经》不是用来算卦的！

那么《易经》是用来干什么的呢？我们来提一个大胆的假设：《易经》是生命之书，它是人体藏象生理系统与解剖生理系统相结合的符号模型，《黄帝内经》则是这套符号模型的理论解释和实际操作。六十四卦就是人体经络的结构方程式。

人体的经络系统是由两个相对独立的双环系统构成，十二正经环是藏象生命系统控制协调解剖生理系统的网络子系统，奇经八脉环则是两个精神主体相互协调平衡的网络子系统。如果用图形来表示，它们则是个套在一起的双圈：

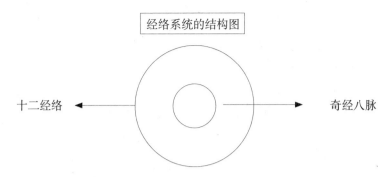

看着以上经络结构的双环图形，我们能联想到什么呢？《易经》有两个基本符号——阴爻、阳爻，这两个基本符号相互组合，就会出现八个基本卦型，我们将其称为"八经卦"，它们是：

乾 ═══ 坤 ═ ═ 离 ═ ═ 坎 ═ ═

兑 ═ ═ 震 ═ ═ 艮 ═ ═ 巽 ═══

这八经卦是整个六十四卦的核心，有提纲挈领的作用，任何一个复卦，都是由不同的八经卦重叠而成，例如乾上乾下，则构成了乾为天一卦。八经卦不同的配合，最后形成六十四卦符号系统。关于八经卦与六十四卦的关系，我们也可以用图形来表示，而这个图形恰好就是经络系统的结构图：

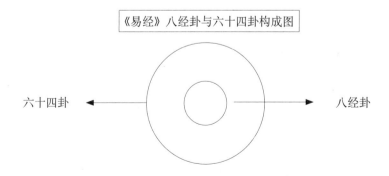

中间是八经卦，构成八个宫，即乾宫、坤宫、离宫、坎宫、兑宫、震宫、艮宫、巽宫，每宫下有八个卦，恰好为外圈的六十四卦。在经络系

统的双环中,奇经八脉也恰好处于八经卦的位置,而且它与八经卦提纲挈领的作用也完全相同。所以我们认为,八经卦就是奇经八脉,《易经》六十四卦符号系统,就是人体经络系统的真实反映,它是人体经络的结构方程式。

《易经》八经卦虽然是六十四卦的组成基础、元素,但我们在了解、使用《易经》时,却往往不从八经卦入手,我们只能透过现象(六十四卦)去认识它,因为现象离我们更近。奇经八脉也是同样的道理,虽然它是经络系统的核心,但正是因为它是核心,所以才离我们更远,我们的认识能力不可能直接深入进去了解它,而只能通过十二经络系统来认识它。其实现象中间包含着本质,六十四卦中的任何一卦,都可以还原出八经卦。只要善于把握,我们一样可以掌握真谛。

所以,我们对经络系统的认识与利用是从十二经络环开始的,也就是说,我们必须从六十四卦入手,来破解经络、《易经》相关的秘密。

然而,六十四卦是一个环形状,十二条经络也是"如环无端"的。对于一个环形的东西而言,哪里都是起点,哪里也都是终点,如果找不到切入点,就可能永远在这个环上周而复始地转下去,如此一来,这个环对于我们也就没有了实际的意义。

那么,我们怎么才能切进六十四卦、十二经络这个环呢?必须寻找一个对比的标准,这个标准异常重要,有了这个标准,圆周的各点才有了意义。而且我们要找的这个标准,不但对《易经》六十四卦有意义,而且还必须具备中医学上的意义。

通过反复的比较,我们选择了《易经》倒数第二卦——既济卦,并把它作为我们的标准。为什么要选"既济卦"作为标准呢?

第一,"既济卦"是最美的一卦。

什么是美呢?对于《易经》六十四卦而言,卦的美丽必须体现《易经》的最根本原则。那么什么是它的根本原则呢?是阴阳平衡!

《易经》中虽然没有直接告诉我们阴阳平衡的原则,但此原则却深深地印在我们每一个祖先的脑海里。《易传》中将这种思想发扬光大,中国古代的"天人合一"就是一种平衡的最佳状态,甚至孔子的中庸思想也是平衡的结果。因此,凡是真正美丽的东西,必然具有平衡、和谐的特点。

有的东西看上去很美，但它常常缺少一种和谐的味道，比如说罂粟花，美丽得刺眼，总让人感觉到少了点什么，有股子邪气。

从这个角度来说，在六十四卦当中，四阴二阳卦不美，五阳一阴卦也不美，只有三阴三阳的卦才是美的。

可是又有人说：《易经》中三阴三阳的卦可不仅既济一卦，有二十卦之多，你为什么偏偏要"既济卦"呢？不错！《易经》三阴三阳卦确实有二十个，但除了"既济卦"，哪个都有或多或少的缺点。比如说，泰与否二卦，都是三阴三阳卦，泰卦三个阴爻在上，三个阳爻在下，否卦则正好与它相反。这种排列法能说是最美的吗？其他卦都有这些缺点，要么二阴扎堆，要么三阳并连，看上去并不美。

第二，"既济卦"爻位得中。

前人在分析卦时，有一些基本原则，比如说，对爻的占位情况就有比较固定的结论。前人认为，一卦之中初、三、五爻，应该是个阳爻，二、四、上爻应该是阴爻。这样配合的卦才最完美、最平衡、最和谐的。

按照这个原则，在六十四卦中我们只能找到"既济卦"，它的初、三、五都是阳爻，二、四、上则都是阴爻，这是六十四卦中唯一的一卦。

第三，"既济卦"符合中医原则。

中医认为，"心是百官之主"在五行中心为火，"肾为先天之本"在五行中肾主水，心和肾在中医体系中是最重要的两个器官。

"既济卦"上卦为坎为水，下卦为离为火，正好是水火相济、坎离和谐之意。所以这一卦才叫做"既济"。这完全符合第二个我们选取标准的原则。

"既济卦"不但水火相济，而且它本身也包含了乾和坤两卦。为什么这么说呢？《尚书正义》在解释《洪范》时说："水既纯阴，故润下趣阴；火既纯阳，故炎上取阳。"

第四，"既济卦"符合中医生命的基本解释。

如果按上述中医的标准看，《易经》中还有一卦可以入选，那就是"未济卦"，它在卦形上正好与"既济卦"相反，也是标准的三阴三阳卦，离上坎下。但为什么我们不选"未济卦"呢？因为它不符合中医关于生命构成的解释。

中医认为，人在初成形时，首先有的是一点先天元阳，《黄帝内经》中明确记载，先天元阳"常先身生"，这是生命的起始点。所以我们选择的标准卦，初爻必须是阳爻，"未济卦"明显不符合标准。

我们谈了标准的重要性，也确立了一个标准，那就是"既济卦"。我们想干什么呢？我们要把"既济卦"作为人体第二生理系统最健康、最平衡、最佳状态的对比标准，然后将人体十二经络配入这个标准当中。这样六十四卦与人体十二经络就统一在了一起，完成了我们关于医易关系的一个重要假设：《易经》是关于人体生命结构的符号系统，中医是这套符号系统的理论解释与实际应用。

既济卦配十二经络图

诊断	爻位	爻象	经络
望闻问切（腹）	上六	— —	手少阳三焦经、手厥阴胆经
望闻问切（脾）	九五	———	足阳明胃经、足太阴脾经
望闻问切（肺）	六四	— —	手太阴肺经、手阳明大肠经
望闻问切（肾）	九三	———	足太阳膀胱经、足少阴肾经
望闻问切（肝）	六二	— —	足厥阴肝经、足少阳胆经
望闻问切（心）	初九	———	手少阴心经、手太阳小肠经

大家可以看出，这个图基本上可以概括中医的全部应用。通过望闻问切，当确定哪一爻对应的五藏、六腑有病变时，此爻即为动爻，动则生变。也就是说，十二经络的任何变动，都会引起爻位的变动，一旦爻位变动，既济卦就会变成另外一个完全不同的卦，比如说，当初爻变动时，卦就从既济变成了"山水蹇"；当五爻变动时，卦就从既济变成了"地火明夷"：

既济卦初爻动

既济卦　　　山水蹇

≡≡　　　　≡≡
≡≡　　　　≡≡
≡≡　　　　≡≡

初爻动　——→

既济卦五爻动

既济卦　　　地火明夷

≡≡　　　　≡≡
≡≡　　　　≡≡
≡≡　　　　≡≡

五爻动　——→

凡卦动者，相对于标准平衡对比卦而言，都是不正常的。我们说的爻动、卦动，实际上是经络动，凡经络动者就是疾病，对于健康状态来说，就是不正常。

《灵枢·经脉》在叙述十二经络病症时，均用"是动则病……是主×所生病者"的句式，例如，"大肠手阳明之脉……是动则病齿痛，颈肿。是主津液所生病也……"马王堆出土的《足臂十一经》中，在论述完经络循行后，也常常讲"是动则病"，其出土的《阴阳》中也说"是动则病"。什么是"是动则病"呢？出土于张家山的《脉书》给了我们明确的答案"它脉静，此独动，则主病"。《史记·扁鹊仓公列传》亦言："故络交，热气已上行，至头而动，故头痛。"

因此，"是动则病"指的是经络病症，或者说是藏象系统的疾病，它是病之源。而"主×所生病"则是指病症出现在解剖形体上的位置，它是疾病的表现。前者是藏，后者是象，一个是投影机，一个是影像所投射的位置。

脉动则为病，爻动则为变，变即不正常。所以我们将中医的诊断与六十四卦的变化联系在了一起，它直观地反映了人体健康状态的所有情况。

当既济卦爻动后变出另外一卦，相对应的另一卦的动爻配有一条爻辞，这条爻辞给了我们疾病动态的比喻性提示和治疗的指导原则，有的很直接，有的很抽象，其含义要从每一卦的卦辞中推断，比如说乾卦以龙为象，所以爻辞的判断就要以龙为核心。

在临床上，每一种疾病都不是单一的，所以它可以有几个动爻，然后组成一个新的卦。对于任何一个非既济的卦，都有几种手段变成既济卦，有的要变五六次之多，有的一变就成了既济卦，这要看病情的具体形势。

卦之动，凡遇两个相同八经卦重叠时，表明病在奇经八脉，在主轮。例如，当遇坤上坤下时，病在任脉，糖尿病人心肾脾三者皆动，故病因在主轮而不在副轮。除此之外，病均在副轮，即十二正经范围。

在结尾处我们再多说几句，那就是《易经》能不能预测。

我们说《易经》不是卜书，而是生命之书，它本身并不是为了预测而发明的。但《易经》确实有某种预测的功能，为什么呢？

我们以上讲到，六十四卦其实就是人的经络系统，也是藏象系统，因此通过经络的变动，我们可以知道藏象五神的情况。比如说肝藏魂，主谋略，如果肝不好，则魂不安，谋略则会有误，肝胆相关，胆主决断。假如有一个老板正准备进行一项投资，但此时他的肝藏恰好是天刑，或者肝郁不舒比较严重，那么他在投资谋略或者最后拍板决断时肯定会有偏差。从这个意义上讲，《易经》确实可以预测人的行为，但这绝不是一般人所能掌握的。

第五节 中介文明

"中介文明"的观点,是我们立足于中国古代文明成果,为解释包括印度在内的整个东方文明体系,而提出来的本书第四个重要假设,它是相对于现代的"物质文明"而言的。当然,这样的划分仅有方法上的意义,因为如果不这样划分,我们就无法分析"中介文明"特点。

什么是中介文明

客观地说,对于人类留存下来的远古文明的意义,人类对它们的研究是越来越少,当现代科学产生之初,为了树立一种权威,我们基本上是把远古文明当成迷信来对待的;当现代科学产生以后,由于我们过分局限于自己发明的方法和理论,并以此来作为衡量一切的尺度,因此在有意无意之间,排斥了远古文明;从20世纪80年代开始,世界上形成了一股文化的回归热,从不同的角度关注远古文明,但是由于认识、方法上始终没有突破,使这股回归热到目前已经彻底失去了目标。

为什么会如此呢?原因就在于我们现有的文明结构是建立在什么论点的基础之上,也就是说,在于我们以什么样的目光看待眼前的世界。

追求对自然的总体认识,是人类根深蒂固的潜意识,累积6000年的文明成果,我们发展起一套对自然认识的方法和理论,经验告诉我们,这套方法和理论是行之有效的,它简单明了、直截了当地针对我们的一切物质需要。6000年来,我们在这样一套方法和理论的指导下,取得了意想不到的成就。但是,如果我们提一个问题:我们今天对世界的认识方法和理论成果是唯一正确的吗?看来定论未必容易下。从哲学的角度看,我们今天认识世界的方法仅仅是无数方法当中的一种而已,也就是说,我们仅仅从一个角度、一个侧面认识了世界。

那么，我们今天是如何来看待眼前的世界呢？尽管哲学上的分歧有许多，但有一点是基本可以肯定的，我们是站在"世界是物质的"这样一个角度来看待世界的，这就是我们对世界的基本看法。由于有了这样一个看法，我们通过6000多年的知识积累，建立起一套文明的结构，例如，目前世界上一共有2400门学科，但这些都是以物理学为基础的。甚至在人文科学里也要遵守物理学的法则，比如，现代哲学观点的提出就是以物理学取得的成就为基础的。当我们从"世界是物质的"的观点去看待自然的时候，我们会引出许多相关的观点，比如，"人定胜天"的观点，等等。建立在这种观点之上的文明，我们把它称为"物质文明"。

那么，除了"物质文明"的方法，是不是还存在其他认识世界的方法和角度呢？回答是肯定的。但这种方法究竟在哪里呢？我们认为，这种方法本来早已存在于人类的文明之中，只是我们没有认识到而已，那就是远古文明的方法，这要从远古文明认识世界的角度谈起。

为了方便起见，也为了对比地进入我们将要讨论的问题，我们从两种文明中各自取出一门学科进行对比，从"物质文明"中我们选择了西医学，从东方的远古文明中我们选择了中医学。

西医学是建立在人体解剖学基础之上的医学，它的研究思想及方法依然离不开现代物理学的范围。从这种理论和方法出发，西医将人看成为一个纯物质的东西，就像一架工业社会的机器一样。因此它在治疗的思想、方法上，也采取用物质文明改造世界的方法，与修理一架机器基本相同，心脏损坏了可以换一个人造心脏；阑尾发炎了，可以割掉；对待一个肿瘤，既可以用手术刀切除，也可以用放射线杀死。这种方法与对待一辆破旧自行车、一架破机床几乎没有两样，自行车的链条断了，可以接上一节，机床的电机坏了，可以换一个新电机。

我们承认，随着科学技术的进步，西医"修理"人的水平也在日新月异地发展着。让我们来设想一下：再过100年，那时人们可以制造、"克隆"出许多精美的人体器官，像人造心脏、人造肝、人造胃等，也可以人造肌肉、骨头、血管，甚至可以造出与光缆相似的神经传感系统。到那时，一个人肯定会在这些辅助技术下活得更长久，假如他可以活上300岁，在这300年里，今天换一个人造心脏，明天换一个人造肝，后天换一个人造手臂，大后天换一嘴人造牙……这样不断换上300年，那么，这是一个什么东西呢？他还是个人吗？人们肯定要发明另外一个词来形容这种工业化的大怪物，也许人们会称他为：工业集成化的人类高级机器。多么可怕！到那时，我们这个社会还叫人类社会吗？

从西医的治疗思想及方法中不难看出，西医学与现代物质文明的总思路是相同的，无处不体现出能量与能量的对抗、物质与物质的交换。病毒入侵，这是物质与物质交换的一种方式，各种抗菌素则是能量与能量对抗的显示。如果将西医学的指导思想概括一下，那么只有三句话，即生存与毁灭，征服与被征服，战争与和平。由此可见，西医学着眼点是人的物质方面，它是纯粹的"物质医学"，体现的就是当代物质文明的普遍原则。

那么中医是如何来认识人体生命的呢？中医认为人类是个共生体，在我们的身体里面还有一个独立于我们的藏象生命体，而这个生命体则是中医的研究对象。这就与西医学构成了重大差别。

在理论方面：西医坚持哲学的原子论、机械论。
　　　　　　中医坚持哲学的整体论、有机论、天人合一的一元论。
在对象方面：西医以人体生理系统为研究对象。
　　　　　　中医以藏象生命系统为研究对象。
在方法方面：西医采用解剖、分析、量化的方法。
　　　　　　中医采用辨证、综合的方法。
在原则方面：西医在治疗上以对抗、毁灭与生存为指导。
　　　　　　中医在治疗上以调和、共存为指导。
在病因方面：西医是以果求因，它是因果医学。
　　　　　　中医是以症求因，是唯象医学。
在角度方面：西医是站在地球表面三维的角度平观生命
　　　　　　中医则是站在宇宙多维的角度俯视生命。

如果说"人是物质的"哲学观点，导致了西医的产生，那么导致中医产生的基本哲学观点又是什么呢？那肯定是"人类是个共生体"。中医学要解决的不是任何一个单方面的问题，而是两者的平衡发展问题，其方法也主要是居中调和，互通信息。因此，"中介医学"的提法，不但能避免历史的片面性，也能恰如其分地表达中医的基本特点。

必须注意的是，中医中介的特点，并不是它单独具有的，它只是中国远古文化大系里的一个分支而已，正如同西医代表着物质文明的普遍原则一样，中医中介的特点也代表着它所属的那个文明体系的普遍原则，即东方文明的普遍原则。

这样一来，人类就具有了两个文明体系，一个是"物质文明体系"，一个是"中介文明体系"。前一个体系是人类在6000多年的时间里自己发展起来的，而后一个体系则至今来历不明，在人类文明的初期，它就存在于地球上。从种种迹象来分析，"中介文明"绝不是人类自己发明创造的。

"中介文明"既然不是人类自己的发明和创造，那么它究竟是怎么来的呢？根据以上我们所作出的一系列假设，按照逻辑的规律，我们只能这样认为："中介文明"是创造我们的"神"，为了更好与人类肉体沟通而创造的一套文明体系，整个文明显示的重点，正是中国中医显示的特点，一切都是为了沟通，是为了藏象生命与肉体生命之间的信息。

然而，这套文明没有正常流传下来，一场毁灭人类的大洪水使它中断了。洪水以后的人们，虽然得到了一些关于洪水以前文明的文献，但由于自身的原因，并不能将它们继续发扬光大，大量的文献被毁灭在漫长的历史当中，留下的点点滴滴，也由于失去了基本原理而长期停顿不前，后来随着人类物质文明的不断完善，我们越来越远离了洪水以前文明的基本原则。

但是，大洪水以前的文明并没有彻底退出人类的社会生活，它毕竟是人类文化的一部分。如果我们仔细研究现存的人类所有文明成果，就会发现，有许多文化形式是与大洪水以前文明一脉相承的，比如说中国文化。

走错路的孩子

"中介文明"和"物质文明"活生生摆在我们面前，前者更加关注人类的灵魂，而后者只关注人类的肉体。但没有灵魂的肉体有多大的意义呢？在此我们有些怨恨古希腊文明以及后来的所谓文艺复兴运动，是他们将物质文明提高到了一个统治者的位置上并带入我们的生活。

客观地说，从公元前500年以后，人类在自然科学方面取得了巨大的成就，像一个伟大的巨人，但在人文科学方面，我们却进步很小，就像一

个小小的影子。人类历史正在玩一场巨人和它影子的游戏,那情景就好像一个有趣的童话故事一样:

6000多年以前,在地球的热带草原上,"哇"的一声啼哭划破了洪荒的宇宙,标志着一个新生婴儿诞生了。如果有天神的话,这声啼哭肯定惊动了上帝,因为它太洪亮了,简直就是晴空霹雳,震天动地。上帝从天堂上向下望了望,心里一惊,原来这个新生婴儿有奇怪的特质,他是个巨人。与巨人一起诞生的是巨人的影子。

儿童天性好动,率真自然,这个小巨人也不例外,从他诞生的那一天起就是一个淘气的孩子:这里摘几个果子,那里逮一只白兔,要不就学着树上的猴儿扮个鬼脸,吓得猴群一哄而散。可是有一样让这个孩子不开心,那就是天地之间竟然没有能与他玩在一起的小伙伴,物以类聚嘛,因为在地球上再没有另外一个巨人。

万幸的是,与这个孩子一起诞生的还有一个影子,他俩一般大,长得像极了。但也有些不一样的地方,巨人力大无比,简直是战无不胜,但有些呆头呆脑,常常干错事;影子却比巨人聪明多啦,他知道风为什么刮、雨为什么下、天为什么亮了又黑、大地为什么总是走不到尽头;他教给巨人许多东西,钻木可取火,播种可收获,凿地有清泉;他还教给巨人哪些事能干、哪些事不能干。巨人把影子佩服得五体投地。于是,巨人和影子成了好朋友,走着坐着都在一起,他们一起下海捉鱼、一起上山赶鹿,手牵着手,漫游在山野丛林之中。

公元前500年左右的时候,巨人和影子关系好极了,他们一起玩出了许多新花样。大约是应了那句"分久必合,合久必分"的老话,巨人和影子后来闹起了矛盾,事情的起因是这样的:当影子教给巨人许多生活常识以后,巨人凭着他的身高马大,生活得越来越顺心,他不但可以弯弓射雕,而且还学会了用导弹打苍蝇、用飞机赶兔子。生活好了,巨人的身体突然加速成长,变得越来越高大,越来越强壮,它的手几乎可以摸得着月亮。而影子却苦了,由于营养不良,他长得很慢,总跟不上巨人的成长速度。于是,天地间出现了一个怪现象:一个顶天立地的巨人身后跟着一个小小的影子。说出来不怕你笑话,那影子小到可以藏在巨人的脚趾缝里。这样一来,巨人和影子早年那种和谐被破坏了,巨人一日千里,可影子在后面拼命赶也赶不上。巨人开始看不起影子了，干什么事情也不再和影子商量了。

终于有一天，当巨人要把喜马拉雅山搬到太平洋中，准备建造一座避暑山庄的时候，影子对巨人说："嘿！亲爱的巨人兄弟，你不能这样干，这样会破坏生态平衡，影响欧亚大陆板块的重心。"巨人一听，气不打一处来，大声喝道："住嘴！我为什么要听你的？"影子笑着说："因为我比你聪明啊！聪明才是最有力量的。"巨人听完哈哈大笑说："你看看，我如此高大，顶天立地，你那样一点，找都找不着；我可以一脚把月亮踢得翻个身，你却连一张纸都拿不动，最有力量的是我，不是你。"影子平静地说："你说是天大呢，还是你大呢？"巨人抬头望了望天，嗫嚅地说："它比我大点。"可影子说："我比天还大。"巨人不相信地冷笑不止。影子指着自己的心口说："不相信你看。"巨人瞪大眼睛一瞧，果然在影子的胸口上有一个宇宙的模型，在缓缓地转动。但巨人强词夺理地说："既使你比天还大，但在地球上属我最大。这个世界是我的，想怎么干就怎么干，谁也管不着。你给我听着，从今以后，小的听大的话，不是我听你的，而是你听我的，皇帝轮流做嘛！再不准唠唠叨叨说那些屁事不顶的道理。"影子说："不行，以后有什么事你还得和我商量。没有我你会干错事的。"巨人气愤地说："不听，不听，就不听。你别老跟着我，咱俩从此拜拜了！"说完大步流星地走了。

影子感到很委屈，但他知道这个傻兄弟离开他是什么事都干得出来的。于是，一边高喊："巨人兄弟等等我。"一边拼命追赶巨人。果然走了没多远就看见巨人在地上翻滚不止，原来，巨人的左手和右手打起架来，一时间山崩石摧，狂风四起。说来奇怪得很，等影子一赶到，打架的两只手马上停下不打了。再看巨人，已经被打得鼻青脸肿，坐在那里呼呼喘着粗气，心里还一个劲纳闷：怎么好好的就打起来了呢？影子心痛地给巨人包扎着伤口，一问才知道，原来巨人左手想拿一块骨头，可右手也想拿，左手不让右手，于是就打了起来。影子听了哭笑不得，对巨人说："你真傻呀！左手拿来的是你的，难道右手拿来的就不是你的吗？为什么不两只手一起拿呢？"巨人翻着白眼说："不对，哪只手的就是哪只手的，左手不给右手，它们就该打架。"影子正想说什么，巨人已经跳起来，一甩胳膊，双手堵住耳朵说："不听你讲大道理,我的对,就是我的对。"一边说,一边又跑得无影无踪了。

影子几乎有些绝望了,他这个巨人傻兄弟,脾气犟得很,偏偏又天生神力,如果任他胡作非为,那就是再给他五个地球也不够糟蹋的。正想着,听得远方传来一阵"轰隆轰隆"的声音,就像万马奔腾一般,转眼之间,一大群动物就像逃避森林火灾一样奔了过来,就连森林之王老虎也在玩命地逃。影子知道,巨人又闯祸了。他赶忙来到巨人身边,一看真的吓了一跳,一会儿的工夫,巨人又长大了许多,白云只能在他的小腿肚子上缭绕,张开嘴时,竟然有9平方公里那么大(世界人口已经达到70亿,按每个人张大嘴的面积相加计算,大约有9平方公里)。此时,巨人正在进晚餐,四周白骨累累,难怪动物们要玩命地逃。影子忍不住又要劝他:"你少吃一些吧!你吃得越多长得越大,长得越大吃得就越多。你每张一次嘴,地球上9平方公里就一扫而空,这样下去没几天,地球就会被你吃光的,到那时,你吃什么呢?"巨人不屑地说:"就你想得多,能吃一天算一天。再说,等我吃光地球时,我已经长得很大了,那时候,我一迈腿就到了另一个星球,照吃不误,宇宙这么大够我吃一阵子的。"影子说:"巨人兄弟啊,你吃的这些动物和植物,并不是哪一个星球上都有啊,就我所知,在十几光年范围内是没有动物和植物的。等你吃光了地球,可能没等找到新的食物时,你就会被饿死了。"巨人大喝一声:"你真讨厌!"

从此以后,巨人开始躲避他的影子兄弟,因为有影子在他总是不能随心所欲。有时他也奇怪,这位影子兄弟个头虽小,却能量不小,每次他干坏事,只要影子一赶到,他马上浑身没有力量,手脚也不听使唤了,老实说,他还真有点害怕这位小兄弟。

于是,巨人和影子玩起了捉迷藏,如果你坐在月亮上,就会看到这样一幅画面:巨人在前面跑,影子在后面追,一会从南极跑到北极,一会从地球跑到火星,可影子总是追不上巨人。

巨人暂时摆脱了影子,心里别提有多高兴,想干什么就干什么,尽情玩个够。但没有过多久,巨人就感觉到自己变了许多,首先是脾气变坏了,他动不动就感到烦躁不安,常常有一种想找人打架的冲动,可地球上又找不着对手,他只好把气撒在能看到的一切东西身上,就好像与它们有深仇大恨一般。其次他发现他的品德也变坏了,他会毫无道理地捏死地上跑的一些小生物；也会不客气地将某种树木连根拔去，而且拔得光秃秃的，直到地球上再也找不到这种树为止；有时他会用几座大山为自己盖一间奇大无比的房子，但没几天又拆了重盖。所有的动物一见他就拼命地逃，所有的植物一看到他就浑身抖个不停。他感到孤独寂寞，可是没有一种生命想停下来和他说句话。

影子满世界找巨人，可总也找不着，一路上看见的只是满目疮痍、触目惊心的景象。影子很怀念过去与巨人的关系，他们本来是一体的，可现在，巨人不要他了，影子感到很伤心，坐在一棵大树下哭了起来。突然，大树说话了："影子啊，你不要再为巨人伤心了，不要再找巨人了。巨人已经变了，他已不是从前的巨人，他正在毁灭世界。离开他吧，否则你也将被它毁掉。"影子说："不，我不能离开他，我要找着他，阻止他。"站起来又朝前走去。

等影子找到巨人时，他正饿个半死，躺在那里垂头丧气，这个世界上可吃的东西的确不多了。影子哭着对巨人说："兄弟，克制一下自己吧，等你毁灭了世界的时候，自己也就毁灭了。只有平等对待世界，世界才能平等地对待你。不要再离开我，我们一起去重新建设这个世界，一起去种树，一起去引水灌溉土地，一起去治理沙漠，一起……"没等影子说完，巨人摇摇晃晃站起来，冲着影子大喊一声："讨——厌！"

人类走错了路！回头看看，我们一路走来，身后却是一片狼藉，怨声载道，这个世界正在我们的身后崩溃。照这样下去，我们还能够走多远呢？请记住神话传达给我们的一个信息：创造我们的"神"，曾因为我们的贪婪而毁灭过人类。

无法无天的人类啊！请停下脚步，等等你的灵魂吧！

结束语

这本书写到此就要匆匆忙忙地结束了，我带着大家，从中国古代"天"神话进入了一个神奇的想象空间。我不能强求大家接受我的观点，但请大家一定注意本书列举的事实，希望更多的人加入进来，为这些事实找到一个更加合理的解释。

"人类是从哪里来的？"这是回答"人类将走向何方"的关键。我们今天的探索绝不是为了沉浸在往日的辉煌之中，而是为了明天的道路更加宽广。

回顾人类的历史，我们曾经拥有过两条道路，一条是自觉开发内心世界、努力追求精神平静与升华的道路；一条是改造物质世界、努力占有更多物质生活资料的道路。前一条道路被现代科学无情地批判了，而后一条道路正在受到现代人的反思与怀疑（源于环境的压力），可怜的人类还剩下什么呢？

一种价值观决定一种生活的道路，那么人类的价值观（人类生存的终极意义）又在哪里呢？从60万年以前，第一个原始人打制第一块石器开始，经过6000年的文化沉淀，我们今天应该对人类的总体价值观有一种科学的认识，可悲的是我们直到今天一直在重复着昨天的故事，对人类总体价值的认识，我们并没有超越公元前500年前后那一代哲人划定的圈圈。

如果说人类的价值、人类的幸福只在于用向外无情掠夺的手段来满足自己享受的欲望，那么人类与自然界其他动物就没有任何区别。生存是必要的，但生存却不是唯一的，而且生存的方式更不是唯一的。大肆掠夺与破坏的生存方式仅仅是动物本能的直接宣泄，人类本应有更为道德的生存方式。如果我们放弃现代科学的偏见，丢掉不可一世的心理障碍，那么我们在人类已有的文化当中完全可以发现更体面、更高尚的生存方式。

科学的尴尬正遭遇着历史的嘲笑，不论我们多么厚颜无耻都不能回避这样的问题：人类转了几千年的圈子，最后又回到了原来的出发点，正如不少历史学家一生皓首穷经到头来只证明了一点：史书的记载是真实的！

　　未来不是梦，人类的未来必然伴随一次伟大的文化复兴与回归。远古文明正穿过厚厚的浓云向人们投射出希望之光，时代的召唤在耳边响起：归来兮！迷途之羔羊！

参考书目

《殷墟甲骨刻辞类纂》，姚孝遂主编，中华书局1989年版。

《甲骨文合集》，郭沫若主编，中华书局1979年版。

《卜辞通纂》，郭沫若主编，科学出版社1978年版。

《中医复方研究和应用》，王润生等编著，中国科技出版社1993年版。

《龙：神话与真相》，何新著，上海人民出版社1990版。

《论道教的产生和它的特点》，汤一介主编，东方出版社1986年版。

《中国宗教：过去与现在》，汤一介主编，北京大学出版社1992年版。

《小屯南地甲骨考释》，姚孝遂、肖丁著，中华书局1985年版。

《中国古代宗教初探》，朱天顺著，上海人民出版社1982年版。

《中国古代宗教史》上册，王友三主编，齐鲁书社1991年版。

《中国古代文化史》第二册，阴法鲁、许树安主编，北京大学出版社1991年版。

《考古学通论》，孙英民、李友谋主编，河南大学出版社1990年版。

《中国大陆的远古居民》，贾兰坡著，天津人民出版社1987年版。

《仰韶文化研究》，严文明著，文物出版社1988年版。

《新中国的考古发现和研究》，中国社会科学院考古研究所编，文物出版社1984年版。

《商史探微》，彭邦炯著，重庆出版社1988年版。

《中国哲学史史料学》，张岱年著，三联书店1982年版。

《殷墟挖掘报告》，中国社科院考古研究所编著，文物出版社1987年版。

《中国古代神话》，袁柯著，中华书局1981年版。

《华夏诸神》，马书田著，北京燕山出版社1990年版。

《中国古代的传说时期》，徐旭先著，文物出版社1985年版。

《西周铜器断代》，陈梦家著，载《考古》1959年10期。

《大汶口文化的葬俗》，高广仁著，收入《中国原始文化论集》文物出版社1989年版。

《我国新石器时代墓葬方向研究》，王仁湘著，收入《中国原始文化论集》。

《谈安阳小屯以外出土的有字甲骨》，李学勤著，载《文物参考资料》1956年11期。

《太阳之歌：世界各地创世神话》，[美] 雷蒙德·范·奥弗编，中国人民大学出版社 1989年版。

《人的宗教》，[美]休斯·史密斯著，海南出版社 2001年版。

《原始文化》，[英]爱德华·泰勒著，广西师大出版社 2005年版。

《东方文明》，[美]维尔·杜伦著，青海人民出版社 1998年版。

《摩诃婆罗多》，[印度]毗耶娑著，译林出版社 1999年版。

《金枝》，[英]詹姆斯·乔治·弗雷泽著，大众文艺出版社 1998年版。

《宗教的故事》，[英]凯莱特著，江苏人民出版社 1999年版。

《非洲神话故事》，晓红主编，中国言实出版社 2004年版。

《印度神话故事》，雪明选编，宗教出版社 1998年版。

《"审判"达尔文》，[美]詹腓力著，中央编译出版社 2006年版。

最新大卖：《众神的战车：外星人简史》

全球外星人研究的奠基之作，全球外星人遗址首次实地大考察
你所知道的一切关于外星人的观点、推论与证据全都源于此书！

　　1968年，本书的第一版在德国出版，由此引发了全球外星人研究的热潮。为完成本书，作者冯·丹尼肯实地走访了世界各地的外星人遗迹，包括欧洲英国的巨石阵、意大利瓦尔卡莫尼卡遗址、美洲秘鲁的纳斯卡平原、墨西哥的奇琴伊察遗迹、洪都拉斯的科班、大洋洲的复活节岛、非洲的埃及金字塔、南非的布兰登堡壁画遗址、撒哈拉的塔西里等，拍摄了大量照片，从中精选出强有力的证据，以最清晰明了的笔法，向读者证明了外星人的存在。

　　本书被公认为是全球外星人研究的奠基之作，我们所知道的一切关于外星人的观点、推论与证据，全都源于本书。目前已在32个国家发行，总印数超过6200万册，至今仍在世界各国的畅销书榜上高踞不下，是外星人研究的里程碑之作。

最新大卖：《我被外星人绑架过11次！》

29张图片证据、4位专家的专业分析，最新最真实的外星人接触全记录

斯坦·罗曼尼克是地球上被外星人绑架过次数最多的人类之一。

第1次，2001年9月21日，长着负鼠脸的外星人把他绑架到了飞船上。

第2次，2002年9月3日，外星人绑架了他，在他脑中灌输了神秘的方程式。

第3次，2002年11月17日，外星人把裸体的他丢在了屋外的院子里。

第4次，2003年1月初，外星人连他的继子也不放过，在他继子的脑中灌输了方程式。

第5次，2003年10月7日，他终于用录相带拍下了外星人的样子！

第6次，2003年10月20日，外星人给他看了猎户座的星云图。

第7次，2004年2月12日，外星人绑架他，让他与陌生的女人配种。

第8次，2004年7月中，他去深山里度假，外星人追踪而至，又绑架了他！

第9次在2005年夏天，第10次在2006年2月26日，外星人绑架他后，教给他关于星际旅行的秘密方程式。

第11次，2006年5月4日，外星人用奇特的科技，一夜治好了他骨折的膝盖。

自2000年至2008年本书截稿这8年间，斯坦·罗曼尼克被外星人绑架过11次，而且，这个记录还在不断被刷新……在本书中，他将详细叙述这11次惊险遭遇的过程，带你了解这些神秘的外星来客——他们究竟想要对地球做什么？

最新大卖：《外星人已潜伏地球5000年》

外星人一直影响着人类文明，他们监控着人类
他们一直潜伏在你我身边

  5000年前，外星人在埃及建立了巨大的金字塔，让金字塔的甬道观测口直指太阳系外最近的外星基地——天狼星。

  4000年前，外星人帮助希腊人画出了外太空航拍才能得到的准确无误的世界地图。

  3000年前，外星人传授给玛雅人高动力的切割技术，制成至今人类无法仿制的末日水晶头骨。

  2000年前，外星人在美洲留下了黄金制成的三角翼飞机模型。

  近100年来，外星人更加频繁地干预地球，两次世界大战中的飞行员总是抱怨被不明的飞行物跟踪；外星人更监控着人类的地外探索，他们强迫中止了阿波罗登月计划，并胁迫美国宇航局对此保持沉默。

  2011年4月10日，FBI公布秘密备忘录，承认1947年外星人的飞船在美国新墨西哥州罗斯威尔市坠毁。外星人到底想干什么？不明飞行物频繁地出现在地球上，究竟是为了什么？地球对于外星人来说，是试验场，是殖民地，是能源基地，还是传承外星文明的重要关键？

··

最新大卖：《实拍全球外星人遗址》

超清晰、超震撼的外星人遗址画册！
超精美铜版，全彩珍藏版

外星人研究之父冯·丹尼肯倾尽四十余年研究心血，踏遍全球最知名和最鲜为人知的古文明遗址，强有力地证明了，远古外星人的真实存在。

冯·丹尼肯实地走访了复活节岛、巨石阵、南马都尔遗迹、美拉尼西亚群岛、毛利部落、斐济群岛、金利伯山脉、霍皮族岩壁、纳斯卡平原等地，拍摄了60000多张独家照片。

《实拍全球外星人遗址》从中选出最具代表性的194张，配上冯·丹尼肯简明权威的解说，为您首次揭开外星文明的真面目！《实拍全球外星人遗址》一经出版，立即轰动整个西方世界，全球5000万外星迷竞相抢读。

翻开《实拍全球外星人遗址》，带您零距离窥视深不可测的外星文明，眼见为实！